에너지
변환공학

박승규 지음

자유아카데미

머리말

에너지는 우리 일상과 산업, 그리고 지구 환경을 결정짓는 핵심 요소이다. 불을 피워 음식을 조리하거나, 전기로 기계를 움직이는 모든 과정은 에너지의 다양한 형태와 변환을 통해 이뤄진다. 물리학적으로 에너지는 일을 할 수 있는 능력으로 정의되며, 운동, 위치, 열, 화학, 전기, 빛, 소리 에너지 등 여러 형태로 존재한다. 이러한 에너지는 보존과 변환의 원리를 따라 서로 전환되며, 우리 삶에 필수적인 역할을 수행한다. 특히 오늘날 우리는 화석연료 중심의 1차 에너지를 가공해 사용하는 2차 에너지 소비가 지구온난화와 기후변화를 가속화한다는 현실을 직면하고 있다. 이에 따라 재생 가능 에너지의 활용 확대, 에너지 효율 향상, 온실가스 감축 등의 과제가 전 세계적으로 중요한 이슈로 떠오르고 있다.

『에너지 변환공학』은 인류 생존에 필수인 에너지를 얻는 기술과 새로운 신재생에너지의 이해, 에너지 변환 기술, 저장 기술 그리고 스마트한 관리 기술을 공학도의 관점에서 알기 쉽게 이해할 수 있도록 집필되었다. 세계 에너지 수요와 경제 및 정책, 에너지 소스나 기술별 분류, 그리고 화석 에너지(석탄, 석유, 천연가스), 신재생에너지, 원자력 에너지, 수소 에너지 변환과 연료전지, 전기화학과 배터리, 에너지 수송과 저장 그리고 초전도 기술 등에 대해서 에너지 변환공학 관점에서 공부할 것이다.

좋은 책을 위해 최선을 다했지만 미흡한 부분이 있을 수 있다. 이 점은 양해를 바라며, 출간 후 나올 수 있는 수정사항 등은 자유아카데미 홈페이지(www.freeaca.com) 자료실에 제공할 예정이니 참고하기를 바란다.

끝으로, 책이 출간되기까지 도움을 주신 분들께 감사의 말을 전한다.

2025년 여름

박 승 규

차례

1장

에너지 변환공학으로의 초대

1. 에너지는 무엇인가?
2. 에너지 변환 과정
3. 에너지 관련 단위

1 에너지는 무엇인가?

1-1 에너지 정의 및 분류

에너지란 무엇인가? 우리는 보통 에너지라 하면 활활 타고 있는 불과 그 불빛 또는 석유, 석탄, 전기를 연상한다. 에너지의 사전적 의미는 인간이 생명 활동을 하는 근원이 되는 힘으로 알려져 있다. 물리학에서는 에너지를 '일을 할 수 있는 능력'으로 정의한다. 사람들에게 에너지 식을 물어보면 많은 사람들이 아인슈타인(Albert Einstein)이 정립한 $E = mc^2$이라는 식을 알고 있다. 이 식에서 m은 물질의 질량(kg)이고 c는 빛의 속도(m/s)이다. 빛의 속도는 30만 km/s라는 상수값이니 질량이 크면 에너지가 비례해서 커진다는 것을 알 수 있다. 질량을 가진 것을 물질이라고 한다면 물질이 곧 에너지가 되는 셈이다.

그런데 빛은 질량이 없는 빛 알갱이(광자)가 파동의 형태로 전달되어 온다고 한다. 그래서 $E = h\nu = hc/\lambda$로도 에너지를 계산할 수 있다. 이 식에서는 ν는 주파수(frequency) 또는 진동수를 말하는데 빛의 속도를 파장(wavelength) λ로 나눈 값으로도 변형된다. 양자역학의 핵심 개념인 이 식에는 질량이 포함되지 않으며, 에너지와 파동의 진동수 사이의 관계를 규정하는 중요한 상수인 h(플랑크 상수, 6.626×10^{-34} kg $m^2 s^{-1}$)와 빛의 속도 상수 c(300,000 km s^{-1})에 그 빛의 파장(wavelength, λ)만 알면 에너지의 크기를 계산할 수 있게 해 준다.

에너지는 다양한 형태로 존재한다. 우리가 일상생활에서 경험하는 많은 현상들이 에너지의 변환과 보존의 원리를 따른다. 예를 들어, 운동 에너지는 물체가 운동함으로써 가지게 되는 에너지이며, 위치 에너지는 물체가 특정 위치에 있음으로써 가지는 잠재적인 에너지이다. 열에너지는 온도가 높은 곳에서 낮은 곳으로 전달되는 에너지의 한 형태이고, 전기 에너지는 전하량과 전위의 곱으로 나타낼 수 있다. 화학 에너지는 화학 결합을 통해 물질 내에 저장되며, 소리 에너지는 물질의 진동을 통해 전달된다. 핵에너지는 원자핵의 분열이나 융합으로부터 발생하며, 빛 에너지는 빛이 가지고 있는 에너지를 말한다. 말에도 힘이 있다는 표현이 있는 것처럼 소리도 에너지이다. 호랑이의 포효하는 소리 속에는 초저주파라고 하는 파장이 아주 긴 영역의 소리가 섞여 있는데 이 주파수 영역의 소리는 인간의 가청주파수(20 ~ 20,000 Hz) 영역 밖이므로 사람은 잘 인식하지 못한다. 그러나 과학자들이 호랑이의 초저주파를 사람들에게 들려주는 실험에서, 피시험자들이 막연한 불안감, 압박감 등을 느꼈다고 한다. 동물들은 이 소리를 인간보다 더 잘 들을 수 있다고 하며, 이 주파수 영역의 초저주파 소리를 들은 동물들은 무서워 꼼짝도 못 할 만큼 공포를 느낀다고 한다. 호랑이는 초저주파를 이용하여 다른 동물들을 위협하고 움직임을 제한하여 울음소리마저도 무기처럼 사용할 수 있는 것이다. 또 이 초저주파의 소리는 공기 중에서 잘 퍼져나가 멀리까지 전달되는데, 호랑이는 이를 이용하여 자신의 영역을 널리 알리고 다른 동물들에게 경고하는 셈이다. 에너지를 형태별로 조금 더 알아보자.

1) 운동 에너지

운동 에너지는 움직이는 물체가 가지고 있는 에너지이다. 물체의 질량과 속도에 따라 결정된다. 물체가 움직이는 동안 발생하는 에너지로, 그 크기는 물체의 속도가 증가할수록 비례적으로 증가한다. 그래서 빠르게 달리는 자동차는 정지해 있는 자동차보다 더 큰 운동 에너지를 가지고 있어서 충돌 시 더 큰 충격을 줄 수 있다. 운동 에너지를 결정하는 요인은 물체의 질량과 속도이다.

$E = \frac{1}{2}mv^2$ (E: 운동 에너지(E_k), m: 질량, v: 이동 속도)

이 식에 따르면 속도가 두 배가 되면 운동 에너지는 4배가 된다. 운동 에너지는 보존 법칙에 따라 다른 형태의 에너지로 서로 변환될 수 있다. 예를 들어, 물체가 높은 곳에서 떨어질 때는 잠재적 에너지(즉, 위치 에너지)가 운동 에너지로 변환된다.

2) 위치 에너지

위치 에너지(potential energy, E_p)는 물체가 특정한 위치에 있어서 가지는 에너지를 의미한다. 물체가 높은 위치에 있을 때 중력 위치 에너지를 가지며, 용수철이나 고무줄과 같은 탄성을 가진 물체가 늘어나거나 압축되었을 때 탄성 위치 에너지를 가진다.

중력 위치 에너지는 높은 위치에 있는 물체가 가지는 에너지로, 댐 위쪽에 저장된 물이 대표적인 예이다. 댐에 저장된 물이 높은 곳에 위치함으로써 중력 위치 에너지를 가지며, 이를 이용하여 발전기를 돌려 전기를 생산할 수 있다. 탄성 위치 에너지는 용수

철이나 고무줄과 같이 탄성을 가진 물체가 변형될 때 저장되는 에너지이다.

중력 위치 에너지는 다음 공식으로 계산할 수 있다.

$$E = mgh$$

E: 위치 에너지(E_p, J)
m: 물체의 질량(kg)
g: 중력 가속도(지구상에서 일반적으로 약 9.8 m s^{-2})
h: 높이(m)

예를 들어, 질량이 10 kg인 물체가 기준점에서 5 m 높은 위치에 있을 경우, 중력 위치 에너지는 $E_p = m \cdot g \cdot h = 10 \times 9.8 \times 5 = 490$ J로 계산된다.

3) 화학 에너지

화학 에너지(chemical energy)는 물질을 구성하는 원자 사이의 결합에 저장된 에너지이다. 원자나 분자가 결합하거나 분해될 때, 즉 화학 반응이 일어날 때 이 에너지가 방출되거나 흡수된다. 대표적인 예로 연료의 연소 시 발생하는 열과 빛 에너지, 배터리 내 화학 반응으로 생성되는 전기 에너지, 음식물의 소화로 생성되는 생체 에너지를 들 수 있다.

석탄, 석유, 천연가스 등의 연료는 탄소와 수소 원자들이 결합한 화합물이다. 이러한 연료가 연소할 때, 원자 간 결합이 끊어지며 저장된 화학 에너지가 열과 빛의 형태로 방출된다. 또한 배터리에서 일어나는 화학 반응으로 전자의 이동이 촉발되며, 이러한 전자의 이동은 전기 에너지의 근간이다. 음식물의 소화 과정에서는 우리가 섭취하는 음식물(탄수화물, 지방, 단백질)이 포함하는 다양한 유기물을 화학 반응을 통해 분해하면서 에너지를 생성한다.

• 화학 에너지의 측정

화학 에너지는 열량 측정법(calorimetry)과 엔탈피 변화(enthalpy change)를 통해 측정된다. 주로 연소열이나 반응열을 측정하여 화학 에너지를 구한다.

열량 측정법(calorimetry)은 열량계 내에서 물질이 연소할 때 방출되는 열에너지를 측정하는 방법으로, 그 계산은 다음과 같다.

$$열량(Q) = mc\Delta T$$

Q: 방출되거나 흡수된 열에너지(J)
m: 물의 질량(g)
c: 비열(4.184 J/g · °C)
ΔT: 온도 변화(°C)

예를 들어, 물질이 연소하면서 열량계의 물이 25°C에서 35°C로 상승했다면, 이 온도 변화와 물의 비열을 통해 연소한 연료의 화학 에너지를 계산할 수 있다.

$$Q = m \cdot c \cdot \Delta T = 100 \times 4.18 \times 10 = 4{,}180\ J$$

엔탈피 변화(enthalpy change)는 화학 반응 중 방출되거나 흡수된 에너지의 양을 나타내며, 주로 연소열이나 반응열을 측정할 때 사용된다. 단위는 J/mol이다. 에너지가 외부로 방출되는 반응에서는 생성된 물질(생성물)의 에너지가 반응한 물질(반응물)보다 낮아지므로, 엔탈피 변화(ΔH)가 음수이다. 이런 반응을 발열 반응이라고 한다. 반대로 에너지가 외부로부터 흡수되는 반응을 흡열 반응이라고 하며, ΔH가 양수이다.

예를 들어, 수소와 산소가 반응하여 물이 생성될 때의 반응 엔탈피는 물 1몰이 생성될 때 방출되는 엔탈피 변화와 같아서 $H_2 + ½O_2 \rightarrow H_2O$, $\Delta H = -285.8$ kJ/mol이다. 부호가 음수인 것은 반응이 발열 반응임을 의미한다.

4) 전기 에너지

전기 에너지(electrical energy)는 전하의 흐름에서 발생하는 에너지를 말한다. 전자는 음전하를 띠고 있으며, 이 전자들이 도체 내에서 이동하면서 전류가 흐르고 전기 에너지가 발생한다. 코일 주변의 자기장이 변화하면 코일에 전류가 흐르는 현상을 전자기 유도라고 하는데, 터빈을 활용하여 전자기 유도를 발생하는 장치를 발전기라고 한다. 댐에 저장된 물의 힘으로 터빈을 돌려 발전기를 작동하면 수력 발전이 된다. 석탄, 석유 등 화석연료를 태워 발생한 열로 물을 끓여 증기를 만들고, 이 증기로 터빈을 돌려 발전기를 작동하면 화력 발전이다. 핵분열 반응을 통해 발생한 열로 물을 끓여 증기를 만들고, 이 증기로 터빈을 돌려 발전기를 작동하면 원자력 발전이 된다.

전기 에너지는 주로 전력(power)이라는 개념과 밀접하게 관련되어 있다. 전기 에너지는 시간이 지남에 따라 소비되는 전력량에 따라 결정된다. 전기 에너지 E는 전력과 시간의 곱으로 구하고 이는 전압・전류・시간의 곱으로도 구할 수 있다. 50 W 전력으로 1시간 사용하면 E = P・t = 50 Wh의 전기 에너지가 발생한다는 의미이다. 어떤 장난감이 1.5 V 전압, 10 A 전류로 작동하는데 100초 동안 사용하였다면 E = V・I・t, 즉 1,500 J의 에너지를 사용한다는 것을 의미한다.

$$E = P \cdot t = V \cdot I \cdot t$$

E : 전기 에너지(J 또는 kWh), P: 전력(W), t: 시간(s 또는 h), V: 전압(V), I: 전류(A)

5) 빛 에너지

빛은 전기장과 자기장이 서로 수직으로 진동하며 공간을 퍼져나가는 파동인데 이를 전자기파라 한다. 빛은 입자성과 파동성을 동시에 가지고 있는데, 입자로 볼 때 빛을 구성하는 가장 작은 단위를 광자라고 한다. 빛 에너지는 광자를 통해 전달된다. 즉, 빛이 물체에 부딪히면 광자가 물체에 에너지를 전달하고, 이 에너지는 물체를 가열하거나 화학 반응을 일으키는 등 다양한 형태로 변환될 수 있다. 빛은 파장에 따라 서로 다른 크기의 에너지를 지니고 있다.

$E = h\nu = h\lambda/c$ (E: 빛 에너지, h: 플랑크 상수, ν: 주파수, λ: 파장, c: 광속)

6) 소리 에너지

소리 에너지는 공기나 다른 매질을 통해 전달되는 파동의 에너지를 의미한다. 소리 에너지는 주로 소리 압력, 매질의 속도, 파동의 진폭과 관련이 있으며, 이를 계산하는 방법으로는 소리 에너지 밀도(energy density)나 흐름 강도(intensity)가 있다.

에너지 밀도(E)는 $p^2/2\rho c$로 구한다. 여기서 p는 소리압(Pa)이고 ρ는 매질의 밀도로 공기의 경우 약 1.2 kg/m^3이다. c는 매질에서의 소리 속도로 공기 중에서는 약 343 $m\ s^{-1}$이다.

소리 에너지는 흐름 강도(I)로도 나타내는데 $I = p^2/\rho c$로 구한다. 여기서 I는 소리 강도($W\ m^{-2}$), p는 소리압(Pa), ρ는 매질의 밀도($kg\ m^{-3}$), c는 매질에서의 소리 속도($m\ s^{-1}$)이다. 공기 중에서는 약 343 $m\ s^{-1}$이다.

1-2 1차 에너지와 2차 에너지

1) 1차 에너지와 2차 에너지 분류

세계 에너지 생산은 1차 에너지와 2차 에너지로 나뉜다. 1차 에너지는 자연에서 직접 얻을 수 있는 자원인 석탄, 석유, 천연가스, 수력, 원자력, 태양광, 풍력 등에서 생산된다. 2차 에너지는 이러한 1차 에너지를 가공해 전기 또는 휘발유나 경유와 같은 정제 연료 형태로 변환한 것이다. 현재 세계의 1차 에너지원은 여전히 화석연료가 지배적이어서, 석유, 천연가스, 석탄이 전체 1차 에너지의 80%를 차지하고 있다. 그러나 재생 가능 에너지원의 비중이 점차 증가하고 있다.

• 석유

세계 에너지 생산에서 가장 큰 비중을 차지하며, 2021년 기준으로 하루 약 9,000만 배럴이 생산되었다. 주요 생산국은 미국(18.5%), 사우디아라비아(12.2%), 러시아(12.2%)이다. 석유 수출국 기구(OPEC) 국가에서는 하루 약 3,200만 배럴로 전체의 35.3%를 생산하고 있다. 러시아-우크라이나 전쟁으로 하루 1,000만 배럴을 생산하는 러시아 원유의 공급 차질로 국제 유가가 급변하기도 하였다.

• 천연가스

2021년 기준으로 연간 약 4조 m^3가 생산되었고, 미국(23.1%)과 러시아(17.4%), 이란(6.4%), 중국(5.2%), 카타르(4.4%), 캐나다(4.3%) 및 호주(3.6%)가 주요 생산국이다. 천연가스는 전력 생산과 난방, 산업 연료로 사용된다.

• 석탄

2021년 기준으로 약 81억 톤이 생산되며, 중국이 41억 톤으로 전 세계 생산량의 절반 이상을 차지한다. 석탄은 여전히 발전소의 주요 연료로 사용된다. 인도(9.9%). 인도네시아(7.5%), 미국(6.4%), 호주(5.9%), 러시아(5.3%)가 주요 생산국이다.

• 원자력

전 세계적으로 447개의 원자로가 가동 중이며, 2021년 기준으로 2,800 TWh의 전기 에너지가 생산되고 있다. 발전에너지(TWh)를 비교하면 미국(29.3%), 프랑스

(13.5%), 중국(14.6%), 러시아(7.9%), 대한민국(5.6%)이 주요 생산국이다. 원자력은 탄소 배출이 적어 저탄소 에너지원으로 주목받고 있다.

- **재생에너지**

태양광, 풍력, 수력 등을 포함하며, 재생에너지의 비중은 매년 15% 이상씩 급격히 증가하고 있다. 2021년 기준으로 발전에너지(TWh)로 환산하면 3,700 TWh의 발전량을 보이며 특히 중국(31.5%), 미국(17.1%), 독일(5.9%), 브라질(3.9%), 일본(3.6%)이 주요 생산국이다. 중국은 태양광과 풍력으로 1,152 TWh 전력을 생산해 세계 최대 생산국으로 부상하고 있다.

2022년 기준 국가별로 1차 에너지의 생산량은 중국이 2,947 Mtoe(세계 생산량의 20.3%)로 가장 많고, 미국 2,205 Mtoe(15.2%), 러시아 1,516 Mtoe(10.5%), 인도 615 Mtoe(4.2%), 사우디아라비아 610 Mtoe(4.2%), 캐나다 536 Mtoe(3.7%) 순으로 이어졌다. 지역별 1차 에너지 생산 내용을 살펴보면 아시아에서 중국과 인도는 석탄 생산의 60% 이상을 차지하고 있으며, 재생에너지와 원자력에서도 큰 비중을 보인다. 북미권 특히 미국은 석유와 천연가스의 최대 생산국으로, 비전통적인 셰일가스 및 오일 개발이 주요한 역할을 하고 있다. 중동에서는 사우디아라비아와 이란 등 주요 산유국들이 석유 생산을 주도하고 있으며, 이는 글로벌 에너지 시장에서 중요한 위치를 차지하고 있다.

2) 1차 에너지 소비

세계 에너지 소비량을 2022년 기준으로 비교해 보면 1차 에너지 소비 측면에서는 전 세계에서 연간 600 exajoule 즉 14.8 Gtoe가 사용되고 있다. 1차 에너지 종류별로는 원유가 4.6 Gtoe(전체 1차 에너지의 31%), 석탄 4 Gtoe(26.9%), 천연가스 3.6 Gtoe(24.4%)가 80% 이상을 점유하고 있으며 수력 1 Gtoe(6.7%), 재생에너지 993 Mtoe(6.7%), 원자력 630 Mtoe(4.2%)이 20% 이하를 차지하고 있다. 에너지 소스별 세계 에너지 소비량을 2022년 기준으로 비교해 보면 석유는 전 세계 1차 에너지 소비의 약 30%를 차지하며, 주로 운송 부문에서 사용된다. 미국, 중국, 인도는 석유 소비 상위 국가로 꼽힌다. 석탄은 세계 에너지 소비의 약 26%로, 전력 생산의 주요 연료이다. 중국이 가장 큰 소비국으로, 전 세계 석탄 소비의 절반 이상을 차지하고 있다. 천연가스는 에너지 소비의 24%를 차지하며, 전력 생산과 산업 공정에서 중요한 역할을 한다. 미국과 유럽이 주된 소비 지역이다. 재생에너지는 전체 소비의 15% 정도를 차지하며, 태양광과 풍력의 비중이 빠르게 증가하고 있다. 중국, 유럽, 미국이 주요 소비국이다. 그리고 원자력은 5%의 비중으로 안정적인 전력 공급원 역할을 하고 있다. 미국, 중국, 프랑스가 원자력 발전으로 1차 에너지 소비의 주요 국가이다.

에너지 소비 비율을 지역별 기준으로 분석해 보면 아시아는 전 세계 에너지 소비의 약 45%를 차지하며, 중국은 세계 최대의 에너지 소비국이다. 아시아 지역의 급속한 경제 성장과 산업화가 주요 원인이다. 북미 지역은 약 20%의 에너지 소비 비중을 차지하며, 에너지 효율성 향상과 재생에너지로의 전환이 진행되고 있다. 유럽연합은 전 세계 생산에너지의 약 15%의 에너지 소비 비율을 차지하며, 재생에너지와 원자력의 비중이 증가하고 있어 탈화석연료의 에너지 전환이 활발하게 이루어지고 있다. 특히 독일의 신재생에너지 생산은 중국과 미국에 이어 3위를 차지할 만큼 신재생에너지 산업이 급증하고 있다. 1차 에너지 소비 측면에서 국가별로는 중국이 3.9 Gtoe(세계 소비량의 26.5%)로 가장 많고 미국 2.3 Gtoe(15.6%), 인도 881 Mtoe(6%), 러시아 779 Mtoe(5.3%), 일본 441 Mtoe(3%), 대한민국 312 Mtoe(2.1%) 순으로 이어지고 있다.

3) 2차 에너지 소비 및 생산

2차 에너지는 1차 에너지를 소비자가 사용하기 편리하도록 변환 가공한 에너지이다. 대표적인 2차 에너지로는 휘발유, 경유와 같은 수송용 정제 연료와 전기가 있다. 이러한 2차 에너지의 특징은 1차 에너지를 사용하여 발생하는 에너지라는 의미에서 변환된 에너지이다. 또 전기나 연료 형태로 변환되어 수송 및 가정, 산업 분야에서 소비자들이 직접 사용한다는 특징이 있다.

- **전기 에너지**

생산 측면에서 전기 에너지는 1차 에너지(석탄, 천연가스, 원자력, 재생에너지 등)를 통해 전력을 생산한다. 전기 소비 측면에서는 가정, 상업, 산업 부문에서 가장 널리 사용되는 에너지 형태이다. 다양한 장비와 기계를 구동하고, 가전제품과 조명에 사용되며, 공공 및 산업 전반에서 필수적이다. 2021년 기준 전 세계 전기생산량은 약 28,500

TWh였다. 주요 생산 에너지원은 석탄 화력(36%), 천연가스(23%), 수력(15%), 태양광, 풍력의 재생에너지(12.8%), 원자력(9.8%)이 사용된다.

전력 생산에서 화석연료 기반 발전이 여전히 주류를 이루지만, 재생 가능 에너지원의 역할도 확대되고 있다. 2차 에너지 생산에서는 국가별 전력 생산 구조가 큰 차이를 보인다. 전 세계 전력에서 재생에너지(수력 제외)가 차지하는 비중은 매년 급증하여 2021년 발전량은 거의 13%에 도달하였다. 10년 평균 수준 프랑스는 원자력 발전이 약 70%로 압도적이며, 독일과 덴마크는 재생 가능 에너지의 비중이 높다. 미국은 천연가스를 통한 전력 생산 비율이 높다. 이처럼 1차와 2차 에너지의 생산 및 국가별 차이는 각국의 자원 상황과 에너지 정책에 따라 크게 달라지며, 글로벌 친환경 에너지 전환 노력에 따라 점차 변화하고 있다. 전 세계 연간 전기 생산은 생산방법에 따라 석탄 화력, 천연가스, 원자력, 수력 발전, 재생에너지 발전으로 구성되어 있고 중국은 전체 전 세계 전기생산량의 30%를 생산하는데 66%를 화력으로 생산하고 있다. 대한민국의 전기 생산은 화력 발전(65.8%), 원자력 발전(26.3%), 신재생에너지 발전(6.7%)으로 구성되

표 1-1 국가별 전기 에너지 생산량(TWh)과 에너지원(Resources)

국 가	총생산량 (TWhr)	Resources							Share (%)
		Oil	Natural Gas	Coal	Nuclear energy	Hydro electric	Renew-ables	Other	
미국	4406.4	20.2	1693.8	978.5	819.1	257.7	624.5	12.7	15.50
중국	8534.3	12.2	272.6	5339.1	407.5	1300	1152.5	50.2	30.00
EU	4032.5	47.9	799.3	632	882.8	649.7	946.5	74.2	14.20
대한민국	600.4	7	176.4	211.7	158	3.1	40.2	4.1	2.10
Total	28466.3	720.3	6518.5	10244	2800.3	4273.8	3657.2	252.2	100
	100.0%	2.5%	22.9%	36.0%	9.8%	15.0%	12.8%	0.9%	

표 1-2 원자력 발전에 의한 연도별 전 세계 전기 생산량 변화

국가	연도별 생산량(TWh)								2021년 Share(%)
	2021	2016	2011	2006	2001	1996	1991	1886	
미국	819.1	848.1	831.8	828.7	809.3	710.2	644.8	405.8	29.30%
중국	407.5	213.2	87.2	54.8	17.5	14.3	0	0	14.60%
EU	882.8	942.2	1024.2	1108.1	1082	1032.2	917.8	738.8	31.50%
러시아	222.4	196.6	176.4	156.4	136.9	109	120	105.2	7.90%
대한민국	158	162	154.7	148.7	112.1	73.9	56.3	28.3	5.60%
일본	61.2	17.7	162.9	304.3	320.5	296.5	208.7	165.4	2.20%
Total	2800.3	720.3	6518.5	10244	2800.3	4273.8	3657.2	252.2	100%

어 있다.

원자력 발전에 의한 전 세계 전기 생산은 2021년 기준으로 2,800 TWh로 전체 전력 생산의 10% 정도를 점유하였다. 중국의 원자력 에너지 발전량이 급속도로 증가하여 현재 미국의 절반 수준이 되었으며 계속 증가 예정이다. 체르노빌 원전 사고 이후 프랑스를 제외한 유럽의 원자력 발전량은 급속도로 감소하였고 일본도 후쿠시마 지진 후 원자력 발전 비중이 급격히 감소하였다. 대한민국의 원자력 발전은 전 세계 원자력 발전의 5.6%를 차지할 만큼 그 발전 비중이 높은 것으로 나타났다.

• 2차 에너지 연료

원유에서 정제되는 휘발유, 경유 등의 2차 에너지 연료의 양은 국가별로 다르며, 특히 석유 생산국에서 많이 생산된다. 예를 들어, 세계 최대 석유 생산국인 미국, 사우디아라비아, 러시아는 대규모 정유 시설을 통해 휘발유와 경유를 생산한다. 이 2차 에너지 휘발유와 경유는 수송부문의 가장 중요한 연료이다. 차량 수가 많은 국가일수록 정제 연료의 소비량이 많다. 예를 들어, 미국은 자동차와 항공기, 선박 등을 통해 대량의 휘발유와 경유를 소비한다. 2차 에너지는 일부 지역에서는 난방의 연료로 소비되며, 특히 추운 지역에서 많이 사용된다. 주로 수송과 난방에 쓰이는 2차 에너지는 석유 의존도가 높은 국가에서 대규모로 소비된다. 그러나 점차 전기차의 확산과 더불어 수송부문에서도 전력으로 전환하려는 노력이 증가하고 있다.

4) 에너지 밸런스

1차 에너지가 최종 에너지로 전환되는 과정에서 손실이 발생한다. 에너지 밸런스란 1차 에너지를 최종 에너지로 전환하고, 실제 소비하기까지 전 과정 흐름을 말한다. 즉 1차 에너지 = 최종 에너지(2차 에너지) + 전환 손실로 이루어져 있다. 국내 에너지 통계 연보(2022)를 기준에 따르면 우리나라의 에너지 수입 의존도는 94.4%이고, 수입액은 2,164.1억 $로 약 300조 원에 육박한다(그림 1-1). 2022년 기준으로 1차 에너지 공급은 3억 4백만 toe이고, 구성 유형별로는 원유 및 석유제품이 37.7%를 차지하고 있다. 유연탄 23.9%, LNG 19.5%, 원자력 12.3%, 신재생 및 기타 6.6%로 조사되었다. 원유는 중동산으로 사우디아라비아, 쿠웨이트, 이라크에서 주로 수입하고, LNG는 카타르, 호주, 미국에서 수입하고, 호주, 인도네시아, 러시아에서 유연탄을 수입하고 우라

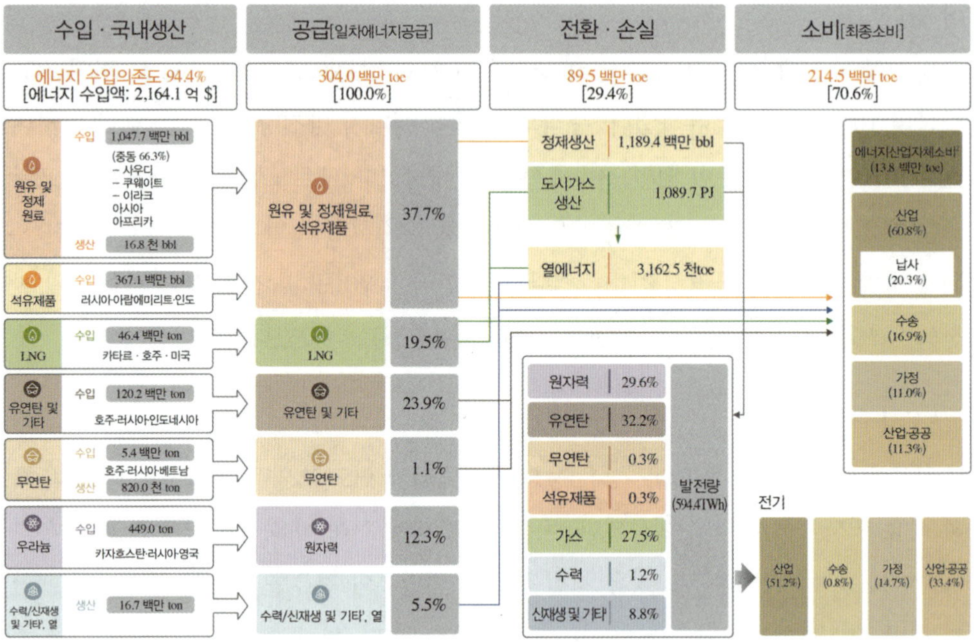

그림 1-1 대한민국 에너지 밸런스 플로우(2022년)

늄은 카자흐스탄, 러시아, 영국에서 수입되었다. 최종 에너지(2차 에너지) 소비는 2억 1,450만 toe로 전환손실률이 29.4%인 것으로 조사되었다. 1차 에너지는 화학연료 및 원료, 도시가스, 열에너지 그리고 전기 에너지로 변환되었다. 전기 에너지는 594.4 TWh로 전환되었는데, 세부적으로 따져보면 유연탄 32.2%, 원자력 29.6%, 가스 27.5%, 신재생 및 기타 8.8%, 수력 1.2%, 무연탄과 석유제품 발전이 0.6%로 조사되었다. 최종 에너지 소비를 연료와 전기로 나누어 보면 연료 측면에서는 산업 부문에서 60.8%로 가장 높고, 수송부문 19.6%, 상업 및 공공 부문 11.3%, 가정용 소비 11%로 조사되었다. 전기 측면으로는 산업용 51.2%. 상업 및 공공 부문 33.4%, 가정용 14.7%, 수송용 0.8%로 분석되었다.

Quiz

✓ **다음 에너지에 대한 설명에서 맞으면 O, 틀리면 X 하시오.**

1) 에너지는 다양한 형태로 존재하며, 우리가 일상생활에서 경험하는 많은 현상들이 에너지의 변환과 보존의 원리를 따른다. ( )

답 O (에너지는 흐름이고, 이동하면서 다른 형태로 변환되지만, 전체 에너지량은 보존된다.)

2) 소리 에너지는 공기나 다른 매질을 통해 전달되는 파동의 에너지로 소리 압력, 매질의 속도, 파동의 진폭과 관련이 있다. ( )

답 O (소리 에너지도 에너지 흐름이고, 이동하면서 소리 압력, 매질 속도, 파동 진폭의 영향을 받는다.)

3) 1차 에너지는 전기 또는 휘발유나 경유와 같은 정제 연료 형태로 변환한 에너지이다. ( )

답 X (1차 에너지는 자연에서 직접 얻을 수 있는 자원인 석탄, 석유, 천연가스, 수력, 원자력, 태양광, 풍력으로 생산된 에너지이다.)

2 에너지 변환 과정

태양은 수소 핵융합 반응을 통해 얻어진 에너지를 열과 빛의 형태로 지구에 보내오고 있으며, 지구의 나이인 46억 년 동안 변함없이 에너지를 보내고 있다. 지구의 역사에서 지구의 모든 생명체는 태양의 에너지를 받아서 생명 활동을 하다가 사라지고 때로는 화석이 되어 쌓여있게 된다. 오늘도 태양은 에너지를 보내주고 있다. 지구의 식물들은 광합성을 해서 빛 알갱이를 질량이 있는 에너지 덩어리로 만들고 이를 초식동물이 먹으면 생명 활동을 하게 되는 것이고, 이 에너지가 육식동물의 먹이사슬이 된다. 태양 에너지가 변형된 화석연료인 천연가스나 석탄으로 물을 끓이고, 스팀으로 터빈을 돌려 전기를 생산하고, 그 전기로 건물 내부의 온도를 높이고, 따뜻한 온기에 화분의 화초가 자라는 등, 일상에서 일어나는 많은 행위가 에너지가 생산되거나 소모되는 에너지 변환의 과정을 거치고 있다. 빛 에너지가 화석 에너지가 되고 이는 열에너지가 되어 터빈을 돌리는 운동 에너지로 변했다가 다시 전기 에너지로 바뀌고 이 전기는 열에너지로 물질을 만들고 생명 활동을 하게 되는 놀라운 과정이 곧 에너지 변환이다.

물질은 고체, 액체, 기체의 상(phase)으로 존재한다. 이 상태의 변화에서도 에너지 변화가 수반된다. 물은 0°C 이하에서는 고체인 얼음, 0 ~ 100°C에서는 액체인 물, 100°C 이상에는 기체인 (수)증기로 변한다. 0°C에서는 얼음이 물로 변하는데 이를 융해라고 하며 얼음에서 물로 변할 수 있도록 융해 잠열(334.6 kJ/kg)이 제공되어야 고체에서 액체로 변화된다. 100°C에는 액체인 물이 기체인 증기로 변환된다. 증발하는 데도 증발 잠열(2,257 kJ/kg at 100°C)이라는 에너지가 필요하다. 그런데 잘 생각해 보면 차가운 온도에서도 물이 증발하는 것을 우리는 알고 있다. 빨래가 마르는 것은 물이 증발하기 때문이다. 0°C의 얼은 상태의 빨래도 증발 잠열(2,501 kJ/kg at 0°C)을 가해주면 물이 증발해서 마르게 된다. 물은 분자식이 H_2O로 산소 원자가 다른 물 분자의 수소와 결합하는 수소 결합을 한다, 그래서 물 분자들을 떼어내 기체의 스팀으로 변환시키려면 에너지가 필요한 것이다. 액체 상태이건 고체 상태이건 최소 증발 잠열은 있어야 물 분자들 사이의 수소 결합이 떨어져 증발할 수 있는 것이다.

이런 물의 상태 변화를 위한 에너지 데이터를 모두 대입해서 예제 문제로 20°C의 물 100g을 200°C의 스팀으로 변환시키려면 얼마나 에너지가 필요한지 생각해보자. 1단계, 20°C의 물을 100°C로 가열할 때 필요한 열량은 질량 100 g, 비열 4.184 J/g, 온도 변화량 80°C를 곱하면 33.4 kJ이 계산된다. 2단계, 100°C 액체에서 스팀으로 변환되는 데는 226 kJ의 에너지가 필요하다. 3단계, 스팀을 100°C에서 200°C로 가열하는 경우에는 수증기의 비열 2 J/g를 적용하면 20 kJ이 필요하다. 이 세 단계를 모두 합하여 279.4 kJ의 에너지가 공급되면 20°C의 물이 200°C의 스팀으로 변하는 것을 계산할 수 있다. 칼로리 단위로 환산하면 66.8 kcal의 열량이 공급되어야 한다.

다른 예제 문제로 −9°C의 얼음 1,000 kg이 25°C의 물로 변화하는 동안 필요한 총 열량을 계산해 보자. 먼저, 얼음의 온도를 −9°C에서 0°C까지 올리는 데 필요한 열량(Q_1), 0°C에서 얼음을 물로 녹이는 데 필요한 열량(Q_2), 그리고 0°C의 물을 25°C까지 가열하는 데 필요한 열량(Q_3)을 구해서 더하면 된다.

−9°C의 얼음을 0°C로 가열:

$$Q_1 = m \cdot c_{ice} \cdot \Delta T = 1000 \times 2.1 \times 9 = 18{,}900 \text{ kJ}$$

0°C에서 얼음을 물로 녹이는 과정(얼음의 융해열 L_f = 334 kJ/kg):

$$Q_2 = m \cdot L_f = 1000 \cdot 334 = 334{,}000 \text{ kJ}$$

0°C의 물을 25°C까지 가열:

$$Q_3 = m \cdot c_{water} \cdot \Delta T = 1000 \times 4.18 \times 25 = 104{,}500 \text{ kJ}$$

총열량(Q_{total}):

$$Q_{total} = Q_1 + Q_2 + Q_3 = 18{,}900 \text{ kJ} + 334{,}000 \text{ kJ} + 104{,}500 \text{ kJ} = 457{,}400 \text{ kJ}$$

화학 반응에서도 물질이 분해되고 결합하는 과정에 에너지가 필요하다. 최근 수소 자동차의 원료인 수소와 LNG 선박과 가정용 도시가스의 원료인 메테인과 프로페인 가스가 연소할 때의 발열 에너지를 계산해 보면 1 mol당 발생하는 에너지는 프로페인 1몰(44 g) 연소 시 524 kcal, 메테인 1몰(16 g) 연소 시 214 kcal, 수소 1몰(2 g) 연소 시 68.7 kcal로 계산되었다. 같은 1 g당 에너지를 비교해 보면 수소가 34.4 kcal로 가장 높았고 메테인은 13.4 kcal, 프로페인은 11.9 kcal의 에너지를 발생하는 셈이다. 이런 간단한 계산을 통해서 수소는 단위 그램당 에너지 발생이 다른 원료에 비해 월등히 크다는 것을 알 수 있다. 또한 연소할 때 온실효과의 원인 물질인 이산화 탄소의 발생이 전혀 없으므로 청정연료로써 미래의 에너지로 적절하다는 결론이 유도된다.

$2H_2(g) + O_2(g) \rightarrow 2H_2O(l) \qquad E_1 = -572\text{kJ/mol}$

→ 수소 1 mol(2 g)로 286 kJ(68.7 kcal)의 열량 발생

$CH_4(g) + 2O_2(g) \rightarrow CO_2(g) + 2H_2O(l) \qquad E_2 = -890\text{kJ/mol}$

→ 메테인 1 mol(16 g)로 890 kJ(213.6 kcal)의 열량 발생

$C_3H_8(g) + 5O_2(g) \rightarrow 3CO_2(g) + 4H_2O(l) \qquad E_3 = -2184\text{kJ/mol}$

→ 프로페인 1 mol(44 g)로 2,184 kJ(524.2kcal)의 열량 발생

에너지 변환은 우리 몸에서도 일어난다. 인간의 체온은 36.5°C이다. 인간은 온도 변화에 취약하여 체온이 34°C 이하로 떨어지면 저체온증으로 죽는다. 40°C 이상 유지되어도 죽는다. 열이 나면 땀으로 배출해서 체온을 낮춰야 하는데, 어린아이처럼 체온조절 기능이 미숙한 상태에서 고열이 지속되면 위급한 상황이다. 그래서 우리 몸은 36.5°C를 유지하도록 몸에 난로를 켜고 있다. 우리 몸에서 물질대사, 이화 작용, 동화 작용 등의 다양한 반응이 일어나며 섭취한 음식을 에너지로 변환하고 36.5°C를 유지하게 하는 발열 반응을 살아있는 동안 계속하게 한다. 즉, 인간의 몸이야말로 완벽한

에너지 변환 장치이다. 우리는 음식을 섭취함으로써 에너지를 보충한다. 성인이 하루에 섭취하는 칼로리는 개인마다 차이가 있지만, 평균적으로 2,000 ~ 2,500 kcal 정도로 추정한다. 기초대사량은 아무 활동을 하지 않고도 신체가 생명 유지를 위해 사용하는 에너지이다. 이는 나이, 성별, 체중, 신장에 따라 다르지만, 평균적으로 남성은 약 1,600 kcal 정도로 계산된다. 기초대사량 이외의 활동으로 소모되는 에너지를 활동대사량이라고 한다. 만약 성인이 하루에 2,500 kcal를 섭취하고, 기초대사량이 1,600 kcal라고 가정한다면, 운동으로 소모해야 할 에너지는 900 kcal 정도가 된다. 성인이 자전거 타기 운동을 하면 시간당 400 ~ 500 kcal가 소모되므로 약 2시간 운동을 하여야 에너지를 지방의 형태로 축적하지 않고 모두 소모할 수 있다. 정리하면, 음식을 통해 섭취한 에너지가 생명 활동의 기초에너지로 사용되고 운동 에너지로 변환되는 것이다.

모든 생명체는 에너지 섭취를 통해 생명을 유지한다. 2000 ~ 2500 kcal의 일일 섭취량을 전력으로 환산하면 약 100 ~ 120 W가 된다. 이는 초당 약 100 ~ 120 W의 에너지를 사용하는 것과 같고 50 ~ 60 W 백열등이 켜져 있는 것과 같다. 말은 보통 75 kg의 추를 1초 동안 1 m 높이로 끌어올릴 수 있는 파워를 지니고 있다. 이는 735 W에 해당하고 이를 1마력이라 한다. 사람은 말의 1/7 정도의 평균 파워를 지니고 있다. 말의 평균 체중이 500 kg 정도라면 사람의 7배 정도가 된다. 즉 질량당 파워가 비슷하다는 것이다. 체중이 무거운 헤비급 선수와 가벼운 플라이급 선수 사이에는 명백하게 파워의 차이가 있는 것이다. 이를 바꿔 생각해 보면 생명체는 대사 과정을 통해 얻는 동력의 생물학적 근원은 비슷하다고 추정해 볼 수도 있게 한다. 개인차가 있겠지만 인간의 몸은 37조 개의 세포로 구성되어 있다고 한다. (2500 kcal/37조)는 0.000282 J/day이므로 평균적인 세포는 하루에 약 0.000282 J의 에너지를 소모하는 셈이다. 이는 세포당 3 나노와트 정도의 에너지를 소비한다는 것을 의미한다. 이때 뇌세포 뉴런에서 몸 전체 에너지 소비의 20% 정도를 차지할 만큼 가장 많은 에너지가 소모한다고 한다.

1) 성인의 하루 섭취 음식 에너지의 에너지 변환

성인이 하루에 섭취하는 에너지와 기초대사량은 개인의 나이, 성별, 체중, 신체 활동 수준 등에 따라 달라진다. 갈비탕 1그릇과 밥 한 공기를 간단한 반찬과 함께 식사하면 약 1,000 kcal를 섭취한다고 한다. 일반 성인의 하루 평균 섭취 에너지인 2,500 kcal를 60 W 전등을 어느 정도 켜 놓을 수 있는지로 환산하면 2일 정도 켜놓을 수 있는 전기 에너지가 된다. 1 W는 1초에 1줄(J)의 에너지를 의미하므로 60 W 전등은 1초당 60 J(0.060 kJ)의 에너지에 해당하므로 성인의 하루 섭취 에너지 2,500 kcal(10,460 kJ)은 48시간의 전기 에너지에 해당한다. 60 W 전등 4개를 12시간 동안 켜놓는 효과와 같다. 성인의 하루 섭취 에너지 2,500 kcal를 물의 위치 에너지로 환산하면 물 10톤을 107 m 높이에서 자유낙하를 하는 위치 에너지와 같다.

성인의 하루 섭취 음식 에너지
= 성인의 기초대사량(생명 활동) + 자전거 운동 2시간
= 60 W 전등 4개 12시간 점화
= 10톤의 물이 107 m 높이에서 지닌 위치 에너지
= 원유 250 g

갈비탕 한 그릇을 곁들인 식사는 원유의 열량으로 환산하면 원유 100 g의 열량과 비슷하다. 성인의 하루 섭취 열량인 2,500 kcal을 전기 에너지로 환산하면 다음과 같은 단계를 통해 계산할 수 있다.

① 1 kcal = 4,184 J이므로, 2,500 kcal = 2,500 × 4,184 J = 10,460 kJ

② 1 kWh = 3,600 kJ이므로, 10,460 kJ ÷ 3,600 kJ/kWh ≈ 2.91 kWh

따라서, 2,500 kcal은 약 2.91 kWh의 전기 에너지와 같다.

2) 화력발전소에서 연료의 화학 에너지에서 전기 에너지로의 에너지 변환

화력발전소의 발전 효율에 대해 살펴보면, 발전소의 효율은 사용되는 연료와 기술에 따라 크게 달라진다. 화석연료를 사용하는 전통적인 화력발전소의 평균 효율은 약 30 ~ 40% 사이였으나 최근 몇 년 동안 기술 발전으로 인해 효율이 꾸준히 개선되고 있다. 특히, 최신의 가스 복합화력발전소(combined cycle gas turbine, CCGT)의 경우 60% 이상의 효율을 달성하고 있다. 이는 가스 터빈에서 나온 폐열을 다시 이용해 추가로 전기를 생산하는 방식 덕분이다.

발전 효율이 60%인 CCGT 화력발전소에서 발전 규모 100만 kW의 화력발전을 하기

위해 연간 사용하는 필요한 LNG 연료의 양을 계산하면 다음과 같다.

① 연간 전력 생산량은 100만 kW × 8,760 h = 8,760 GWh이다.

② 발전소의 효율이 60%이므로, 1 GWh의 전기를 생산하기 위해 연간 필요한 총 열에너지는 8,760 GWh/0.6 ≈ 14,600 GWh이다.

③ LNG의 발열량은 약 12,000 kJ/kg이다. 이를 kWh로 변환하면,

$$1\ \text{kg LNG} = 12{,}000\ \text{kcal/kg} \times 4.184\ \text{kJ/kcal} \times 1\ \text{kWh/(3,600 kJ)} \approx 13.95\ \text{kWh}$$

이고, 연간 필요한 열에너지를 LNG으로 변환하면, LNG량은

$$14{,}600\ \text{GWh/(13.95 kWh/kg)} \approx 1{,}047{,}000\text{톤}$$

이 된다. 결론적으로 발전 효율이 60%인 100만 kW(1 GW) 규모의 CCGT 화력발전소에서 연간 약 1,047,000톤의 LNG가 필요하다.

유연탄의 발열량은 보통 kg당 5,000 ~ 6,500 kcal 사이로 평균적으로 6,000 kcal/kg이다. 위 방식으로 계산하면 발전 효율이 60%인 100만 kW(1 GW) 규모의 CCGT 복합화력발전소에서 연간 약 2,092,000톤의 유연탄이 필요하다.

그래서 발전규모 100만 kW 규모의 화력발전소에서 연간 사용하는 연료의 양은 LNG를 기준으로 하면 100만 톤, 중유는 140만 톤, 석탄은 200만 톤이 소비된다고 통상적으로 알려져 있다.

3) 열에너지에서 전기 에너지의 상호 변환

전기 1 kWh는 3,600 kJ에 해당하며, 1 kcal는 4,184 J이다. 따라서 전기 1 kWh는 3600 kJ/(4.184 kJ/kcal)로 860.4 kcal의 열이 발생한다. 반대로 전기 1 kWh를 발생시키는 데 필요한 열량은 860.4 kcal/0.6으로 약 1,434 kcal이 필요하다(발전 효율 60% 기준).

3 에너지 관련 단위

우리가 에너지 변환공학을 공부하려면 에너지의 단위 관련 용어에 익숙해져야 한다. 에너지는 다양한 형태로 존재하며, 그에 따라 다양한 단위로 측정된다. 가장 기본적인 단위는 운동 에너지의 단위인 줄(joule)로, 이는 국제단위계(SI)에서 사용되는 에너지의 단위이다. 운동 에너지가 열에너지를 변환되는 것처럼 열에너지 단위인 cal로 환산된다. 1 cal는 물 1 g을 상온에서 1°C 올릴 수 있는 에너지를 말한다. 정확히 이야기하면 1칼로리는 14.5°C의 물 1그램을 15.5°C까지 올리는 데 필요한 에너지이다. 칼로리 단위를 줄(J) 단위로 환산하면 1칼로리는 4.184 J과 같다. 전기 에너지를 칼로리 단위로 환산하면 1 Wh = 3,600 J = 860 cal이다. 1 J은 0.24칼로리이고 1칼로리는 4.184 J이다. 1 J은 1 N의 힘으로 물체를 1 m 움직일 때의 작용하는 에너지로 정의된다. 1 J의 크기는 1와트 LED 전구를 1초 동안 켠 빛 에너지와 같고 100 g 무게의 토마토를 1 m 들어 올리는 에너지에 해당하고 물 1 g을 0.24°C 높이는 에너지이다. 전기 에너지로 환산할 때는 W를 사용하는데 1 W는 1초 동안의 1 J 에너지, 즉 1초 동안의 전력 소비량을 말한다. 1시간 사용한 1 W의 전기 에너지는 1와트시(Watt-hour, Wh)라고 한다. 따라서 1 Wh = 3,600 J이다. 석유에너지를 이야기할 때는 toe, ton of oil equivalent를 사용한다. toe는 다양한 에너지원의 발열량을 석유의 발열량으로 환산하여 비교할 때 사용되는 단위로, 1 toe는 석유 1톤을 연소시켰을 때의 발열량과 같다. 이는 10^7 kcal에 해당하는데 연비 14 km 차로 서울–부산을 약 22번 왕복할 수 있는 에너지이고 일반 가정집에서 1년 이상 사용할 수 있는 전력량에 해당한다. 1 toe를 joule 단위로 환산하면 4.1868×10^{10} J이며 41.868 gigajoule(GJ)이 된다.

에너지의 부피를 측정할 때는 배럴(bbl)과 갤런(gal)이 사용되며, 이는 주로 원유의 부피를 측정하는 데 사용된다. 1배럴은 약 159리터에 해당하고, 1갤런은 약 3.8리터이다. 천연가스의 경우 cbm(cubic meter) 단위가 사용되며, 1 cbm은 가로, 세로, 높이가 각각 1미터인 공간의 부피와 같다.

	ton	kilolitres(kL)	배럴(bbl)	US 갤런(gal)
ton	1	1.165	7.33	307.86
kilolitres(kL)	0.8581	1	6.2898	264.17
배럴(bbl)	0.1364	0.159	1	42
US 갤런(gal)	0.00325	0.0038	0.0238	1

이러한 단위들은 에너지의 양을 측정하고 비교하는 데 필수적이며, 에너지 관련 업무나 연구에서 정확한 계산과 효율적인 에너지 관리를 위해 사용된다. 에너지 단위에 대한 이해는 에너지 절약과 지속 가능한 사용을 위한 첫걸음이 될 수 있다.

QUIZ

✓ 다음 에너지에 대한 설명에서 맞으면 O, 틀리면 X 하시오.

1) 얼음에서 물로 변할 때는 융해잠열(334.6 kJ/kg)이 제공되어야 고체에서 액체로 변화된다. (　　)

답 O (0°C에서는 얼음이 물로 변할 때 융해열이 제공되어야 하며 그 크기는 334.6 kJ/kg이다)

2) 운동 에너지의 단위는 줄(joule)로, 열에너지 단위인 cal와는 전혀 달라 전환할 수 없다. (　　)

답 X (칼로리 단위를 줄(J) 단위로 환산하면 1칼로리를 4.184 J로 환산하여 계산할 수 있다.)

3) 전기 1 kWh를 열량(kcal)로 변환하면 860.4kcal의 열이 발생한다. (　　)

답 O (열에너지에서 전기 에너지의 상호 변환되며 1kcal는 4,184 J이다.)

연습문제

01 에너지의 특징에 해당하지 않는 것은? (   ) (객관식)

① 에너지는 변환 과정을 거쳐 보관되기도 한다.

② 상태 변화도 에너지 변환을 수반하고 전체 에너지는 보존된다.

③ 화학 반응은 발열이나 흡열의 과정을 거치므로 반응 전후의 에너지는 보존되지 않는다.

④ 사람이 힘을 쓰는 행위는 음식으로 섭취한 에너지의 변형이다.

02 1차 에너지에는 석탄, 석유, 천연가스, 수력, 원자력, 전기 등이 있다. (   ) (O, X 문제)

03 지구 탄생부터 지금까지 보내오는 태양 에너지의 원천은 무엇인가? (주관식)

2장

에너지 사용과 글로벌 에너지 정책

1 에너지 사용과 지구 온난화

지구 온난화(global warming)는 지구 대기와 해양의 평균온도가 장기적으로 상승하는 현상을 의미한다. 1880년대 이후로 지구의 평균온도는 1.1°C에서 1.2°C 상승했으며, 최근 수십 년 동안 상승 속도는 가속화되었다. 특히 육지는 지구 전체 평균보다 기온이 약 2배 빠르게 상승했다. 이 현상은 주로 온실가스(greenhouse gases)의 배출 증가로 발생하며, 산업화 이후 인류의 활동이 기후 변화에 미치는 영향이 주된 원인으로 지목되고 있다. 온실가스에는 이산화 탄소(CO_2), 메테인(CH_4), 아산화 질소(N_2O), 수소플루오린화 탄소(HFCs) 등이 있다. 지구 온난화에 대한 기여도(GWP 기준)를 기준으로 가스별 온실가스 비중을 보면 이산화 탄소가 91.4%로 압도적으로 큰 영향을 준다. 메테인 3.8%, 아산화 질소 2%, 수소플루오린화 탄소 1.3%, 기타 1.6%이다.

태양 복사에너지가 지구 표면에 도달한 후 일부가 다시 우주로 반사되는데, 온실가스는 이 반사되는 열을 흡수하고 지구를 따뜻하게 유지하는 역할을 한다. 하지만, 이산화 탄소와 같은 온실가스 농도가 지나치게 증가하면 지구의 평균온도가 상승하고, 이는 기후 변화, 해수면 상승, 극단적인 기상 현상 등을 유발한다. 최근 10년 동안 세계 이산화 탄소(CO_2) 농도가 400 ppm에서 420 ppm으로 5% 증가하였다. 전 세계 이산화 탄소(CO_2) 배출량은 2023년 약 374억 톤에 달하는 것으로 보고되고 있다. 주요 배출국은 중국(약 115억 톤으로 전 세계 배출량의 28.6%), 미국(12.5%), 인도(6.5%)로, 이 세 나라가 전 세계 배출량의 절반 정도를 차지하고 있다. 이 외에도 유럽연합, 러시아, 일본 등이 주요 배출국에 속한다. 하지만 일부 국가에서는 배출량이 감소하는 경향을 보였으며, 신재생에너지의 보급으로 전반적인 배출 증가율이 완화되고 있다.

1-1 온실가스 배출의 주요 원인 및 환경 영향

온실가스 배출의 주된 원인으로 꼽는 것들은 다음과 같다. 첫째, 화석연료 사용이다. 전력 생산, 교통, 산업 공정에서 석탄, 석유, 천연가스 등을 연소할 때 이산화 탄소가 다량 배출된다. 둘째, 대규모의 산림 파괴는 이산화 탄소를 흡수할 수 있는 자연적 흡수원을 급감하게 하고, 산림 벌채 과정에서 탄소가 대기로 방출된다. 셋째, 농업과 축산업의 발달도 온실가스 배출의 원인을 제공하는데, 가축의 트림 등으로 방출되는 메테인이나 농업 과정에서 발생하는 아산화 질소 등이 주요 배출원이다. 넷째, 다양한 제조공정에서 산업 활동으로 온실가스가 배출된다.

온실가스 배출로 인해 발생하는 지구 온난화는 다양한 기후 변화 문제를 초래한다. 첫째, 폭염, 폭우, 태풍 등의 기상이변이 증가하고 그 강도도 커지고 있다. 2021년의 폭염은 사상 최악의 수준으로 기록되었으며, 유럽, 북미, 아시아 등에서 기록적인 폭염이 계속해서 발생하고 있다. 기후 변화로 인해 강력한 허리케인과 태풍이 더욱 자주 발생하여 이로 인한 인명 피해와 경제적 손실도 증가하고 있다.

둘째, 북극과 남극의 빙하가 녹으면서 해수면이 상승하여 해안 지역에 홍수와 침수 피해를 일으킨다. 20세기 전반기 해수면 상승 속도는 약 1.4 mm/년이었는데, 2006년 이후 해수면 상승 속도는 3.3 mm/년으로 관측되었다.

셋째, 생태계가 파괴된다. 기후 변화로 인해 특정 종들이 멸종 위기에 처하거나 서식지가 변화하는 등 생태계가 큰 영향을 받고 있다. 예를 들어 북극의 기온 상승으로 인해 해빙이 점점 줄어들면서 북극곰의 서식지가 축소되고 있다. 북극곰이 사냥할 수 있는 시간과 공간이 줄어들어, 먹이를 구하지 못해 굶주림과 번식 실패를 겪고 결과적으로 북극곰의 개체 수가 급감하고 있다. 또한 해수 온도가 상승하면서 산호초가 백화 현상을 겪고 있다. 백화 현상은 산호와 공생하는 조류가 산호에서 떠나는 현상으로, 산호가 영양분을 공급받지 못해 결국 죽게 되는데 산호초의 감소는 지구의 공기정화 기능이 급감으로 이어진다. 아메리카 피카(American Pika), 황제펭귄(Emperor Penguin), 아프리카코끼리(African Elephant)도 개체 수가 급격히 줄어드는 문제가 발생하고 있다.

넷째, 기후 변화는 농작물의 생육 조건에 악영향을 미쳐 식량 생산량이 감소할 수 있다. 잦은 산불과 사막화로 농업 생산성의 감소는 식량 안보의 위협으로 이어질 수 있다. 2019년 아마존 산불과 2020년 호주 산불은 기후 변화의 직접적인 영향으로 인식된다.

1-2 온실가스 배출량 저감 운동

탄소 중립(net zero, 넷-제로)은 인간 활동으로 발생하는 이산화 탄소(CO_2) 및 기타 온실가스 배출량을 최대한 줄이고, 남은 배출량을 상쇄하여 궁극적으로 순 배출량을 '0'으로 만드는 개념이다. 이 과정은 기후 변화를 완화하고 지구 온난화를 막기 위한 중요한 목표로, 많은 국가가 이를 실현하기 위해 노력하고 있다. 넷-제로 달성을 위한 대부분 국가의 두 가지 주요 전략은 온실가스 배출 감소 전략과 배출량 상쇄 전략이다.

온실가스 배출 감소 전략은 주로 에너지 전환을 통해 이루어지며, 화석연료를 태양광, 풍력, 지열 등과 같은 재생 가능 에너지원으로 대체하는 것이 포함된다. 또한, 산업 및 교통 부문에서의 효율성 향상, 전기차 보급, 건물의 에너지 절감 기술 등이 여기에 속한다.

배출량 상쇄 전략은 완전히 제거하기 어려운 배출량은 상쇄 조치를 통해 중립화한다. 예를 들어, 탄소 흡수 기술을 사용하거나, 숲 조성 등을 통해 자연적으로 탄소를 흡수하는 방법이 있다. 또한, 탄소 포집 및 저장 기술(CCUS)도 넷-제로 실현에 이바지한다.

온실가스 배출량을 줄이기 위한 국제적, 국가적 노력이 지속되고 있으며, 이를 위한 다양한 정책들도 도입되었다. 국제적 협약과 주요 정책 시행을 통해 중심으로 온실가스 배출량을 줄이기 위한 실천이 진행되고 있다.

1) 국제 협약

• 교토의정서(Kyoto Protocol)

1997년에 채택된 교토의정서는 선진국들이 온실가스를 감축할 의무를 부여한 첫 국제 협정이다. 법적 구속력을 가진 국제 협정으로 주요 목표는 지구 온난화와 기후 변화의 주요 원인인 온실가스(이산화 탄소, 메테인 등)의 배출량을 줄이는 것이다. 1990년을 기준으로 선진국들이 2008년에서 2012년 사이에 평균 5%의 온실가스를 감축하도록 요구되었고, 국가 간 배출량을 거래할 수 있도록 하여, 한 국가가 감축 목표를 초과 달성하면 그 여유분을 다른 국가에 판매할 수 있는 배출권 거래제 도입되었다. 이 협정은 2005년에 발효되었으며, 국제적인 배출 감축 노력을 촉진했지만, 미국을 비롯한 몇몇 주요 배출국들이 협정에 참여하지 않거나 탈퇴하여 한계가 있었다.

• 파리 협정(Paris Agreement)

2015년 프랑스 파리에서 열린 제21차 유엔기후변화협약 당사국총회(COP21)에서 채택된 국제 협약으로, 교토의정서를 잇는 새로운 기후 협약이다. 파리 협정은 기후 변화 대응에 있어서 보다 포괄적이고 유연한 틀을 제시하며, 국제 사회의 강력한 협력을 끌어내고 있다. 2016년 발효되었으며, 197개국이 서명한 이 협정은 지구 평균 기온 상승을 산업화 이전 수준에서 2°C 이하로 유지하고, 1.5°C 이하로 제한하는 것을 목표로 한다. 2050년까지 탄소 중립을 이루겠다는 계획을 발표하고 있으며, 교토의정서와 달리 모든 국가(선진국 및 개발도상국)에 대해 온실가스 감축 목표를 설정하고 이행을 요구하였다. 이에 따라 각국은 자발적인 국가 온실가스 감축 목표(NDC)를 제출하고 이행하고 있다.

2) 온실가스 배출량 저감 정책

탄소 배출권 거래제(cap and trade system)는 정부가 기업별로 탄소 배출 상한선을 설정하고, 상한선을 초과하는 기업은 다른 기업으로부터 배출권을 구매하는 제도이다. 이로써 기업들은 배출량을 줄이지 못하면 배출권을 사야 하므로 경제적 동기를 부여받아 온실가스 감축에 나서게 된다.

재생에너지 확대 정책으로 태양광, 풍력, 수력, 지열과 같은 재생 가능한 에너지원으로 전환하여 화석연료 사용을 줄이고 온실가스 배출을 줄이는 노력이 이루어지고 있다. 정부 차원에서 재생에너지 발전소 설립을 지원하거나, 재생에너지 기술 연구개발에 투자하고 있다.

에너지 효율성 향상은 온실가스 배출을 줄이는 중요한 방법의 하나이다. 건물, 교통, 산업 부문에서 에너지 효율성을 높이기 위한 기술적 개선과 함께, 이를 촉진하기 위한 정책이 마련되어 있다. 예를 들어, 에너지 절약형 가전제품에 대한 인증 제도와 에너지 절약을 촉진하는 보조금 제도가 있다.

탄소세(carbon tax) 도입은 화석연료를 사용할 때 배출되는 이산화 탄소에 세금을 부과하는 정책이다. 이를 통해 온실가스를 배출하는 기업에 경제적 부담을 주어 배출량을 줄이도록 유도한다. 탄소세는 탄소 배출을 줄이려는 시장 기반 접근 방법 중 하나로, 기후 변화 대응 비용을, 온실가스를 배출하는 자들이 부담하도록 한다.

산림 복원 및 보존 정책도 시행되고 있다. 숲은 이산화 탄소를 흡수하여 대기 중 탄소 농도를 줄이는 중요한 역할을 한다. 따라서 산림 보존, 숲 조성 등의 정책이 탄소 흡수를 돕고 기후 변화에 대응하는 중요한 방안으로 시행되고 있다.

교통 부문에서 전기차, 수소차 등의 친환경 교통수단을 도입하고, 이를 위한 충전 인프라 구축이 추진되고 있다. 또한 대중교통 활성화 및 자전거 이용 촉진을 위한 정책도 온실가스 감축에 기여하고 있다.

3) RE100

RE100은 'Renewable Energy 100%'의 약자로, 기업이 사용하는 전력을 100% 재생 가능 에너지로 전환하겠다는 글로벌 이니셔티브를 말한다. 2014년 영국의 비영리단체 '더 클라이밋 그룹(The Climate Group)'과 '탄소 정보공개 프로젝트(CDP)'가 협력하여 시작했다. RE100에 가입한 기업은 일정 기한 내에 자사가 소비하는 전력을 태양광, 풍력, 수력 등 재생 가능 에너지원으로 100% 전환하겠다고 약속한다. 이는 기후 변화에 대응하고 탄소 배출을 줄이기 위한 기업 차원의 실천이다.

RE100은 단순한 선언이 아닌, 실질적인 에너지 전환을 위한 목표로 평가된다. 기업들은 연도별로 재생 가능 에너지 비율을 점진적으로 늘리며, 최종적으로는 100%를 달성하는 것이 목표다. 이러한 이니셔티브에 참여하는 기업은 국제적으로 경쟁력을 강화하고, 지속 가능성을 추구하며, 투자자와 고객들로부터 긍정적인 평가를 받는 등의 장점을 누릴 수 있다. 2021년 제출된 보고서에 따르면 총 61개의 세계적인 기업들이 목표 달성을 하였고, 매년 더 많은 기업이 RE100 협약 프로젝트에 동참하고 있다.

RE100을 실천하고 있는 5개 기업의 구체적 사례를 알아보자. 첫째, 구글(Google)은 2017년부터 자사가 사용하는 모든 전력을 100% 재생 가능 에너지원으로 충당해 오고 있다. 구글은 풍력과 태양광 발전소와 전력 구매 계약(PPA)을 통해 재생에너지를 구매하며, 전 세계 데이터 센터의 에너지 효율을 높이기 위해 지속해서 투자해 왔다. 구글은 자사 데이터 센터에서 사용하는 전력을 줄이고 효율을 높이기 위해 인공지능(AI)을 도입했으며, 데이터 센터 냉각 시스템을 AI가 제어하도록 해 운영 효율성을 30% 향상시켰다. 이러한 기술 도입을 통해 구글은 더 적은 전력으로 더 많은 데이터를 처리할 수 있게 되었으며, 이는 재생 가능 에너지 사용량을 증가시키는 데 이바지하였다. 구글의 목표는 단순히 100% 재생 가능 에너지를 사용하는 것을 넘어서, 2030년까지 탄소 중립을 넘어 탄소 배출량보다 더 많이 흡수하는 상태인 탄소 마이너스 상태에 도달하는 것이다. 이는 구글의 데이터 센터뿐만 아니라, 모든 자사 운영에서 발생하는 탄소 배출을 제로로 만드는 것을 의미한다.

둘째, 애플(Apple)은 2018년부터 전 세계 모든 운영 시설에서 100% 재생 가능 에너지를 사용하고 있다. 애플은 재생 가능 에너지 사용을 자사뿐만 아니라 협력업체와 공급망 전반으로 확장하여, 공급업체들이 재생 가능 에너지를 도입하도록 요구하고 있다. 이를 위해 애플은 에너지 전환을 위한 기술적, 재정적 지원을 아끼지 않고 있으며, 2020년 기준으로 애플과 협력하는 110개 이상의 공급업체가 100% 재생 가능 에너지를 사용하게 되었다. 애플의 주요 전략 중 하나는 제품생산에서 발생하는 탄소 배출을 줄이기 위해 전 세계 다양한 재생에너지 프로젝트에 투자하는 것이다. 특히 전력 사용이 많은 데이터 센터와 공장들에 태양광 패널과 풍력 발전 설비를 설치하여, 에너지를 자급자족하는 시스템을 구축하였다. 애플은 2030년까지 전체 제품의 생산, 유통, 폐기 과정을 포함한 공급망 전반에서 완전한 탄소 중립을 이루겠다는 목표를 세웠다.

셋째, 마이크로소프트(Microsoft)는 2012년부터 탄소 중립을 실현해 왔으며, 2030년까지 자사 전체 운영에서 탄소 배출을 '음성(carbon negative)'으로 전환하겠다는 목표를 발표했다. 마이크로소프트는 자사가 사용하는 모든 전력을 100% 재생 가능 에너지원으로 전환하기 위해 태양광과 풍력 발전소와 계약을 체결해 왔다. 2021년에는 1.9기가와트(GW) 규모의 재생 가능 에너지를 구매하여 이 목표를 달성하기 위한 발판을 마련했다. 또한, 마이크로소프트는 재생 가능 에너지의 효율성을 높이고, 탄소 배출을 줄이기 위해 인공지능(AI)을 활용해 실시간으로 전력 사용량을 모니터링하는 시스템을 개발했다. 더 나아가, 마이크로소프트는 기후 변화 대응을 위한 다양한 기술 솔루션을 개발하고, 자사뿐만 아니라 고객사도 탄소 배출을 줄일 수 있도록 지원하고 있다. 이 회사는 지속 가능한 에너지 사용을 위한 투자와 더불어, 탄소 제거 기술에도 막대한 자금을 투입하고 있으며, 다양한 환경 보호 프로젝트를 통해 긍정적인 변화를 주도하고 있다.

넷째, BMW는 자동차 업계에서 가장 적극적으로 RE100을 실천하는 기업 중 하나이다. 2020년부터 BMW는 전 세계 모든 생산 시설에서 사용하는 전력을 100% 재생 가능 에너지로 전환했다. 특히 BMW는 자체 태양광 및 풍력 발전소를 운영하며, 에너지를 직접 생산하고 있다. BMW는 전기차 생산을 늘려 자동차 산업의 탄소 배출을 줄이려는 노력을 지속해서 기울이고 있다. 2030년까지 자동차 한 대를 생산하는 데 발생하는 전체 탄소 배출량을 80%까지 줄이겠다는 목표를 세웠다. 또한, BMW는 배터리 생산에도 재생 가능 에너지를 도입해, 전기차가 주행할 때뿐만 아니라 생산 과정에서도 탄소 배출을 줄일 수 있도록 하고 있다. BMW는 또한 협력업체와의 협력하에 탄소 배출을 최소화하는 공급망을 구축하고 있으며, 폐기물 재활용 및 자원 절약에도 주력하고 있다. 이러한 노력은 BMW의 전반적인 지속 가능성을 높이며, 자동차 산업 전반에 긍정적인 영향을 미치고 있다.

다섯째, 이케아(IKEA)는 2020년부터 전 세계 매장과 제조 시설에서 사용하는 전력을 100% 재생 가능 에너지원으로 전환했다. 이케아는 태양광 패널 설치와 풍력 발전소 건설을 통해 에너지 자급자족 능력을 확장하고 있으며, 여러 나라에서 자가발전 설비를 운영 중이다. 특히 이케아는 전 세계 다양한 재생 가능 에너지 프로젝트에 투자해 자사 운영의 전력 사용을 재생 가능 에너지로 전환했으며, 2030년까지 전체 공급망에서도 100% 재생 가능 에너지를 사용하겠다는 목표를 세웠다. 이케아는 소비자들이 구매한 제품의 수명주기를 연장하고, 에너지 소비를 줄이는 제품 개발에도 힘쓰고 있다. 이러한 노력의 하나로, 이케아는 제품의 생산 및 유통 과정에서 발생하는 탄소량을 절반으로 줄이는 것을 목표로 하고 있으며, 이를 통해 환경 영향을 최소화하고 있다. 이케아는 또한 폐기물을 줄이기 위한 다양한 프로그램을 도입해, 지속 가능한 소비를 촉진하고 있다.

RE100은 글로벌 기업들이 기후 변화 대응과 지속 가능한 발전을 위해 중요한 이니셔티브로 자리 잡고 있다. 세계적 기업들이 자사 운영에서 재생 가능 에너지를 사용하는 것을 넘어, 탄소 배출을 줄이기 위한 기술 개발과 에너지 효율성 개선에 적극적으로 투자하고 있다. 이러한 노력은 기업의 경쟁력을 강화하는 동시에, 환경 보호와 경제 성장을 동시에 추구하는 데 중요한 역할을 하고 있다. RE100 이니셔티브를 통해 더 많은 기업이 지속 가능한 에너지 전환을 이루어 나갈 것이며, 이는 글로벌 차원의 기후 변화 대응을 가속하는 데 이바지할 것이다.

2 신 · 재생에너지

신 · 재생에너지(new & renewable energy)는 무공해, 무한정의 다양한 자연에너지의 특성과 이용 기술을 활용하여 화석연료를 사용하는 기존 에너지를 대체하는 에너지를 의미한다. 「신에너지 및 재생에너지 개발 · 이용 · 보급 촉진법」은 대한민국에서 신에너지와 재생에너지를 개발하고 보급을 촉진하기 위해 제정된 법이다. 이 법에 따라 정의된 재생에너지는 자연에서 지속해서 공급되는 자원을 이용하여 얻는 에너지를 말한다. 화석연료와 달리 고갈되지 않고 반복적으로 사용할 수 있는 에너지원으로, 탄소 배출이 적고 환경친화적이다. 대한민국의 법에서는 다음과 같은 종류의 8종의 재생에너지를 인정하고 있다.

① 태양광 에너지: 태양의 빛을 전기 에너지로 변환하는 기술이다. 태양광 패널을 통해 직접적으로 전기를 생산하며, 가장 널리 사용되고 있는 재생에너지의 한 형태이다.

② 태양열 에너지: 태양의 열을 이용하여 열에너지를 생산하는 기술이다. 주로 물을 가열하여 난방이나 전기를 생산하는 데 사용된다.

③ 풍력 에너지: 바람의 힘을 이용해 전기를 생산하는 기술이다. 풍력 터빈을 설치하여 바람의 운동 에너지를 전기 에너지로 변환한다.

④ 수력에너지: 물의 위치 에너지를 이용해 전기를 생산하는 기술이다. 수력 발전소에서 물의 낙차나 흐름을 활용하여 터빈을 돌려 전력을 생산한다.

⑤ 해양 에너지: 파도, 조류, 조력, 해수의 온도 차이를 이용하여 전기를 생산하는 에너지원이다. 대한민국은 해양 자원이 풍부하여 해양 에너지를 적극적으로 개발하고 있다.

⑥ 지열 에너지: 지하에 있는 열을 이용하여 에너지를 생산하는 기술이다. 지열을 이용해 난방, 냉방 또는 전기를 생산하는 방식이 포함된다.

⑦ 바이오에너지: 식물, 동물, 미생물 등의 유기체를 이용해 에너지를 생산하는 방식이다. 바이오매스를 연료로 사용하여 전기나 열을 생산하거나, 바이오가스와 같은 연료를 만들기도 한다.

⑧ 폐기물에너지: 주로 생활 쓰레기, 산업 폐기물 등을 연료로 사용하여 전기를 생산하거나 열을 이용하는 방식이다. 이 방식은 폐기물을 줄이고 에너지를 얻는 두 가지 이점을 동시에 제공한다.

「신에너지 및 재생에너지 개발 · 이용 · 보급 촉진법」에 따라 정의된 신에너지는 기존의 에너지원(석유, 석탄, 천연가스 등)을 대체하거나 새로운 방식으로 에너지를 생산하는 기술을 말한다. 기존의 재생에너지와는 다른, 기술적으로 새롭게 개발된 에너지원을 포함한다. 대한민국 법에 따라 인정되는 신에너지는 연료전지, 수소에너지, 석탄액화 및 가스화, 그리고 석유 대체 액체연료의 4종류가 있다.

① 연료전지: 수소와 산소의 화학 반응을 이용해 전기와 열을 생산하는 방식이다. 연료전지는 고효율, 저공해 특성을 가지며, 발전소, 주거용, 산업용 등 다양한 분야에 사용된다.

② 수소에너지: 수소를 연료로 사용하여 전기를 생산하거나, 수소를 연소시켜 열을 이용하는 기술이다. 수소는 연소 시 물만 배출하므로, 청정 에너지원으로 주목받고 있다. 수소는 연료전지와 결합하여 전기생산에 활용되기도 한다.

③ 석탄액화 및 가스화: 석탄을 액체연료나 가스로 전환하여 사용하는 기술이다. 기존 석탄의 연소보다 오염물질을 줄일 수 있어, 더 친환경적인 형태로 석탄을 활용한다.

④ 석유 대체 액체연료: 바이오 연료, 폐연료전지, 수소에너지, 석탄액화 및 가스화, 석유 대체 액체연료 등 기존 에너지원을 대체하거나 새로운 기술을 적용한 에너지를 포함한다.

QUIZ

✔ 다음 에너지에 대한 설명에서 맞으면 O, 틀리면 X 하시오.

1) 파리 협정에서 197개국이 지구 평균 기온 상승을 산업화 이전 수준에서 2°C 이하로 유지하고, 1.5°C 이하로 제한하는 협정에 서명하였다. (　　)

답 O (파리 협정은 새로운 기후협약으로 각국은 자발적인 국가 온실가스 감축 목표(NDC)를 제출하고 이행하기로 합의했다.)

2) 1997년에 채택된 교토의정서는 선진국들이 온실가스를 감축할 의무를 부여한 첫 국제 협정으로 강제 구속력을 지니고 있다. (　　)

답 X (교토의정서는 미국을 비롯한 몇몇 주요 배출국들이 협정에 참여하지 않거나 탈퇴하여 한계가 있었다.)

3) RE100은 기업이 사용 전력을 100% 재생 가능 에너지로 전환하겠다는 글로벌 이니셔티브다. (　　)

답 O (RE100은 'Renewable Energy 100%'의 약자로, 단순한 선언이 아닌, 실질적인 에너지 전환을 위한 목표다.)

3 글로벌 에너지 정책

1차 에너지 생산과 소비는 국가와 지역에 따라 다르게 나타나지만, 기후 변화 대응과 에너지 전환의 방향은 공통적이다. 세계 각국은 탄소 배출 저감을 위해 파리 협정 목표를 설정하고 있으며, 재생에너지의 비중을 확대하고 있다. 또 에너지 효율성을 강화하며, 글로벌 에너지 안보를 확보하기 위한 다각적인 접근을 하고 있다. 에너지 소비량을 줄이고 재생에너지와의 시너지를 창출하는 데 기여하고 있다. 스마트 그리드와 에너지 저장 시스템(ESS), 탄소 포집 및 저장(CCUS) 기술의 혁신이 이러한 정책의 핵심이다.

전 세계 에너지 정책의 주요 목표는 기후 변화 대응, 에너지 안보 그리고 경제 성장과 일자리 창출이다. 기후 변화 대응 측면에서 대부분 국가가 파리 협정 목표에 부합하기 위해 탄소 중립을 정책 목표로 삼고 있다. 전 세계적으로 온실가스를 줄이는 데 효과적인 재생에너지와 저탄소 에너지원에 대한 투자가 증가하고 있다. 태양광, 풍력, 수소 등 탄소 배출이 적은 에너지원의 사용이 늘고 있으며, 이와 관련된 기술 개발과 인프라 투자가 활발히 이루어지고 있다.

에너지 안보 측면에서 각 국가는 에너지 자원의 안정적인 공급을 보장하기 위해 에너지 안보를 정책의 핵심 목표로 삼고 있다. 화석연료 수입에 의존하던 많은 국가는 이를 대체하기 위해 재생에너지를 확충하거나, 자국 내 에너지원 개발을 추진하고 있다. 이를 통해 에너지 자급률을 높이고, 국제적 에너지 공급망의 리스크를 줄이는 방향으로 정책이 진행되고 있다.

경제 성장과 일자리 창출 측면에서 신재생에너지 기술 개발과 그에 따른 인프라건설은 많은 일자리를 창출하며 경제 성장의 중요한 동력이 되고 있다. 많은 국가가 신재생에너지 산업을 새로운 경제 성장 동력으로 삼고 있으며, 신기술 개발을 촉진하기 위해 보조금 및 세제 혜택을 제공하고 있다. 미국의 '인플레이션 감축법(IRA)'이나 EU의 '그린 딜'이 이러한 정책의 대표적인 사례이다.

미국의 인플레이션 감축법(IRA)는 2030년까지 온실가스 배출을 2005년 대비 50% 이상 감축하기 위해 재생에너지와 저탄소 에너지 기술에 대규모 자금을 투입하는 정책이다. 이를 위해 청정 수소 생산과 관련된 기술 개발과 인프라 구축이라는 수소 경제

육성이 중요한 정책 과제가 되고 있으며, 수소 산업의 글로벌 리더십을 확보하려 하고 있다. 또 기존의 석유, 천연가스 등 화석연료 중심의 에너지 산업에서 벗어나, 태양광과 풍력 등 재생에너지와 전기차 인프라 확충에 집중하는 등 에너지 전환 정책이 추진되고 있다.

유럽연합(EU)의 유럽 그린 딜(european green deal)은 2050년까지 탄소 중립을 목표로 하고 있으며, 재생에너지 확대, 에너지 효율성 개선, 친환경 교통수단 도입을 추진하고 있다. EU 그린 택소노미는 지속 가능한 경제 활동을 촉진하기 위해, 재생에너지와 에너지 효율성 기술을 정의하고 투자 기준을 마련해 기업과 금융 기관의 녹색 투자를 장려하고 있다. 이에 따라 풍력과 태양광 확대에 투자가 진행되고 특히 북해 연안의 해상풍력 발전소와 태양광 프로젝트가 확대되고 있으며, 전력망의 통합과 재생에너지의 저장 기술에 대한 투자도 증가하고 있다.

중국은 2030년까지 탄소 배출을 정점에 도달하게 하고, 2060년까지 탄소 중립을 달성하겠다는 목표를 세웠다. 중국은 세계 최대의 태양광 패널 생산국이자 소비국이며, 대규모 태양광과 풍력 프로젝트를 추진하는 등 재생에너지 확대에 집중하고 있다. 원자력에너지의 비중을 높여 탄소 배출을 줄이는 동시에 에너지 안보를 강화하고 있다. 이에 따라, 다양한 신규 원자력 발전소가 건설되고 있다.

대한민국도 2050년까지 탄소 중립을 목표로 하며, 이를 위한 다양한 정책을 추진하고 있다. 대한민국의 재생에너지 3020 계획은 2030년까지 재생에너지 발전 비율을 20%까지 확대하는 계획으로 태양광과 풍력 발전을 중심으로 에너지 전환을 추진하고 있다. 또 수소차와 연료전지 분야에서 글로벌 리더가 되기 위해, 수소 생산, 저장, 운송 인프라를 확충하고, 청정 수소 개발 등 수소 경제 활성화에 주력하고 있다.

중동의 석유 부국들은 특히 사우디아라비아와 UAE를 중심으로 에너지 전환의 하나로 태양광, 풍력 등 재생에너지 프로젝트를 추진하고 있으며, '네옴시티'와 같은 미래형 친환경 도시를 건설하려는 계획을 세우고 있다.

호주는 풍부한 태양광과 풍력 자원을 활용하여 재생에너지 발전을 확대하고, 녹색 수소 생산 및 수출을 위한 거점으로 자리매김하려 하고 있다.

이처럼 세계 각국의 에너지 전환 및 재생에너지 기술 발전, 수소 경제 그리고 탄소 포집 및 저장 기술(CCUS)에서의 기술 혁신으로 친환경 에너지 정책이 모든 정책의 중심이 되고 있다. 재생에너지 기술 발전 측면에서는 태양광 패널의 효율성 증가, 풍력 터빈의 대형화 및 고도화, 해상풍력 발전소 확장이 빠르게 진행되고 있다. 또한, 에너지 저장 기술(ESS) 개발이 활발히 이루어지고 있어, 재생에너지의 간헐성을 보완하고 있다. 수소 경제라고 하는 청정 수소 생산 기술, 수소 운송 및 저장 인프라 구축이 많은 나라에서 추진되고 있으며, 이는 기존 화석연료와 전기 배터리를 대체하는 에너지원으로 주목받고 있다. 탄소 배출이 많은 산업 분야에서 탄소를 포집하여 지하에 저장하거나, 이를 재활용하는 기술인 CCUS도 개발되고 있다. 이는 화석연료 사용을 완전히 중단할 수 없는 국가들이 기후 변화 대응 목표를 달성하는 데 중요한 역할을 한다.

전 세계 에너지 정책의 도전 과제에는 에너지 전환 비용이 많이 들고, 기술적 제약도 많으며 정치적 사회적 갈등도 극복해야 할 문제로 대두되고 있다. 기존 화석연료 기반의 에너지 체제를 재생에너지로 전환하는 데는 막대한 비용이 필요하다. 이는 국가 경제에 부담이 될 수 있으며, 일부 개발도상국의 경우 자금 부족으로 인해 에너지 전환이 어렵다. 재생에너지의 간헐성 문제, 에너지 저장 기술의 한계, 수소 생산 비용 등의 기술적 제약이 여전히 남아있다. 이를 해결하기 위한 지속적인 연구와 투자가 필요하다. 에너지 전환 과정에서의 사회적 갈등이 발생할 수 있다. 또한, 국제적인 에너지 정책의 협력이 중요하지만, 국가 간 이해관계 차이로 인해 조정이 필요하다.

4 EU 그린 택소노미

EU 그린 택소노미(EU green taxonomy)란 유럽연합이 2020년에 도입한 제도로, 경제 활동이 얼마나 환경 측면으로 지속 가능한지를 평가하는 기준을 제시하는 체계이다. 이를 통해 기후 변화 대응과 지속 가능한 경제로 전환을 가속하는 것을 목표로 한다. 이 체계는 투자자, 기업, 정책 입안자들이 지속 가능한 경제 활동을 명확히 구분하고, 환경 측면으로 건전한 투자를 장려하기 위한 지침을 제공하는 역할을 한다. 택소노미(taxonomy)의 궁극적 목표는 지속 가능한 경제 활동을 촉진하고, 기후 변화와 환경 문제를 해결하기 위한 글로벌 대응을 강화하는 것이다. 이를 통해 궁극적으로 환경적, 사회적 지속 가능성을 달성하고, 탄소 중립과 친환경 전환을 가속하는 것이 목적이다.

구체적으로 택소노미는 다음과 같은 목표를 가지고 있다.

첫째, 택소노미는 EU의 기후 변화 대응 및 2050년 탄소 중립 달성 목표를 지원한다. 기후 변화의 주요 원인인 온실가스 배출을 줄이고, 재생 가능 에너지원으로의 전환을 촉진하여 환경 측면으로 지속 가능한 경제로 나아가려는 것이 주요 목표이다.

둘째, 탄소 중립과 친환경 전환에의 지속 가능한 투자 활성화 정책을 명확히 정의함으로써 투자자들이 환경 측면으로 책임 있는 투자(eco-friendly investment)를 할 수 있도록 돕는다. 택소노미는 지속 가능 금융(sustainable finance)을 촉진하여, ESG(환경, 사회, 지배구조) 기준에 부합하는 금융상품과 투자 활동을 장려한다.

셋째, 택소노미는 경제 활동이 환경에 미치는 부정적인 영향을 최소화하고, 경제 활동의 친환경적 전환 지원로 자원 효율성과 순환 경제로의 전환을 촉진한다. 기업들은 택소노미의 기준에 맞춰 환경 측면으로 지속 가능한 방식으로 운영되도록 유도되며, 이를 통해 친환경 혁신과 기술 발전이 가속화된다.

넷째, 택소노미는 기후 변화 완화뿐만 아니라 환경 보호 및 생태계 복원을 위해 생물다양성 보호, 물 자원 보호, 오염 방지 등의 환경 목표를 강조한다. 이를 통해 자연환경을 보호하고, 오염과 생태계 파괴를 줄이는 것이 중요한 목표 중 하나이다.

다섯째, 택소노미는 환경적인 지속 가능성뿐만 아니라 사회적 지속 가능성도 고려한다. 이를 사회적 택소노미(social taxonomy)라 하는데, 환경 목표에 더해 노동권, 인권, 평등을 포함한 사회적 가치가 반영된 경제 활동을 장려하고, 이를 통해 사회적으로도 책임 있는 경제 성장을 도모하는 것이 목표이다. 이는 기업의 사회적 책임을 확대하고, 경제 활동의 지속 가능성 평가를 더 포괄적으로 접근하려는 움직임이다.

궁극적으로, 택소노미의 목표는 기후 변화와 환경 위기를 해결하기 위한 글로벌 표준을 제시하고, 지속 가능한 경제로 전환을 가속하는 것이다. 이는 기업, 투자자, 정책입안자들이 기후 위기와 지속 가능성을 핵심 과제로 삼아 장기적인 변화를 만들어 나가는 데 중요한 역할을 한다. 금융 기관들은 그린 택소노미에 따라 기업들의 지속 가능한 활동을 평가하여, 금융상품을 지속 가능하게 설계하고 투자 결정을 내릴 수 있다. 이를 통해 더 많은 자금이 친환경 활동에 투입되도록 유도하고 있다. '녹색 채권(green bond)' 발행 역시 택소노미 기준을 충족하는 프로젝트에 대한 자금을 마련하는 방식으로 활발히 사용되고 있다.

EU 그린 택소노미 체계는 경제 활동이 환경에 미치는 영향을 기준으로 지속 가능성을 평가하며, 여섯 가지 주요 환경 목표를 설정하고, 경제 활동이 이 목표 중 적어도 하나에 이바지해야 하고 다른 목표에 심각한 해를 끼치지 않는 'No significant harm' 원칙을 충족해야 한다. 아래는 그 구체적인 목표이다.

첫째, 기후 변화 완화(Mitigation of Climate Change)

탄소 배출을 줄이기 위한 경제 활동을 강조하며, 온실가스 배출량 감소 및 탄소 중립 목표를 지원하는 활동에 우선순위를 둔다.

- 재생 가능 에너지 생산
- 에너지 효율성 제고
- 저탄소 기술 도입

둘째, 기후 변화 적응(Adaptation to Climate Change)

기후 변화의 부정적 영향을 최소화하기 위한 경제 활동을 다룬다.

- 홍수 방지 인프라 구축
- 기후 변화에 적응하는 농업 및 건축 기술
- 기후 위험 관리나 대응 방안 도입

셋째, 물과 해양 자원의 지속 가능한 사용 및 보호(Sustainable Use and Protection of Water and Marine Resources)

수자원 및 해양 생태계의 보전을 목표로 하는 활동이다.

- 수질 오염 방지
- 물의 재사용 및 재활용 촉진
- 해양 생태계 보호

넷째, 순환 경제로의 전환(Transition to a Circular Economy)

폐기물 감소, 자원 효율성 향상, 제품의 재활용 및 재사용을 촉진하는 경제 활동을 장려한다.

- 자원 재활용 및 폐기물 처리 개선
- 순환 경제를 위한 혁신 기술 개발
- 친환경 제품 설계

다섯째, 오염 방지 및 관리(Prevention and Control of Pollution)
대기, 물, 토양 등 모든 환경 요소에 대한 오염 방지를 목표로 하는 활동이다.

• 산업 폐기물 및 배출물 관리
• 유해 물질 사용 제한
• 오염 저감 기술 개발

여섯째, 생물다양성 및 생태계 보호(Protection and Restoration of Biodiversity and Ecosystems)
생물다양성과 생태계를 보전하고 복원하기 위한 활동이다.

• 자연 서식지 보호
• 토양 복원 및 산림 보호
• 생물다양성 증진

EU 그린 택소노미는 단순한 지침이 아니라 실질적인 변화와 투자를 촉진하기 위한 수단이다. 이를 통해 기업은 지속 가능한 방식으로 운영할 수 있고, 투자자들은 환경 면으로 책임 있는 투자를 할 수 있게 된다. 동시에 회원국들은 기후 변화와 환경 문제를 해결하는 데 더 효과적인 정책을 마련할 수 있게 된다. 이러한 목표를 통해 EU는 2050년까지 탄소 중립을 달성하고, 글로벌 차원의 기후 변화 대응과 지속 가능한 경제 발전에 선도적 역할을 하겠다는 비전을 실현하고자 한다.

4-1 EU 그린 택소노미에 원자력과 천연가스의 포함

EU 그린 택소노미가 실질적인 변화와 투자를 촉진하기 위한 수단이므로 국가별 정치적 사회적 갈등을 유발하기도 한다. 그래서 정책적 합의(consensus)가 필요하게 되는데 EU에서는 원자력과 천연가스가 택소노미에 포함될 수 있는지에 대한 논의가 활발하게 진행되었다. 원자력은 탄소 배출이 없지만 방사성 폐기물 문제로 논란이 있으며, 천연가스는 전환 연료로 고려되고 있지만 여전히 화석연료라는 점에서 비판이 있다. 그런데 2022년에는 천연가스와 원자력에너지를 일시적으로 '녹색'으로 분류하는 제안이 승인되었다. 이는 에너지 안보와 친환경 전환 사이에서 균형을 맞추려는 시도로 볼 수 있다.

1) 원자력이 EU 그린 택소노미에 채택된 과정의 이해

원자력이 EU 그린 택소노미에 채택되기 위해 원자력을 채택하는 국가들과 반대하는 국가들 사이의 첨예한 논쟁이 있었으나, 2022년 마침내 택소노미에 채택되었다. 원자력 채택을 찬성하는 나라 중에서 프랑스는 유럽 내에서 가장 큰 원자력 발전국가로, 자국 전력의 약 70%를 원자력에서 생산하고 있다. 프랑스는 원자력이 기후 변화 대응을 위한 필수적인 저탄소 에너지원이라고 주장하며, 에너지 안보와 함께 탄소 배출을 줄이기 위해 원자력을 지속해서 사용해야 한다고 강조해 왔다. 또한, 프랑스는 원자력 산업에 대한 오랜 기술력과 인프라를 활용하여 유럽 전체의 에너지 전환 과정에서 중요한 역할을 할 수 있다고 주장했다. 핀란드도 에너지 자급률을 높이기 위해 원자력 발전에 의존해 왔으며, 안정적이고 청정한 에너지 공급원으로 원자력을 채택하는 것을 지지해 왔다.

핀란드는 신재생에너지 확대와 함께 원자력을 지속 가능한 에너지원으로 인정함으로써 장기적인 에너지 안보를 유지하는 것이 중요하다고 주장했다. 체코, 폴란드 등의 동유럽 6개 국가도 에너지 자급률을 높이고 탄소 배출을 줄이기 위해 원자력이 필요하다는 견해를 밝혔다. 이들 국가는 화석연료 의존도를 낮추고, 장기적으로 안정적인 전력 공급을 확보하기 위해 원자력을 중요한 대안으로 보고 있으며, 이를 통해 산업과 경제의 지속 가능성을 높이려 하고 있다.

원자력 채택을 반대하는 나라들로는 독일, 룩셈부르크, 포르투갈, 덴마크, 오스트리아, 스페인, 아일랜드 등이 있다. 특히 독일은 원자력 사용을 강력하게 반대하는 국가 중 하나로, 자국 내 에너지 전환 정책인 '에너지벤데(Energiewende)'를 통해 원자력을 단계적으로 폐기하고 재생 가능 에너지로 전환하고 있다. 독일은 원자력이 방사성 폐기물 문제와 안전성 문제를 안고 있으며, 이는 지속 가능한 에너지원으로 볼 수 없다고 주장했다. 독일은 신재생에너지원인 태양광, 풍력 등을 통해 100% 청정에너지를 달성할 수 있다는 견해를 고수하고 있다.

오스트리아 역시 원자력에 강력히 반대하는 의견을 밝혀 왔다. 오스트리아는 원자력의 방사성 폐기물 문제와 사고 위험성을 이유로 원자력의 지속 가능성을 부정하며, 원자력을 EU 그린 택소노미에 포함하는 것은 잘못된 결정이라고 주장해 왔다. 특히 오스트리아는 원자력을 포함하는 것이 유럽 내 환경적 기준을 저해할 수 있다고 강조했다. 룩셈부르크도 원자력 발전을 반대하는 국가로, 방사성 폐기물의 장기적인 처리 문제와 환경적 위험성을 강조했다. 이들은 재생 가능 에너지 확대가 지속 가능한 미래로 가는 유일한 길이라고 주장하며, 원자력은 그 과정에서 배제되어야 한다고 보고 있다.

유럽 국가들 사이의 협의 과정을 거쳐 최종 택소노미 채택의 합의(consensus)에 이른 이유로는 첫째, 원자력이 탄소 배출이 없다는 점이 강조되었다. 원자력은 발전 과정에서 직접적인 탄소 배출이 거의 없으므로, 기후 변화 대응을 위한 온실가스 감축에 중요한 역할을 할 수 있다. 유럽연합의 2050년 탄소 중립 목표를 달성하기 위해서는 에너지 공급의 탈탄소화가 필수적인데, 원자력은 이에 이바지할 수 있는 저탄소 에너지원으로 평가되었다.

둘째, 원자력 발전소는 이미 여러 유럽 국가에서 주요 에너지원으로 사용되고 있으며, 신재생에너지원인 태양광과 풍력의 변동성을 보완할 수 있는 안정적인 전력 공급원으로 간주된다. 이 때문에 유럽의 에너지 전환 과정에서 에너지 안보를 유지하고, 안정적인 전력 공급을 보장하기 위해 원자력을 배제할 수 없다는 주장이 있었다.

셋째, 러시아-우크라이나 전쟁으로 인해 유럽 내에서 에너지 안보 문제가 더욱 주목받았다. 러시아산 천연가스에 대한 의존도를 줄이기 위해 유럽은 자국 내에서 안정적으로 생산할 수 있는 에너지원을 확보할 필요가 있었고, 원자력은 이를 해결할 방법의 하나로 채택되었다. 원자력 발전은 수입 연료 의존도를 줄이고, 국내 전력 자급률을 높이는 데 이바지할 수 있기에 에너지 안보 강화 측면에서 중요성이 인정되었다.

그런 택소노미 규정은 택소노미에 포함되기 위해서는 기후 변화 완화(온실가스 감축), 기후 변화 적응, 생물다양성과 생태계 보전 및 복원, 환경 오염 방지 및 관리 등과 같은 환경 목표 가운데 하나 이상의 달성에 이바지하면서, 그 과정에서 다른 환경 목표에 중대한 피해를 주지 않을 것(DNSH, do no significant harm)을 요구하고 있다. 이 요구사항에 따라 원자력은 방사성 폐기물 관리와 폐쇄 절차가 명확히 규정된 경우에만 지속 가능한 에너지로 인정된다.

또한, 원자력 발전소가 높은 수준의 안전 기준을 충족해야 하며, 사고 위험을 최소화하는 방안이 마련되어야 한다. 원자력의 택소노미 채택은 에너지 안보와 기후 변화 대응 사이에서 균형을 유지하기 위한 타협으로 해석된다. 유럽이 재생 가능 에너지원으로의 전환을 가속하는 동안, 기존의 원자력 발전이 안정적인 전력 공급을 위한 전환기적 에너지원으로서 역할을 하도록 허용된 것이다.

DNSH는 EU 그린 택소노미에서 중요한 원칙으로, 특정 경제 활동이 환경 면으로 지속 가능하다고 간주하기 위해서는 기본적으로 해당 활동이 다른 환경 목표에 '중대한 해'를 끼치지 않아야 한다는 조건을 의미한다. 즉, 기후 변화 완화에 이바지하는 활동이더라도, 그 과정에서 물, 공기, 토양, 생물다양성 등에 심각한 피해를 준다면 지속 가능한 활동으로 인정되지 않는다는 원칙이다.

DNSH 원칙은 EU 그린 택소노미에 포함된 여섯 가지 주요 환경 목표(기후 변화 완화, 기후 변화 적응, 자원 보호, 해양 및 수생 자원 보호, 순환 경제 전환, 오염 방지 및 관리, 생물다양성 보호)에 중대한 해를 끼치지 않는 경제 활동만이 '지속 가능'하다고 평가받는 기준이다. 따라서 원자력이 EU 그린 택소노미에 포함되려면, 원자력 발전이 다른 환경 목표에 중대한 해를 끼치지 않는다는 것을 기술적으로 입증해야 한다. 원자력의 지속 가능성 여부에 있어 가장 큰 쟁점은 방사성 폐기물 관리와 안전성이다. 원자력 발전에서 나오는 고준위 방사성 폐기물은 수백 년 동안 지속되는 방사성 위험이 있으므로, 이를 어떻게 안전하게 관리할 것인가가 핵심적인 논의 사항이다. DNSH 원칙에 따라, 원자력 발전이 방사성 폐기물을 환경에 유출하지 않고, 안전하게 처리할 수 있다는 기술적 입증이 필요하다. 또 원자력 발전소에서 발생할 수 있는 사고나 재난이 환경에 미치는 잠재적인 피해는 매우 크다. 따라서 원자력 발전소가 고도의 안전 기준을 충족하고, 이러한 사고 위험을 최소화할 수 있는 기술적 장치가 마련되어 있어야 한다.

2) 천연가스가 EU 그린 택소노미에 채택된 과정의 이해

천연가스가 EU 그린 택소노미에 채택된 이유는 유럽의 에너지 전환 과정에서 중요한 과도기적 연료로서 역할을 할 수 있기 때문이다. 천연가스는 다른 화석연료인 석탄이나 석유에 비해 온실가스 배출이 적으며, 재생 가능 에너지원인 태양광과 풍력 등에서 발생하는 전력의 변동성을 보완하는 안정적인 전력 공급원으로 사용될 수 있다.

천연가스가 EU 그린 택소노미에 채택된 구체적인 이유로는 첫째, 천연가스는 석탄과 석유보다 이산화 탄소(CO_2) 배출이 적다. 유럽연합은 화석연료 중에서 가장 탄소 배출이 적은 천연가스를 에너지 전환의 중간 단계에서 중요한 역할을 할 수 있는 과도기적 연료로 인정했다. 이는 석탄 사용을 줄이는 동시에 재생 가능 에너지의 확대를 도모하는 전략을 일환으로 평가된다.

둘째, 태양광과 풍력 같은 재생 가능 에너지원은 날씨와 시간대에 따라 변동성이 크기 때문에, 안정적인 전력 공급을 보장하는 데 어려움이 있을 수 있다. 천연가스는 이 변동성을 보완할 수 있는 즉시 가동할 수 있는 전력원으로, 재생 가능 에너지원이 완전히 자리를 잡기 전까지 안정적인 전력 공급을 유지할 수 있다.

셋째, 에너지 안보 강화 측면이 강조되었다. 러시아-우크라이나 전쟁 이후 유럽은 에너지 안보에 대한 우려가 커졌다. 러시아산 가스 공급 의존도를 줄이기 위해 자국 내에서 비교적 쉽게 조달할 수 있는 천연가스 사용이 중요해졌다. 천연가스를 지속 가능 에너지로 인정함으로써 에너지 공급의 안정성을 유지할 수 있게 되었다.

천연가스 채택을 찬성하는 나라들로는 독일, 이탈리아, 폴란드 등이 있고 반대하는 나라들로는 오스트리아, 룩셈부르크, 스웨덴이 있다. 독일은 기존의 원자력 발전소를 폐쇄하면서 재생 가능 에너지원으로의 전환을 추진하고 있지만, 이를 위해서는 과도기적 단계에서 천연가스가 필요하다는 태도를 보인다. 독일은 기후 변화 대응과 에너지 안보 사이의 균형을 맞추기 위해, 천연가스를 안정적인 에너지원으로 채택할 필요가 있다고 주장했다. 이는 원자력 발전에 대한 반대 견해와 연관이 있다. 이탈리아는 에너지 전환을 지원하기 위한 천연가스의 필요성을 강조했다. 이탈리아는 석탄을 대체할 저탄소 에너지원으로서 천연가스를 사용하는 것이 유럽의 기후 목표를 달성하는 데 중요한 역할을 할 것이라고 주장했다. 또한 천연가스 기반의 발전소는 상대적으로 빠르게 건설할 수 있어 에너지 수요를 즉각적으로 충족할 수 있는 장점이 있다. 폴란드는 석탄에 대한 높은 의존도를 줄이고, 에너지 안보를 강화하기 위해 천연가스를 중요한 과도기적 연료로 보고 있다. 특히 폴란드는 석탄 산업에서 발생하는 온실가스 배출을 줄이는 동시에, 경제 성장을 유지할 수 있는 현실적인 대안으로 천연가스를 선택했다.

천연가스 채택을 반대하는 나라 중에서 오스트리아는 천연가스를 포함하는 것이 그린 택소노미의 원칙에 어긋난다고 주장했다. 천연가스는 여전히 화석연료로서 온실가스를 배출하며, 기후 변화에 대한 지속 가능한 해결책이 될 수 없다는 견해이다. 오스트리아는 재생 가능 에너지에 대한 투자를 늘리고, 천연가스를 포함하는 대신 빠른 전환을 촉구했다. 룩셈부르크 역시 천연가스의 그린 택소노미 포함에 강력히 반대했다. 이들은 천연가스가 석탄보다 온실가스 배출이 적기는 하지만, 여전히 탄소 배출을 유발하는 에너지원이라는 점에서 지속 가능하지 않다고 주장했다. 천연가스를 그린 택소노미에 포함하는 것은 EU의 탄소 중립 목표에 맞지 않으며, 장기적인 해결책을 미루는 것이라고 비판했다. 스웨덴도 천연가스가 장기적으로 기후 변화에 대응하는 방법이 아니며, 그린 택소노미에 포함되어서는 안 된다는 의견을 내세웠다. 스웨덴은 재생 가능 에너지를 통해 에너지 전환을 가속하는 것이 더 중요한 해결책이라고 강조했다.

QUIZ

✔ 다음 에너지에 대한 설명에서 맞으면 O, 틀리면 X 하시오.

1) 유럽 그린 딜은 2050년까지 탄소 중립을 목표로 재생에너지 확대, 에너지 효율성 개선, 친환경 교통수단 도입을 추진하고 있다. (   )

답 O (유럽 그린 딜은 2050년까지 탄소 중립을 목표로 추진하는 실천운동이다.)

2) CCUS에는 탄소 배출이 많은 산업 분야에서 탄소를 포집하여 지하에 저장하거나, 이를 재활용하는 기술이 포함되어 있다. (   )

답 O (탄소 포집 및 저장 기술(CCUS)은 탄소 배출이 많은 산업 분야에서 탄소를 포집하여 지하에 저장하거나, 이를 재활용하는 기술이다.)

3) 독일의 에너지벤데 정책은 원자력을 EU 그린 택소노미에 채택하였다. (   )

답 X(에너지벤데 정책은 독일의 에너지 정책으로 원자력을 줄이고 재생에너지를 늘리는 정책이다.)

연습문제

01 온실가스 배출로 인해 발생하는 지구 온난화의 피해에 해당하지 않는 것은? (　　)

(객관식)

① 폭염, 폭우, 태풍 등의 기상이변 증가

② 사과, 감귤 등 과일 생산지의 변화

③ 북극과 남극의 빙하가 녹으면서 해수면 상승

④ 해수 온도가 상승하면서 산호초가 백화 현상

02 교토의정서는 197개국이 서명한 협정으로 지구 평균 기온 상승을 산업화 이전 수준에서 2°C 이하로 유지하고, 1.5°C 이하로 제한하는 것을 목표로 한다. (　　) (O, X 문제)

03 인간 활동으로 발생하는 이산화 탄소(CO_2) 및 기타 온실가스 배출량을 최대한 줄이고, 남은 배출량을 상쇄하여 궁극적으로 순 배출량을 '0'으로 만드는 개념을 무엇이라고 하는가?

(주관식)

3장

전기 에너지와 열역학

1. 전기 에너지
2. 자동차에서의 전기
3. 발전 과정에서의 에너지 변환과 에너지 효율성

1 전기 에너지

전기 에너지는 1차 에너지의 변환을 통해 연간 28,500 TWh가 생산되며, 소비 측면에서는 가정, 상업, 산업 부문에서 가장 널리 사용되는 에너지 형태이다. 가정에는 누구나 전기를 사용할 수 있도록 콘센트가 설치되어 있어 언제든지 자유롭게 활용할 수 있다. 전기 에너지의 발견과 발전 원리는 인류 문명 발전에 크게 이바지했다. 전기 에너지는 자연 현상에서 발견되어, 이를 제어하고 활용하는 기술로 발전하면서 현대 사회의 핵심 동력이 되었다. 이 과정은 자연의 원리 이해에서 시작하여 다양한 발명과 연구가 결합하면서 이루어졌다.

전기의 존재에 대한 초기 발견은 자연에서 볼 수 있는 번개나 정전기 현상과 관련이 있다. 고대 그리스 철학자 탈레스는 호박을 문질러서 정전기 현상을 발견한 최초의 인물로 알려져 있다. 이 정전기 현상은 물체 간의 마찰을 통해 발생하는 것으로, 전기의 가장 초기 형태 중 하나였다. 1752년, 벤저민 프랭클린은 번개가 전기의 한 형태임을 증명하는 실험을 했다. 그가 연을 이용한 실험으로 번개가 전기라는 사실을 입증함으로써 자연에서 발생하는 전기 에너지를 더 깊이 이해하게 되었다. 이탈리아의 과학자 알렉산드로 볼타는 1800년에 최초의 전지를 발명했다. 볼타 전지는 화학 반응을 통해 전기를 발생시키는 장치로, 전기 발생의 첫 인공적인 방식이었다.

전기 에너지는 물질의 기본 단위인 전자의 운동으로 생성된다. 전기 에너지는 정지된 전자의 힘으로 발생하는 정전기와 움직이는 전자의 힘에 의해서 발생하는 전자기학적 전기라는 두 가지 주요 방식으로 발생할 수 있다. 그중에서 전자기학적 전기의 발견 측면에서 보면 1820년, 덴마크 과학자 한스 크리스티안 외르스테드는 전류가 자기장을 발생시킨다는 사실을 발견했는데, 전자기학의 기초를 이루는 이 발견은 전기와 자기가 상호작용할 수 있다는 중요한 사실을 밝혔다. 1831년, 영국의 과학자 마이클 패러데이는 전자기 유도 법칙을 발견했다. 이 법칙에 따르면 자기장의 선이라고 하는 자속의 변화가 있을 때, 전기가 흐를 수 있는 물체인 도체에 전류가 유도된다. 전기가 생산되는 이 원리는 오늘날 전기 발전기의 기본 원리로, 발전소에서는 자기장의 변화를 통해 전기를 생산하는 방식을 사용하고 있다.

패러데이의 법칙을 자세히 들여다보면 시간에 따라 변화하는 자기장 즉 자기 선속의 변화가 있을 때, 도체에 전압, 기전력(electromotive force)이 유도된다는 것이다. 이는 자기장이 일정하면 전류가 유도되지 않지만, 자기장이 변화하면 도체에 전기전류가 유도된다는 것이다. 자기장을 형성하고 있는 자석에서 도체를 움직이거나 도체를 두고 자석을 움직였을 때 전류가 발생한다는 것이다. 어쩌면 자성이 있는 물질들의 전자배열이 만든 에너지 흐름이 자기장인데 여기서 도체가 움직이며 에너지를 캐내는 것, 즉 에너지 변환을 한 것이 전기 에너지라 할 수 있을 것 같다. 몇 가지 전기 에너지 관련 용어를 먼저 정리하면 다음과 같다.

첫째, 기전력(electromotive force)이란 전기 회로에서 전류를 발생시키기 위한 에너지원의 전기적 에너지 발생 능력을 의미한다. 전기 회로 내에서 전하를 이동시키는 원천이 제공하는 에너지, 즉 전압을 나타낸다. 전류가 흐르게 만드는 능력이며 배터리의 경우, 화학 반응이 기전력을 발생시킨다. 발전기는 자석과 코일의 상호작용으로 기전력을 발생시킨다. 전압은 두 점 사이의 전위차이고, 기전력은 전기 에너지를 발생시키는 원천(배터리, 발전기 등)에서 공급되는 에너지이다. 기전력은 회로 내에서 전하를 이동시키는 원동력으로 작용하며, 기전력은 전압을 만들어 낸다.

둘째, 전압(voltage)은 전류를 흐르게 하는 힘, 즉 전기적 위치 에너지의 차이를 의미한다. 이는 두 지점 사이의 전위차라고도 불리며, 전하가 한 지점에서 다른 지점으로 이동할 때 발생하는 에너지 차이를 나타낸다. 전압은 전기 회로에서 전하를 이동시키는 동력으로 작용한다. 예를 들어, 건전지의 양극(+)과 음극(−) 사이에는 전위차가 존재하며, 이에 따라 전자가 음극에서 양극으로 이동하게 된다. 이때 전류가 흐르며 전기적 작업이 수행된다. 전압은 일정한 방향으로 유지되는 직류 전압(DC voltage)과 전압의 크기와 방향이 주기적으로 변하는 전압인 교류 전압(AC voltage)이 있다.

셋째, 전류(current, I)란 전하가 전기 회로에서 흐르는 속도를 의미한다. 즉, 단위 시간당 도체를 통과하는 전하량을 나타낸다. 전류는 도체를 통해 전자들이 이동할 때 발생하며, 이때 전자들이 전기 에너지를 운반한다. 전류는 전기 에너지를 전달하는 매개체이며 전하가 회로 내에서 이동하는 속도를 나타낸다. 전류가 흐르면 전기 장치가 작동하고, 회로 내에서 전력이 전달된다. 전류는 전압에 의해 발생하며, 전하가 전압의 영향을 받아 도체를 통해 이동할 때 발생한다. 배터리에서 나오는 전류처럼 전류가 한 방향으로만 흐르는 전류를 직류 전류(DC)라 하고 전류의 방향과 크기가 주기적으로 변하는 전류를 교류 전류(AC)라 한다. 가정용 전기는 교류 전류로 공급되며 에어컨, 세탁기, 냉장고와 같은 많은 가전제품은 교류 전기를 직접 사용한다. 컴퓨터, TV, 스마트폰 충전기처럼 교류 전력을 받아 내부적으로 AC–DC 변환기를 사용하여 직류로 변환하는 제품들도 있다.

전압, 기전력, 전류는 전기 회로에서 서로 밀접하게 연결되어 있다. 옴의 법칙(Ohm's law)에 따르면, 전압과 전류의 관계는 I = V/R로 표현된다. I는 전류로 암페어(A)가 단위이고, V는 전압으로 volt가 단위이며, R은 저항으로 옴(Ω)이 단위이다. 회로 내에서 저항이 일정하다면 전압이 커질수록 전류가 커지며, 저항이 커질수록 전류는 줄어든다. 기전력은 전하를 회로 내에서 이동시키는 에너지원이며, 그로 인해 전압이 발생하고, 그 전압에 의해 전류가 흐르게 된다.

1-1 플레밍의 왼손 법칙과 오른손 법칙

플레밍의 법칙(Fleming's laws)은 전기 발생 및 전자기 유도에 대한 중요한 법칙이다. 이 법칙은 전기 모터와 발전기의 작동 원리를 설명하는 데 사용된다. 플레밍의 왼손 법칙(Fleming's left-hand rule)과 플레밍의 오른손 법칙(Fleming's right-hand rule)으로 나뉜다. 각각은 전기 모터와 발전기의 동작을 설명하는 데 사용되며, 전자기 유도 현상에 의해 어떻게 전기 에너지가 발생하거나 동작하는지를 이해하는 데 도움을 준다.

먼저 플레밍의 왼손 법칙(그림 3-1)은 전기 모터의 작동 원리를 설명하는 데 사용된다. 전기 모터는 전류와 자기장 사이의 상호작용을 통해 기계적 운동을 생성한다. 왼손 법칙은 전류, 자기장, 그리고 그로 인해 발생하는 힘(운동 방향) 사이의 관계를 설명한다. 왼손의 엄지와 검지, 중지를 서로 직교하게 펴면 엄지는 힘(F) 또는 운동의 방향(기계적 운동)이고, 검지는 자기장의 방향(자기장 B의 방향, N극에서 S극으로 향함), 그리고 중지는 전류의 방향(I, 전류가 흐르는 방향)을 가리킨다.

플레밍의 오른손 법칙(그림 3-2)은 발전기에서 전기 에너지가 발생하는 원리를 설명한다. 발전기는 기계적 에너지를 전기 에너지로 변환하는 장치로, 도체가 자기장 내에서 움직일 때 전류가 유도되는 현상을 기반으로 작동한다. 오른손 법칙은 자기장, 도체의 운동 방향, 그리고 유도된 전류의 방향 간의 관계를 설명한다. 오른손의 엄지와

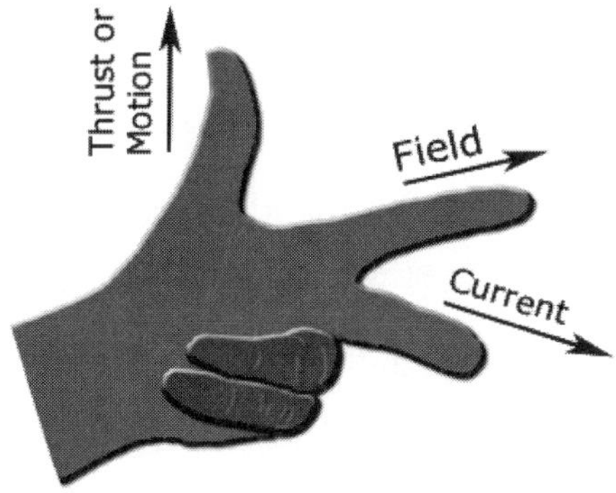

그림 3-1 플레밍의 왼손 법칙. 엄지는 힘(F) 또는 운동의 방향(기계적 운동), 검지는 자기장의 방향 (자기장 B의 방향, N극에서 S극으로 향함), 중지는 전류의 방향(I, 전류가 흐르는 방향)이 된다.

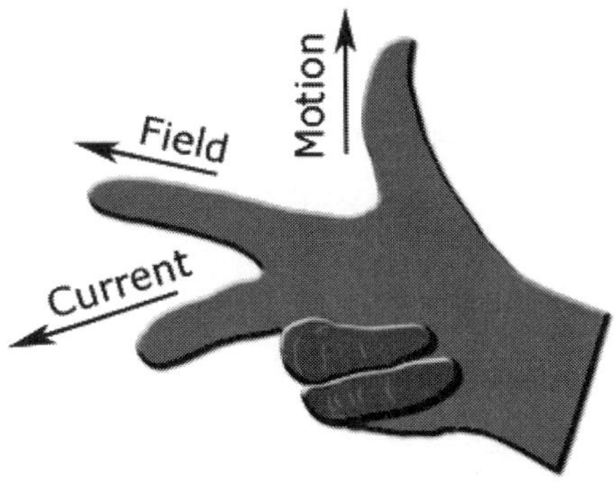

그림 3-2 플레밍의 오른손 법칙. 엄지는 도체의 운동 방향, 검지는 자기장의 방향 (자기장 B의 방향, N극에서 S극으로 향함), 중지는 유도 전류의 방향이 된다.

검지, 중지를 서로 직교하게 펴면 엄지는 도체의 운동 방향이고, 검지는 자기장의 방향(자기장 B의 방향, N극에서 S극으로 향함), 그리고 중지는 유도 전류의 방향을 가리킨다.

이 법칙에 따르면, 자기장 내에서 움직이는 도체는 그 운동으로 인해서 유도 전류가 발생하게 된다. 이 현상은 패러데이의 전자기 유도 법칙을 따르며, 기계적 에너지를 전기 에너지로 변환하는 발전기의 원리이다. 발전기에서는 코일이 자기장을 가로질러 회전할 때 유도 전류가 발생한다. 이는 발전기의 축을 회전시켜 기계적 에너지를 전달받고, 이 회전으로 인해 전류가 유도되어 전기 에너지를 생성한다. 발전기는 수력, 풍력, 열에너지 등 여러 가지 방식으로 기계적 에너지를 얻을 수 있으며, 이 에너지가 발전기를 통해 전기 에너지로 변환된다.

1-2 직류 전류와 교류 전류의 차이

토머스 에디슨(Thomas Edison)과 니콜라 테슬라(Nikola Tesla)의 직류(DC)와 교류(AC) 전류 표준화를 둘러싼 논쟁은 19세기 말 전력 시스템의 발전과 보급 과정에서 벌어진 중요한 사건으로, '전류 전쟁(War of Currents)'이라고도 불린다. 두 발명가는 전기 공급 방식에서 서로 다른 기술을 제안했으며, 결국 교류(AC) 방식이 표준으로 채택되었다. 이 과정에서 발생한 논쟁과 기술적 발전은 현대 전력 시스템의 근간을 이루게 되었다.

토머스 에디슨은 직류(DC) 전력 시스템을 지지했다. 에디슨은 자신의 발명인 전구를 상용화하기 위해 전력 공급 시스템이 필요하다고 생각했고, 직류 방식의 전력 공급을 처음으로 도입했다. 직류 전류(DC)는 한 방향으로 일정하게 흐르는 전류이다. 이는 전압이 일정하게 유지되며, 에디슨이 제안한 직류 방식은 당시 전기 사용의 초기 표준으로 자리 잡았다. 직류 전류는 일정한 전압을 제공하고, 소형 기기나 전기 장비에 안정적인 전력을 공급할 수 있다. 직류 시스템은 초기 전구, 모터 등에서 효과적으로 작동했다. 그러나 장거리 송전이 매우 비효율적이라는 문제점이 있었다. 전압을 변환하기 어려웠으므로 직류 전기는 짧은 거리(약 1.5 km) 내에서만 효과적으로 사용할 수 있었다.

니콜라 테슬라는 교류(AC) 전력 시스템을 지지했다. 테슬라는 에디슨의 직류 시스템이 비효율적이라고 보고, 교류 방식이 더 효율적인 것을 주장했다. 그는 교류 시스템이 장거리 전송에 더 적합하다고 생각했고, 그의 주장은 나중에 증명되었다. 교류 전류(AC)는 시간이 지남에 따라 전류의 방향과 크기가 주기적으로 변하는 전류이다. 즉, 교류는 전류가 양방향으로 흐르며, 전압이 주기적으로 변화하는 특징이 있다.

교류 전류는 전압을 변압기를 통해 쉽게 변환할 수 있다. 이는 높은 전압으로 장거리 송전이 가능하게 하며, 전력 손실을 최소화할 수 있다. 교류는 발전소에서 먼 거리까지도 효율적으로 전력을 공급할 수 있다. 테슬라는 교류 발전기, 교류 모터, 그리고 변압기 기술을 개발했다. 그의 기술은 교류 전력을 효과적으로 변환하고 공급하는 데 매우 적합했으며, 전력망을 효율적으로 운영하는 데 필수적이었다. 테슬라는 조지 웨스팅하우스(George Westinghouse)와 협력하여 교류 전력 시스템을 상업적으로 발전시켰다. 웨스팅하우스는 테슬라의 특허를 인수하고, 교류 전력망을 구축하는 데 투자했다.

교류 전력이 위험하다는 에디슨의 캠페인에도 교류 시스템은 효율성과 경제성에서 직류 시스템을 압도했다. 특히, 1893년 시카고 만국 박람회(Chicago World's Fair)에서 웨스팅하우스의 교류 시스템이 채택되면서 교류 전력이 대중들에게 널리 알려졌다.

테슬라와 웨스팅하우스는 나이아가라 폭포에 교류 발전소를 세웠고, 이곳에서 생산된 전력은 뉴욕까지 장거리 송전되었다. 이 프로젝트는 교류 전력이 장거리 송전에 적합하다는 것을 입증했고, 교류 전력 시스템이 표준으로 자리를 잡는 중요한 전환점이 되었다. 결국 오늘날 대부분의 국가에서 교류 전력이 표준으로 사용되고 있다. 그렇다고 직류 전류를 사용하지 않는 것은 아니고 전자 기기, 배터리 구동 장치, 컴퓨터와 같은 소형 장치에서 직류를 사용하고 있으며, 일부 신재생에너지 시스템에서도 활용된다. 또한, 최근에는 고압 직류 송전(HVDC) 기술이 발전하면서 일부 장거리 송전에도 직류가 다시 사용되고 있다.

1-3 교류 전류의 생산

터빈과 교류 전류의 생산 과정은 현대 발전소에서 전기 에너지를 생산하는 핵심 원리이다. 터빈은 주로 수력, 풍력, 화력, 원자력 발전소에서 사용되며, 기계적 에너지를 전기 에너지로 변환하는 중요한 역할을 한다. 이 과정에서 기계적 에너지는 회전 운동으로 변환되고, 이 회전 운동을 이용해 발전기에서 교류 전류가 생성된다. 이 과정은 전자기 유도 원리를 바탕으로 작동한다.

1) 터빈의 작동 원리

터빈은 유체(증기, 물, 바람 등)의 운동 에너지를 회전 운동으로 변환하는 장치이다. 터빈은 발전기의 축과 연결되어 있으며, 터빈이 회전하면 발전기의 로터도 함께 회전하게 된다. 터빈의 종류와 발전 방식에 따라 사용하는 에너지원이 다르다. 터빈에는 수력, 풍력, 증기 세 종류가 있다.

- 수력 터빈: 물의 위치 에너지를 사용한다. 댐에서 떨어지는 물이 터빈을 회전시킨다.
- 풍력 터빈: 바람의 운동 에너지를 사용하여 블레이드를 회전시킨다.
- 증기 터빈: 화력 또는 원자력 발전에서 연료를 태워 물을 끓이고, 이 증기가 터빈을 회전시킨다.

이러한 터빈은 회전력을 발전기로 전달하며, 발전기 내부의 코일과 자석 사이에서 전류를 유도하게 된다.

2) 발전기와 교류 전류 생성 원리

터빈에 의해 발생한 회전 운동은 발전기의 축을 회전시키며, 발전기는 패러데이의 전자기 유도 법칙에 따라 기계적 에너지를 전기 에너지로 변환한다. 이 과정에서 발전기는 교류 전류를 생성한다.

발전기에서 교류 전류가 생성되는 과정은 자기장 생성, 회전 운동, 전자기 유도, 교류 전류 생성의 스텝을 밟게 된다.

- 자기장 생성: 발전기 내부에는 강력한 자석(또는 전자석)이 배치되어 있어 자기장을 형성한다. 이 자석은 고정자(정지된 부분)에 있을 수도 있고, 회전자(로터)에 설치될 수도 있다.
- 회전 운동: 터빈에 의해 회전하는 발전기의 축이 회전자를 돌린다. 회전자에는 구리로 만든 코일이 감겨 있다.
- 전자기 유도: 회전자가 자기장을 통과하면서 자기 선속이 시간에 따라 변하게 된다. 패러데이 법칙에 따르면, 자기 선속의 변화는 코일에 전압을 유도하고, 이에 따라 전류가 흐른다.
- 교류 전류 생성: 발전기의 회전 운동에 따라 코일이 자기장을 지나면서 전류가 유도된다. 이때 코일이 자기장을 통과하는 방향이 계속 바뀌기 때문에, 생성된 전류의 방향도 주기적으로 바뀐다. 이렇게 전류가 방향을 주기적으로 바꾸는 것이 교류 전류(AC)이다.

교류 전류의 특징은 시간에 따라 전류의 크기와 방향이 주기적으로 변한다는 점과 전압 변환이 가능하다는 점이다. 시간에 따라 전류의 크기와 방향이 주기적으로 변하는 것은 발전기 내부에서 회전자가 회전하면서 자기장을 가로지를 때 발생하는 전류의 유도 방식 때문이다. 예를 들어, 가정에서 사용하는 교류 전력은 주파수 60 Hz(한국, 미국) 또는 50 Hz(유럽)로, 초당 50 ~ 60회 전류의 방향이 바뀌는 형태이다.

교류 전류는 변압기를 이용해 쉽게 전압을 높이거나 낮출 수 있다. 이는 장거리 전력

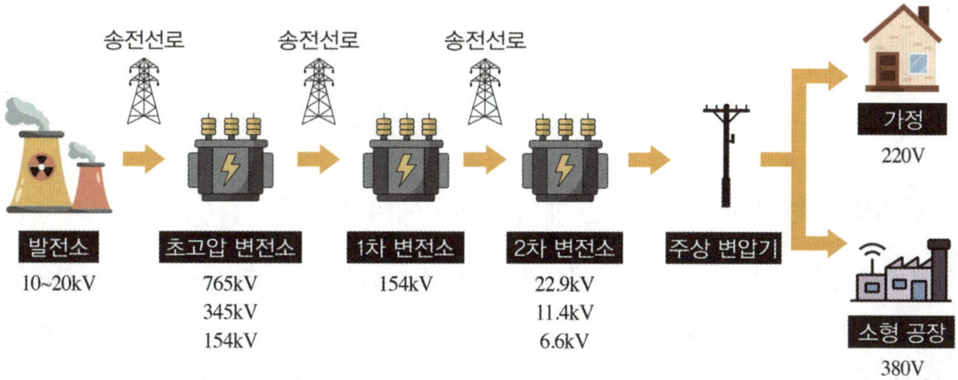

그림 3-3 발전소에서 가정 및 소형 공장으로 전기가 송전되는 모식도

송전에서 매우 유리하며, 송전 손실을 줄이는 데 중요한 역할을 한다. 송전선에서 전류가 흐를 때 송전선의 저항에 의해 열의 형태로 전력이 손실된다. 손실전력은 승압을 하면 낮아진다. 그래서 발전소에서는 10 ~ 20 kV 전압으로 전력을 생산한 후 초고압변전소에서 154 kV, 345 kV, 765 kV로 승압을 한다. 승압된 상태로 송전된 후 1차 변전소에서 345 kV, 765 kV의 전압을 154 kV로 낮춘다. 2차 변전소에서는 22.9 kV, 11.4 kV, 6.6 kV로 낮추고 이를 주상변압기로 보내면 가정에는 220 V, 소형 공장에는 380 V로 공급된다(그림 3-3).

3) 교류 전류 발생 과정에서의 에너지 변환

교류 전류 발생의 구체적인 과정은 기본적으로 터빈의 회전 운동을 전기 에너지로 변환하는 발전기의 구조와 연관이 깊다. 터빈이 회전할 때 발전기의 축과 연결된 로터가 함께 회전한다. 이때 로터에는 도체로 감긴 코일이 포함되어 있다. 로터가 발전기의 고정된 자기장을 가로질러 회전하면서, 코일 내부의 자기 선속이 변화한다. 이는 전자기 유도 현상으로, 코일에 유도 기전력을 발생시키고, 이에 따라 전류가 흐르기 시작한다. 로터가 360도 회전할 때마다 코일은 자석의 N극에서 S극을 지나게 되는데, 이는 코일 내부의 자기 선속이 주기적으로 바뀌는 것을 의미한다. 자기장의 방향이 바뀜에 따라 코일에 유도된 전류의 방향도 바뀌게 된다. 이에 따라 발생하는 전류는 교류 전류로, 시간에 따라 전류의 크기와 방향이 변하게 된다.

발전기에서 발생한 교류 전류는 사인파 형태의 전압을 생성한다. 즉, 전류의 크기가 일정한 주기로 0에서 최댓값까지 변하고 다시 0으로 돌아가며, 반대 방향으로 흐른다. 이 교류 전류는 가정용 전기, 산업용 전기, 상업용 전기로 사용되며, 대부분의 전력망에서 교류 전류가 사용되는 이유는 장거리 송전에서 효율적이기 때문이다.

4) 터빈과 발전기에서 사용하는 에너지원과 에너지 변환

교류 전류를 생산하기 위해 터빈이 사용하는 에너지원은 발전 방식에 따라 달라진다. 주요 발전 방식과 에너지원에서 차이가 있는데 수력 발전에서는 물이 높은 곳에서 떨어지면서 발생하는 위치 에너지를 사용해 터빈을 회전시킨다. 댐에서 물을 방출해 터빈을 구동하며, 이 에너지가 발전기로 전달된다. 화력 발전에서는 석탄, 석유, 천연가스와 같은 연료를 연소시켜 물을 끓이고, 그 증기를 사용해 터빈을 회전시킨다. 이 과정에서 발생하는 열에너지가 기계적 에너지로 변환된다. 원자력 발전은 원자로에서 핵분열을 통해 방출된 열을 사용해 물을 끓여 증기를 발생시키고, 이 증기가 터빈을 회전시킨다. 풍력 발전은 바람이 터빈의 날개(블레이드)를 회전시켜 기계적 에너지를 발생시키고, 이 에너지가 발전기로 전달되어 전기를 생산한다.

전체적으로 터빈과 교류 전류의 생산 과정은 기계적 에너지를 전기 에너지로 변환하는 핵심적인 발전 방식이다. 터빈은 물, 증기, 바람 등의 에너지원으로부터 회전 운동을 얻고, 이 회전 운동은 발전기에서 전기 에너지를 생성한다. 발전기에서는 패러데이의 전자기 유도 법칙에 따라, 자기장을 가로지르는 도체의 움직임에 의해 교류 전류가 유도된다. 교류 전류는 전기 에너지를 효율적으로 생성하고, 변압기를 통해 장거리로 송전할 수 있는 장점이 있어 현대의 대부분 전력 시스템에서 사용된다.

2 자동차에서의 전기

자동차는 주로 내연기관(internal combustion engine)을 통해 동력을 얻는다. 내연기관은 연료(휘발유, 경유, 가스 등)의 화학적 에너지를 기계적 에너지로 변환하여 차량을 구동한다. 그런데 내연기관을 작동하지 않은 상태에서도 자동차 문이나 창문을 연다던가, 시동 모터를 켠다던가, 조명을 켠다던가, 오디오시스템 등을 작동시킬 수 있다. 이런 동작은 모두 직류의 전기 에너지를 사용하여 진행한다. 그래서 자동차의 동력 작동 원리, 교류 발전기(얼터네이터), 그리고 납 축전지(lead-acid battery)는 자동차에서 에너지를 어떻게 변환하고 사용하는지 설명하는 중요한 요소들이다. 자동차는 화학적 에너지를 기계적 에너지로 변환하고, 교류 발전기를 통해 전기 에너지를 생성하며, 납 축전지를 이용해 전기 에너지를 저장하고 사용하는 복합적인 시스템이다. 이 과정에서 다양한 에너지원과 변환 과정이 연계되어 차량이 원활하게 작동한다.

내연기관에서는 연료가 연소하면서 에너지가 변환된다. 이 과정에서 연료(예: 휘발유, 경유 등)와 공기가 연소실에서 혼합되어 폭발하면서 화학적 에너지가 방출되고, 이때 큰 열에너지가 생성된다. 연소로 생성된 고온, 고압의 기체가 피스톤을 밀어내면서 기계적 에너지로 변환된다. 이 에너지는 크랭크축을 통해 회전 운동으로 변환되며, 차량의 바퀴를 돌려 차량이 앞으로 나아가게 한다. 전체적으로 연료의 화학적 에너지가 열에너지로 변환되고 이어서 기계적 에너지로 변환된 것이다.

변속기(transmission)는 엔진의 회전 속도와 차량의 주행 속도를 조정하는 역할을 하고 차축(differential)은 변속기에서 나오는 회전 운동을 바퀴에 전달하여 차량이 주행하도록 한다. 이때 에너지의 일부는 엔진실에 있는 자동차 교류 발전기(얼터네이터)로 연결되어 발전기의 회전 운동을 통해 전기를 생산한다. 교류 발전기의 주요 구성 요소는 로터(회전자)와 스테이터(고정자)이다. 자동차 엔진이 작동하면 교류 발전기의 축에 연결된 풀리가 회전하며 이 축은 로터를 회전시켜 자기장을 생성한다. 회전하는 로터에 의해 자기장이 변하면서 스테이터(고정된 코일) 내에서 전자기 유도가 발생한다. 이에 따라 스테이터 코일에 교류 전류가 유도된다.

자동차의 전기 시스템은 대부분 직류 전류(DC)로 작동한다. 교류 발전기는 교류 전류(AC)를 생산하므로, 정류기(rectifier)를 사용해 교류 전류를 직류 전류로 변환하는 과정이 필요하다. 이 변환된 직류 전류는 차량의 전기 장치를 구동하거나 배터리에 저장된다. 12 V 납산 축전지(lead-acid battery)는 자동차에서 전기 에너지를 저장하고 필요할 때 공급하는 역할을 한다. 특히 엔진을 시동할 때 필요한 전력을 공급하며, 엔진이 꺼져 있을 때도 전기 장치에 전원을 공급할 수 있도록 한다.

자동차의 제너레이터(generator)와 얼터네이터(alternator)는 모두 발전기의 일종이지만, 두 장치는 자동차의 전기 시스템에서 서로 다른 발전 방식과 기술을 사용한다.

제너레이터는 주로 구형 자동차에서 사용되었으며, 현대의 자동차에는 얼터네이터가 일반적으로 사용된다. 제너레이터는 주로 직류(DC) 전류를 생산하는데, 저속에서 충분한 전류를 생산하지 못하는 문제로 인해 배터리 충전이 문제화되고 에너지 효율이 낮았다. 따라서 현대의 자동차에는 얼터네이터(alternator)를 사용하는 교류 전류 생산 방식이 채택되었다. 얼터네이터는 회전자(rotor)가 고정된 자석(또는 전자석)을 회전시키면, 고정된 코일(stator)을 통해 교류 전류가 유도된다. 얼터네이터는 엔진 속도가 낮을 때도 충분한 전력을 생산할 수 있어서, 저속 주행 중에도 배터리를 효율적으로 충전할 수 있다. 얼터네이터에서 생성된 교류 전기는 정류기에서 직류 전기(DC)로 변환되어 자동차의 전기 시스템과 배터리에 공급된다.

QUIZ

✓ 다음 에너지에 대한 설명에서 맞으면 O, 틀리면 X 하시오.

1) 가정용 전기는 직류 전류로 공급되며 에어컨, 세탁기, 냉장고와 같은 많은 가전제품은 교류 전기로 변환하여 사용한다. (　　)

답 X (가정용 전기는 교류 전류로 공급되며 에어컨, 세탁기, 냉장고와 같은 많은 가전제품은 교류 전기를 직접 사용한다.)

2) 교류는 발전소에서 먼 거리까지도 효율적으로 전력을 공급할 수 있다. (　　)

답 O (교류는 발전소에서 먼 거리까지도 효율적으로 전력을 공급할 수 있어 교류 전력 시스템이 상업적으로 발전하였다.)

3) 자동차에서는 연료의 화학적 에너지가 열에너지로 변환되고 이어서 기계적 에너지로 변환된다. (　　)

답 O (자동차에서는 연료와 공기가 연소실에서 혼합되어 폭발하면서 화학적 에너지가 방출되고, 이때 큰 열에너지가 생성된다. 연소로 생성된 고온, 고압의 기체가 피스톤을 밀어내면서 기계적 에너지로 변환된다.)

3 발전 과정에서의 에너지 변환과 에너지 효율성

엑서지(exergy)와 아너지(anergy)는 에너지 변환과 효율성 관점에서 매우 중요한 개념으로, 특히 발전소와 같은 에너지 변환 시스템에서 에너지 효율성을 평가하는 데 사용된다. 이 개념들은 열역학 제2 법칙과 관련이 깊으며, 주어진 에너지를 실제로 얼마나 유용하게 변환할 수 있는지 평가하는 데 도움이 된다. 이를 통해 발전소의 에너지 변환 과정에서 효율성을 최대화하는 방법을 찾을 수 있다.

3-1 엑서지

엑서지는 유용한 에너지로, 주어진 환경 조건에서 실제로 일을 할 수 있는 에너지의 부분을 말한다. 즉, 엑서지는 어떤 시스템이 환경과의 불균형을 통해 변환하여 유용한 일을 할 수 있는 최대 잠재적 에너지를 의미한다. 엑서지는 열, 압력, 위치, 화학적 불균형 등 다양한 형태로 존재할 수 있으며, 환경과 비교할 때 불균형 상태에서 나오는 에너지이다. 주어진 에너지원에서 엑서지를 활용하면 그 에너지를 최대한 유용하게 변환하여, 전력 생산이나 기계적 작업 등에 사용할 수 있다. 엑서지는 실제로 일을 수행할 수 있는 유용한 에너지를 의미한다. 엑서지는 열역학 제2법칙을 따르기 때문에, 에너지의 질적 측면을 평가할 수 있다. 엑서지가 높을수록 에너지 변환 과정에서 더 많은 일을 할 수 있다.

3-2 아너지

아너지는 유용하지 않은 자투리 에너지로, 주어진 환경 조건에서 더 이상 일을 할 수 없는 에너지를 의미한다. 열역학적으로 아너지는 엑서지가 소모된 후 남은 에너지로, 온도나 압력 등이 환경과 균형을 이루는 상태이다. 아너지는 일을 할 수 없으므로, 발전소나 에너지 변환 시스템에서 손실된 에너지를 나타낸다. 이는 에너지 보존 법칙에 따라 소멸하지 않지만, 일을 할 수 없는 형태로 변환되며, 주로 열 형태로 방출된다. 아너지는 일을 할 수 없는 상태의 쓸모없는 에너지이므로 일반적으로 에너지 변환 과정에서 열로 방출되며, 발전소에서는 주로 냉각수나 배기가스 형태로 환경에 버려진다. 이는 열 손실을 의미한다.

3-3 엑서지와 아너지의 관계

엑서지와 아너지는 에너지 변환 과정에서 상호작용하며, 에너지 변환 시스템에서 얼마나 효율적으로 에너지를 사용할 수 있는지를 결정한다. 모든 에너지 변환 과정에서는 일부 에너지가 일을 할 수 없는 형태로 변환되기 때문에, 엑서지가 줄어들고 아너지가 증가하게 된다. 즉, 에너지가 100% 유용하게 전환되지 않기 때문에 발전소에서 손실이 발생한다. 엑서지는 유용한 일을 할 수 있는 에너지로, 이를 최대화하는 것이 시스템의 효율성을 높이는 방법이다. 아너지는 에너지 변환 과정에서 손실된 비유용한 에너지로, 이를 최소화하는 것이 발전소의 에너지 효율성을 높이는 방법이다.

3-4 발전소에서 에너지 변환 효율 관점에서 엑서지와 아너지

발전소에서는 연료(예: 석탄, 천연가스, 원자력 등)의 에너지를 변환하여 전기를 생산하는 과정에서 에너지 손실이 발생한다. 이러한 에너지 손실은 주로 열 손실로 발생하며, 이는 아너지로 나타난다. 따라서, 발전소에서 엑서지를 최대한 활용하고 아너지를 최소화하는 것이 에너지 변환 효율을 높이는 핵심이다. 발전소에서 에너지 변환은 다음과 같은 주요 과정에서 이루어진다(그림 3-4).

연료의 화학적 에너지가 연소하여 열이 발생함으로써 열에너지로 전환된다. 이어서 열에너지는 증기 에너지가 되고 이를 사용해 터빈을 회전시키면서 열에너지가 기계적 에너지로 변환된다. 터빈이 발전기를 돌리면서 기계적 에너지가 전기 에너지로 변환된다. 각 단계에서 엑서지 손실이 발생한다. 예를 들어, 연료가 연소하면서 상당한 양의 에너지가 고온의 가스로 방출되는데, 이 에너지는 환경과 균형을 이루면서 일을 할 수 없는 상태로 변환된다. 이는 아너지로 간주한다. 발전소에서 엑서지 효율성을 높이는 방법으로는 엑서지를 최대한 활용하고 아너지를 최소화해야 한다. 이를 위해 다음과 같은 전략이 사용되고 있다.

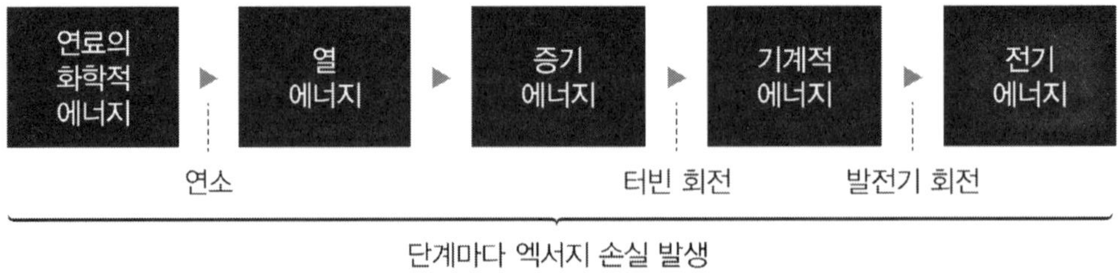

그림 3-4 발전소에서의 에너지 변환 과정

- 열병합 발전(CHP)은 발전소에서 발생하는 잉여 열에너지를 회수하여 난방이나 공정 열로 사용하는 방식이다. 이렇게 하면 전기 생산 후 남는 열을 유용하게 활용할 수 있어 엑서지 활용을 극대화할 수 있다. 이를 통해 에너지 효율을 80 ~ 90%까지 끌어올릴 수 있다.
- 고효율 터빈을 사용하면, 더 많은 엑서지를 기계적 에너지로 변환할 수 있다. 최신형 고효율 터빈을 사용하면 열에너지의 손실을 줄이고, 기계적 에너지를 더 효율적으로 전기 에너지로 변환할 수 있다.
- 초임계 및 초초임계 발전 기술은 증기의 압력과 온도를 높여 발전 효율을 증가시키는 방법이다. 이렇게 하면 더 많은 열에너지를 기계적 에너지로 변환할 수 있다. 이 기술은 고온 고압 상태에서 엑서지를 효율적으로 사용할 수 있게 해주며, 전력 생산 과정에서의 에너지 손실을 줄인다.
- 태양광, 풍력, 수력과 같은 재생 가능 에너지원은 화석연료보다 더 엑서지 손실이 적다. 이들은 직접적으로 기계적 에너지나 전기 에너지를 생산할 수 있어, 아너지 손실이 적다.

에너지 효율 관점에서 엑서지 효율(exergy efficiency)을 분석하면 유용하다. 발전소의 에너지 변환 시스템에서 엑서지 효율은, 주어진 에너지 중에서 실제로 유용한 일을 할 수 있는 비율을 나타낸다. 엑서지 효율이 높을수록 시스템이 더 많은 유용한 에너지를 변환할 수 있다는 것을 의미하며, 이를 높이는 것이 발전소 운영의 목표이다. 엑서지 손실은 에너지 변환 과정에서 발생하는 불가피한 손실로, 이는 아너지로 변환된다. 엑서지 손실을 줄이는 것이 에너지 효율을 높이는 핵심이다. 열병합 발전, 고효율 터빈, 초임계 기술 등 기술적 개선을 통해 엑서지 활용을 극대화한다. 에너지 손실을 최소화하는 방법을 통해 유용하지 않은 에너지인 아너지를 줄인다. 재생 가능 에너지를 사용하여 에너지 변환 과정에서 발생하는 불필요한 엑서지 손실을 줄일 수 있다. 이러한 전략을 통해 발전소는 에너지 변환 과정에서 엑서지 효율을 최대화하고, 전반적인 에너지 효율을 크게 향상할 수 있다.

3-5 엑서지와 아너지 그리고 Sankey 흐름도

Sankey 흐름도는 에너지가 보일러 시스템 내에서 어떻게 변환되고 사용되는지를 직관적으로 보여주는 도구이다. Sankey 흐름도는 에너지의 흐름과 손실을 시각적으로 표현하는 데 탁월한 방식으로, 에너지 변환 과정에서 발생하는 유용한 에너지(엑서지)와 비유용한 에너지(아너지)를 구분하는 데 특히 유용하다. 보일러에서 에너지가 어떻게 변환되고, 어떤 부분에서 손실되는지 설명할 수 있으며, 이를 통해 시스템의 효율성을 개선하는 방안을 도출할 수 있다.

1) 보일러 시스템에서의 에너지 변환

보일러는 연료의 화학적 에너지를 열에너지로 변환하여 증기 또는 온수를 생산하는 장치이다. 이 열에너지는 증기 터빈, 난방 시스템 또는 산업용 공정에서 사용된다. 보일러의 주요 에너지 변환 과정은 첫째, 보일러 내부에서 연료(예: 석탄, 천연가스, 바이오매스 등)가 연소하면서 화학적 에너지가 열에너지로 변환된다. 둘째, 발생한 열에너지는 물을 가열하여 증기 또는 온수로 전환된다. 열전달이 작용하고 이 과정에서 일부 에너지는 불가피하게 열 손실로 방출된다. 이는 보일러의 벽을 통해 외부로 방출되거나, 배기가스와 함께 대기 중으로 방출된다. 이 과정에서 보일러는 에너지의 질적인 측면(엑서지 손실)을 고려한 분석이 중요하다.

보일러는 설계 방식, 연료 유형, 압력과 온도 조건 등에 따라 다양하게 분류될 수 있다. 스팀용 보일러에는 수관식 보일러(water tube boiler), 연관식 보일러(fire tube boiler), 관류 보일러(multitube-through boiler), 진공 보일러(vacuum boiler), 폐열보일러(waste heat boiler) 그리고 초임계 보일러(supercritical boiler) 등이 있다.

발전소에서 사용하는 보일러는 고온, 고압에서 효율적으로 증기를 발생시키는 것이 중요하다. 발전소는 주로 터빈을 구동할 수 있는 증기를 생성하는데, 이를 위해서는 매우 높은 압력과 온도가 필요하다. 따라서 화력발전소에서는 수관식 보일러 및 초임계 보일러가 주로 사용된다. 석탄, 천연가스, 석유와 같은 화석연료를 연소시켜 고온의 증기를 발생시키고, 이 증기가 터빈을 구동하여 전기를 생산한다.

원자력 발전소에서는 보일러 대신 증기 발생기(steam generator)라는 용어를 사용한다. 원자로에서 생성된 열이 증기 발생기로 전달되어 물을 증기로 변환하고, 이 증기가 터빈을 돌려 전기를 생산한다. 원자로에서 발생한 열이 물을 가열하여 증기를 발생시키는 방식으로, 기본적인 원리는 수관식 보일러와 유사하여 이를 수관식 증기 발생기라고 한다. 열병합 발전소(CHP, combined heat and power plant)는 전기와 열을 동시에 생산하는 시스템으로, 주로 폐열 보일러를 사용하여 발전 과정에서 발생한 열을 회수하고, 이를 난방이나 산업 공정에 재사용한다. 폐열 보일러는 공정에서 발생하는 열을 재활용하여 물을 가열하고, 증기를 발생시켜 터빈을 구동하거나 난방에 사용한다. 이 방식은 에너지 효율을 크게 향상할 수 있다.

2) 보일러의 엑서지와 아너지

보일러에서 엑서지는 주어진 에너지원(연료)이 실제로 유용하게 사용되어 유용한 일을 할 수 있는 에너지를 나타낸다. 예를 들어, 보일러에서 발생한 열에너지는 증기를 생성하고, 그 증기는 터빈을 돌리거나 난방에 사용되어 유용한 작업을 수행할 수 있다. 엑서지는 유용한 에너지로 변환되며, 이를 최대로 활용하는 것이 시스템 효율성을 높이는 핵심이다. 아너지는 보일러 시스템에서 더 이상 일을 할 수 없는 에너지를 의미한다. 이는 주로 열 손실로 발생한다. 예를 들어, 연소 과정에서 일부 에너지가 배기가스 형태로 대기 중으로 방출되거나, 복사열로 외부로 손실된다. 이 에너지는 환경과 균형을 이루는 상태로 변환되기 때문에 일을 할 수 없으며, 이를 아너지라고 한다.

3) 보일러의 Sankey 흐름도

Sankey 흐름도는 에너지가 시스템 내에서 어떻게 이동하고 변환되는지를 시각적으로 나타낸다. 에너지가 어디에서 유용하게 사용되고(엑서지), 어디에서 손실되는지(아너지)를 직관적으로 표현할 수 있다. 보일러에서의 Sankey 흐름도는 일반적으로 다음과 같은 흐름을 보여준다. Sankey 흐름도의 구성 요소는 입력 에너지, 엑서지 그리고 아너지이다. 먼저 입력 에너지(연료의 화학적 에너지)는 연료의 전체 에너지가 시스템으로 들어오는 부분이다. 이 부분은 큰 화살표로 표시되며, 보일러의 연료 공급을 나타낸다. 이 에너지는 엑서지와 아너지로 나뉜다. 유용한 에너지(엑서지)로 연료가 연소되면서 발생한 열에너지 일부가 물을 가열해 증기를 생성한다. 이 증기는 터빈 구동, 난방 시스템, 또는 산업 공정에 사용된다. 이 에너지는 유용한 에너지로, 엑서지로 표현된다. 산업 공정이나 난방에 사용되는 유효한 열로써 생성된 증기가 시스템에 의해 사용되어 유용한 작업을 수행할 때 엑서지로 간주된다. 연소 과정에서 발생한 에너지의 일부는 배기가스 형태로 대기 중으로 방출된다. 이 열에너지는 일을 하지 못하므로 아너지로 표현된다. 보일러의 표면을 통해 외부로 복사되거나 전도되는 열 손실이다. 이 역시 유용하지 않은 에너지, 즉 아너지로 표현된다. 또 시스템 내에서 손실되는 다양한 형태의 열 손실도 아너지에 포함된다.

Sankey 흐름도에서는 에너지의 흐름을 굵은 화살표로 나타낸다. 화살표의 굵기는 에너지의 양을 의미하며, 각 에너지가 어디로 흘러가는지를 보여준다. 굵은 화살표는 연료가 보일러로 들어가고, 연소 후 발생한 열에너지 일부가 증기로 변환되어 엑서지로 활용되는 경로를 나타낸다. 에너지 변환 과정에서 손실되는 아너지는 얇은 화살표로 표현된다. 예를 들어, 배기가스 손실, 복사열 손실, 배출되는 열에너지가 아너지로 얇은 화살표로 표현된다. 이 흐름도를 통해 전체 에너지 중에서 얼마나 높은 비율이 엑서지로 사용되고, 또 아너지로 손실되는지를 알 수 있다.

4) 보일러의 에너지 효율 향상을 위한 전략

Sankey 흐름도를 통해 보일러 시스템 내에서 에너지 손실이 발생하는 주요 지점을 시각적으로 확인할 수 있다. 이를 바탕으로 엑서지 효율을 극대화하고 아너지 손실을 최소화하는 전략을 세울 수 있다. 몇 가지 주요 개선 전략은 다음과 같다.

- 배기가스 회수 전략: 배기가스로 방출되는 열을 회수하여 다시 보일러의 물을 가열하는 데 사용하거나, 예열 시스템에 활용할 수 있다. 이를 통해 배기가스에 포함된 아너지를 회수하여 엑서지로 활용할 수 있다.
- 보일러 단열 강화: 보일러의 표면에서 발생하는 복사열 손실을 줄이기 위해 보일러 단열을 강화한다. 단열이 잘 되면 에너지 손실을 줄여 엑서지 비율을 높일 수 있다.
- 연소 효율 개선: 연료의 연소 과정을 개선하여 연소 효율을 높이면, 연료의 화학적 에너지가 최대한 열에너지로 변환될 수 있다. 이를 통해 엑서지 활용을 극대화하고 아너지 손실을 줄일 수 있다.
- 연료 선택 최적화: 엑서지 효율이 높은 연료(예: 고효율 바이오매스, 천연가스 등)를 선택하여 시스템의 에너지 변환 효율을 높일 수 있다. 이는 엑서지 비율을 높이고 아너지를 줄이는 데 도움이 된다.

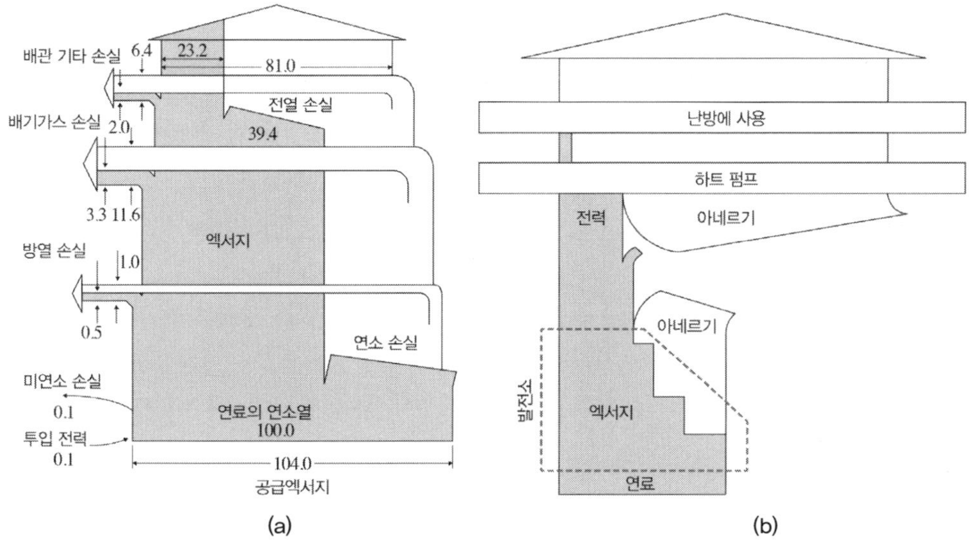

그림 3-5 (a) 보일러의 엑서지/아너지 흐름도(Sanky 흐름도)와 (b) 히트펌프의 난방 엑서지(아너지 흐름도)

그림 3-5에서처럼 보일러의 엑서지/아너지 흐름도(Sanky 흐름도)와 히트펌프의 난방엑서지(아너지 흐름도)를 보면 에너지 효율을 시각적으로 확인할 수 있다.

보일러의 경우 엑서지가 연소에서부터 연소 손실, 전열 손실, 그리고 배관 손실을 거치며 엑서지와 아너지의 합이 감소하고 있지만, 히트펌프가 설치되면 발전으로 생산된 전기로 아너지 양이 생산되고 결국 난방에 공급되는 엔탈피(액세지 + 아너지) 열량은 늘어나게 된다. 즉 온도가 낮아 아너지로 평가되는 열량도 일은 할 수 없지만 난방에는 사용이 가능하여 에너지 변환 효율이 향상되게 된다. 보일러 시스템의 엑서지와 아너지는 에너지 변환 효율을 평가하는 데 중요한 개념이다. Sankey 흐름도를 통해 에너지가 어떻게 변환되고, 어떤 부분에서 손실되는지 시각적으로 표현함으로써, 에너지 효율을 높이기 위한 개선 방안을 도출할 수 있다. 이를 통해 엑서지를 최대한 활용하고 아너지 손실을 최소화하여 보일러의 전체 에너지 효율을 극대화하는 것이 목표이다. 열병합 발전(CHP)은 발전소에서 발생하는 잉여 열에너지를 회수하여 난방이나 공정 열로 사용하는 방식인데 Sankey 흐름도를 활용하면 에너지 변환 효율을 한눈에 확인할 수 있을 것이다.

QUIZ

✔ **다음 에너지에 대한 설명에서 맞으면 O, 틀리면 X 하시오.**

1) 엑서지는 유용한 에너지로, 주어진 환경 조건에서 실제로 일을 할 수 있는 에너지의 부분이다. (　　)

답 O (엑서지는 어떤 시스템이 환경과의 불균형을 통해 변환하여 유용한 일을 할 수 있는 최대 잠재적 에너지를 의미한다.)

2) 모든 에너지 변환 과정에서는 일부 에너지가 일을 할 수 없는 형태로 변환되기 때문에, 엑서지가 줄어들고 아너지가 증가하게 된다. (　　)

답 O (에너지 변환 과정에서 일을 할 수 없는 짜투리 에너지가 아너지로 넘어가 아너지가 증가한다.)

3) 열병합 발전(CHP)은 발전소에서 발생하는 잉여 열에너지를 회수하여 난방이나 공정 열로 사용하는 방식이다. (　　)

답 O (전기 생산 후 남는 엑서지 손실분을 열로 변환해 난방에 사용하여 엑서지 활용을 극대화할 수 있다.)

연습문제

01 **전기 에너지에 대한 설명 중 잘못된 것은? (　　)** (객관식)

① 교류는 전류가 양방향으로 흐르기 때문에 전압이 변하지 않는다.

② 발전기에서는 코일이 자기장을 가로질러 회전할 때 유도 전류가 발생한다.

③ 터빈은 회전력을 발전기로 전달하며, 발전기 내부의 코일과 자석 사이에서 전류를 유도한다.

④ 코일이 자기장을 통과하는 방향이 계속 바뀌기 때문에, 생성된 전류의 방향도 주기적으로 바뀌어 교류 전류가 된다.

02 **송전 시 저항으로 인해 전기 에너지가 열에너지로 손실이 되는데 승압을 하여 송전을 하면 전력 손실이 낮아진다. (　　)** (O, X 문제)

03 **최근 발전소에서 발생하는 잉여 열에너지를 회수하여 난방이나 공정 열로 사용하는 발전 방식을 무엇이라고 하는가?** (주관식)

4장

석탄에너지와 에너지 변환

1 석탄에너지와 에너지 변환

석탄은 주로 수억 년 전의 식물의 잔해가 물에 잠겨 산소가 부족한 상태에서 부패되지 않고 쌓인 뒤, 퇴적층에 덮여 고온과 고압에 의해 점차 탄화 과정을 거쳐 형성된 화석연료이다. 식물에서 유래되었기 때문에 셀룰로스와 리그닌을 주성분으로 하고 있다. 석탄이 화석화되는 과정에서 시간이 지남에 따라 유기물의 탄소 함유량이 증가하고, 수소, 산소, 질소와 같은 비탄소 성분이 줄어들며 더 높은 발열량을 가지게 된다. 탄화 과정의 정도에 따라 석탄의 품질이 결정되며, 무연탄(anthracite), 유연탄(역청탄, bituminous coal), 이탄(peat), 갈탄(lignite), 갈색탄으로 구분된다. 석탄기(石炭紀, carboniferous period)는 고생대 후반기이며, 약 3억 년 이전으로 여겨지고 있다. 석탄기라는 명칭은 영국과 서유럽의 이 시대 지층에서 방대한 석탄층이 존재했기 때문에 붙인 이름이다. 오랜 기간 쌓인 퇴적물의 탄화로 만들어진 석탄은, 현재 지구에 1조 740억 톤의 매장량이 확인되고 있으며 연간 82억 톤의 석탄이 채굴되고 있어 채굴 가능 연수는 130년 정도이다.

석탄에서 연료로 많이 사용되고 있는 무연탄과 유연탄은 7,536억 톤이 매장된 것으로 보고되고 있다. 가채 매장량이 많은 나라는 미국, 러시아, 호주, 중국으로 국토 면적이 넓은 나라들이다(표 4-1). 석탄의 최대 생산국은 중국으로 전 세계 생산량의 50% 이상을 차지한다. 인도네시아(9%), 인도(8%), 호주(7.4%), 미국(7%), 러시아(5.5%)가 석탄의 고생산국이다(표 4-2). 석탄을 가장 많이 소비하는 국가는 중국으로 열량 기준으로 전 세계 생산량의 53%를 소비하고 있다. 인도에서도 12.5%를 소비하여 중국과 인도가 전 세계 석탄의 2/3를 사용한다. 표 4-3은 주요 석탄 수출국을 나타낸 것으로, 호주(28.8%), 인도네시아(25.6%), 러시아(17.9%)가 전 세계 수출 물량의 70% 이상을 차지하고 있다. 2021년 석탄의 최대 수입국은 중국(19.5%), 인도(14.6%), 일본(14.5%), 대한민국(10.2%) 순이었다(표 4-3). 대한민국은 철강산업이 발달하고 화력발전이 많아 한때 2008년 세계 2위의 석탄 수입국이었으나 2021년 기준으로는 세계 4위의 석탄 수입국이다.

무연탄과 유연탄의 발열량 차이는 석탄의 구성 성분과 휘발성 물질 함량에 따라 크게 달라진다. 유연탄(bituminous coal)은 역청탄으로도 불리는데, 착화가 잘되고 연소

표 4-1 세계 석탄 가채 매장량(2020년 기준, 단위: Mton)

국가	무연탄+유연탄	반유연탄+갈탄	계	Share %	채굴 가능 연수(년)
미국	218,938	30,003	248,941	23.2	500년 이상
러시아	71,719	90,447	162,166	15.1	407
호주	73,719	76,508	150,227	14	315
중국	135,069	8,128	143,197	13.3	37
독일	–	35,900	35,900	3.3	334
인도네시아	23,141	11,728	34,869	3.2	62
우크라이나	32,039	2,336	31,375	3.2	500년 이상
Total world	753,639	320,469	1,074,108	100	139
OECD 국가	331,303	177,130	508,433	47.3	363
Non-OECD	422,336	143,339	565,675	52.7	90
EU	25,539	53,051	78,590	7.3	266

표 4-2 세계 석탄 생산량(2021년 기준, 단위: Mton)

국가	생산량	생산량 %	소비량	소비량 %
미국	11.65	7	10.57	6.6
러시아	9.14	5.5	3.41	2.1
호주	12.43	7.4	1.63	1
중국	85.15	50.8	86.17	53.8
인도	13.47	8	20.09	12.5
인도네시아	15.15	9	3.28	2
남아프리카공화국	5.55	3.3	3.53	2.2
일본	0.7	–	4.8	3
Total world	167.58	100	160.1	100
OECD 국가	31.63	18.9	29.69	18.5
Non-OECD	135.97	81.1	130.41	81.5

표 4-3 세계 각국의 석탄 무역량

수입	백만 톤(2013)	수출	백만 톤(2014)
중국	292(229+63)	인도네시아	410(408+2)
인도	239(189+50)	호주	375(195+180)
일본	188(137+51)	러시아	155(133+22)
한국	131(97+34)	미국	88(31+57)
대만	67(60+7)	콜롬비아	80(79+1)
독일	57(47+10)	남아공	76(76+0)
영국	41(35+6)	캐나다	35(4+31)

시 온도가 높고 큰 화염과 연기가 함께 발생한다. 휘발분 함량이 14% 이상으로 높고 발열량이 5,000 ~ 7,000 kcal/kg으로 무연탄보다 크다. 연료용으로 사용되는 유연탄은 총발열량이 6,160 kcal/kg이 넘어야 하고 원료용 유연탄은 7,000 kcal/kg이 넘어야 한다. 유연탄은 높은 에너지 밀도와 연소 특성 덕분에 화력발전소, 제철소, 시멘트 공장과 같은 산업에서 널리 사용된다. 무연탄(anthracite)은 탄화도가 매우 높은 석탄으로, 휘발성 물질이 적고 탄소 함량이 매우 높다. 이로 인해 발열량은 보통 4,500 kcal/kg에서 5,700 kcal/kg 정도로 상대적으로 낮다. 하지만 무연탄은 연소 시 연기 발생이 거의 없고, 깨끗하게 타기 때문에 주로 가정용 난방과 산업용 보일러에서 사용된다.

이탄(peat)은 유기물로 퇴적된 식물 잔해가 산소 부족 상태에서 부분적으로 분해되면서 형성된 물질로, 석탄 형성의 가장 초기 단계에 형성되며 탄화 과정이 덜 진행된 상태이다. 상대적으로 다량의 수분을 함유하고 있으며, 탄소 함유량이 약 50 ~ 60%로 낮아 발열량이 가장 낮다. 무연탄과 이탄을 섞어 연탄을 만든다. 그리고 지역 난방용 연료나 농업용 난방 연료로 사용되기도 한다. 갈탄(lignite)은 이탄보다 더 탄화가 진행된 석탄으로, 주로 저품질의 석탄으로 분류된다. 갈탄은 연한 갈색을 띠고 있으며, 에너지 밀도가 낮지만 저렴하고 쉽게 채굴할 수 있는 특징이 있다. 탄소 함유량은 약 60 ~ 70%로 상대적으로 발열량 수준이 낮다. 갈탄은 수분 함유량이 매우 높아, 연소 시 수분을 증발시키는 데 많은 에너지가 소모된다. 따라서 열효율이 낮고, 주로 저가의 산업용 연료나 지역의 열병합 발전소에서 지역 전력 공급을 위해 사용되며 난방용으로 사용된다. 특히 독일, 폴란드와 같은 나라에서 갈탄을 많이 사용한다.

석탄은 전 세계에서 여전히 중요한 에너지원으로 사용되고 있으며, 다양한 산업에서 핵심적인 역할을 하고 있다. 석탄은 전력 생산의 핵심에너지 자원이다. 석탄 화력발전소는 석탄을 연소시켜 증기를 발생시키고, 이 증기로 터빈을 돌려 전기를 생산하는 방식이다. 전 세계 전력 생산의 상당 부분이 석탄에 의존하고 있으며, 특히 개발도상국에서는 석탄이 주된 전력원으로 사용된다.

가장 일반적인 석탄의 사용 방식은 화력발전소에서 석탄을 연소시켜 물을 가열하고, 발생한 증기로 터빈을 돌려 전기를 생성하는 것이다. 전 세계 전력 생산에서 석탄이 차지하는 비율은 여전히 높다. 미국과 중국은 세계에서 가장 많은 석탄을 사용하는 국가 중 하나이다. 특히 중국은 자국 내 풍부한 석탄 자원을 활용하여 대규모 화력발전소를 운영하고 있다. 중국 전체 전력 생산의 약 60%가 석탄 화력발전소에서 나온다. 한국도 많은 석탄 화력발전소를 운영하고 있으며, 석탄은 주요 전력 생산원 중 하나이다. 대표적인 사례로는 세계 최대의 석탄 화력발전소 중 하나인 당진화력발전소가 있다.

석탄은 과거부터 가정과 산업의 난방 연료로 널리 사용되었다. 특히 무연탄은 가정 난방에 적합한 석탄으로, 연소 시 연기가 적고 장시간 열을 낼 수 있다. 한국에서는 20세기 중반까지 연탄을 사용한 난방이 매우 보편적이었다. 연탄은 무연탄을 주성분으로 하여 제조되며, 서민층의 주요 난방 연료로 사용되었다.

석탄은 산업에너지로 사용되어 시멘트 제조, 유리 제조, 철강 생산 등 열을 많이 필요로 하는 산업 공정에서 주로 사용된다. 이 공정들은 높은 온도의 열을 필요로 하며, 석탄은 이를 저렴하고 효율적으로 제공할 수 있는 연료이다. 시멘트는 주로 석회석, 점토, 규사 등의 원료를 고온에서 가열하여 제조되며, 이때 석탄이 열원으로 활용된다.

시멘트 제조 시 회전 가마(rotary kiln)에서 석회석을 가열하여 시멘트를 만드는데, 이 과정에서 석탄을 연료로 사용해 높은 온도를 유지한다. 이 단계에서는 석회석과 점토가 고온(약 1450°C)에서 가열되며, 이때 석탄이 주 연료로 사용되어 고온을 유지한다. 석탄의 연소로 생성된 열은 석회석 $CaCO_3$에서 탈탄산과정을 거쳐 클링커(clinker)를 생성한다. 클링커는 시멘트 제조 과정에서 생성되는 중간 산물로, 석회석, 점토, 규사 등의 원료를 고온에서 소성한 후 생성되는 작은 회색의 덩어리 또는 구슬 모양의 물질이다. 클링커는 시멘트의 주성분으로, 이를 분쇄하고 석고와 혼합하여 최종 제품인 시멘트를 만든다. 클링커 생산 과정에서 발생하는 높은 온도는 많은 에너지를 필요로 하고, 이 과정에서 다량의 이산화 탄소(CO_2)가 배출된다. 시멘트 산업에서 발생하는 이산화 탄소는 전 세계 탄소 배출의 약 8%를 차지할 정도로 환경에 미치는 영향이 커서 대체 기술과 저탄소화 연구가 필요하다.

유리도 제조 과정에서 석탄을 주로 열원으로 사용한다. 유리는 석회석, 규사, 소다회 등의 재료를 약 1,400 ~ 1,600°C의 용융 단계에서 가열하여 녹인 후 원하는 모양으로 가공하는 과정으로 만든다. 이때 석탄이 제공하는 열이 필수적이다. 용광로에서 연소된 석탄의 열은 원료를 녹여 유리화(glass formation)를 이루게 하고, 균일한 품질의 유리를 만들 수 있게 한다. 최근 들어 환경 문제와 탄소 배출을 줄이기 위한 대안으로, 유리 제조 공정에서 석탄 대신 천연가스, 전기 에너지, 바이오매스와 같은 대체 에너지원이 점차 사용되고 있다. 전기 용광로나 재생에너지 기반 시스템을 도입하여 석탄 의존도를 줄이고 있으며, 친환경 유리 제조 공정을 도입하는 추세이다.

철강 산업에서는 석탄을 코크스로 변환하여 용광로(고로)에서 철광석을 녹이는 데 사용된다. 이는 제철 공정에서 필수적인 에너지원이다. 코크스는 철광석에서 산소를 제거하여 순수한 철을 추출하는 데 중요한 역할을 한다.

1-1 코크스의 재발견

금속마다 녹아서 액체가 되는 온도를 용융점(溶融點, melting point)이라고 하는데 철의 용융점은 1,811°C로 다른 금속에 비해 높은 편이다. 대표적인 다른 금속들의 용융점은 납 600°C, 은 1,234°C, 금 1,337°C, 구리 1,357°C이다. 인류는 목재에서 숯을 만들어 통풍구로 바람을 불어 넣어 은과 금, 구리를 녹여내는 온도까지는 체득했지만, 철광석을 녹여 액화하는 데 필요한 1,800도 이상의 열을 얻는 데는 오랜 시간이 걸렸다. 산업혁명 이전까지만 해도 철광석에서 철을 추출하기 위해 연료로 목재를 썼다. 하지만 숲이 줄어들면서 목재 가격이 상승하고 목재의 열에너지가 철광석을 녹이기에 충분한 열량을 공급하지 못한다는 점이 항상 문제였다.

석탄을 사용하여 철을 용융시키는 방법은 1709년 영국의 콜브룩데일(Coalbrookdale)이라는 곳에서 에이브러햄 다비(Abraham Darby, 1678~1717)에 의해 개발됐다. 콜브룩데일은 석탄산지였는데 석탄의 불순물을 녹여내 점결탄(coking coal)을 만들어 맥주 공장에 썼다고 한다. 에이브러햄 다비는 코크스(cokes)라 불리는 점결탄을 용광로에 넣어 철을 녹여 보았고 코크스는 높은 온도를 내기에 철을 용융시킬 수 있었다.

코크스는 주로 역청탄을 고온에서 산소가 없는 상태에서 가열하여 휘발성 물질(타르, 가스 등)을 제거하는 건식 증류 처리 후 남겨진 고탄소 고체 연료이다. 원래 코크스는 독일어 Koks에서 유래되었는데 석유나 석탄과 같은 화석연료를 정제하여 특별히 고탄소화시킨 것을 지칭한다. 코크스 제조 과정은 건류(coking) 또는 코크스화(coking)라고 불리며, 코크스 오븐에서 고온에서 석탄을 처리하는 방식으로 이루어진다. 석탄은 산소가 없는 상태에서 약 1000°C 이상의 고온에서 가열된다(그림 4-1). 이 과정에서 휘발성 물질(타르, 가스 등)이 증발하여 제거된다. 가열 중에 휘발성 물질이 분리되어 코크스 가스(coke oven gas), 타르, 암모니아와 같은 부산물이 발생한다. 이

그림 4-1 석탄 가열 과정에서 코크스가 생성된다.

러한 부산물은 별도의 처리 과정을 거쳐 다른 산업용 화학물질로 전환되기도 한다. 휘발성 물질이 제거된 후 남은 고탄소 물질이 코크스이다. 가열된 코크스는 급속히 냉각되며 고체로 굳어진다. 이때 공기와 접촉해 불이 붙지 않도록 물 또는 냉각 가스를 이용해 빠르게 냉각한다. 이 고체 상태의 코크스는 연료로 사용되며, 높은 열량을 제공하는 특성이 있다.

1-2 석탄 코크스와 제철산업

코크스는 탄소 함유량이 높고, 연소 시 높은 열을 발생시켜 산업용 연료로서 매우 중요한 역할을 한다. 코크스는 금속 가공, 화력발전소 등 높은 열을 필요로 하는 산업에서 핵심적인 역할을 한다. 특히 석탄 코크스는 제철 공업에서 중요한 역할을 한다. 철광석(iron ore)은 철(Fe)과 산소(O) 등 여러 원소가 결합한 산화물 또는 탄산염 광물로 구성된 암석이다. 주로 자철석(magnetite, Fe_3O_4)과 적철석(hematite, Fe_2O_3)과 같은 철광석이 원료 물질이며, 코크스는 철광석을 환원하는 환원제 및 연료로 사용된다. 코크스는 고온에서 장시간 견딜 수 있을 만큼 강도가 높고, 철광석의 산소를 떼어내 순수한 철로 환원시키는 데 사용되며, 연소 시 높은 열을 발생시켜 제철 공정에 필수적인 연료이다.

$$Fe_2O_3/Fe_3O_4 + C(Coke) \rightarrow Fe + CO_2$$

영국 산업혁명은 18세기 후반부터 19세기 중반에 걸쳐 진행된 중요한 역사적 변혁으로, 이는 대량생산 기계의 개발과 제철 공업의 발달을 통해 가능해졌다. 기계화는 생산성을 획기적으로 높였고, 인건비를 절감하며 대량으로 제품을 빠르게 생산할 수 있는 기반을 제공하였기에 이전까지의 농업 경제에서 산업 경제로의 전환을 이끌었고, 전 세계적으로 큰 영향을 미쳤다. 코크스를 사용한 제철 공업은 산업혁명을 이끈 핵심 기술로 초기 철강 생산의 중요한 전환점이었다. 석탄을 코크스로 변환하여 제철 공정에 사용하는 에이브러햄 다비(Abraham Darby)의 방법은 철강 산업의 중심 기술로 자리 잡았으며, 이후 200년 동안 제철 공정의 표준으로 유지되었다. 이 기술 혁신은 영국의 산업혁명을 가속화했으며, 이후 전 세계로 확산되면서 다른 산업에서도 필수적인 기술로 채택되었다.

석탄 코크스의 제조부터 시작되는 다비의 방법은 당시 기술로는 코크스 제조 과정에서 발생하는 휘발성 물질을 처리하지 않았기 때문에, 다량의 배기가스와 대기 오염이 발생하였고, 코크스 제조 과정에서 발생하는 폐열이나 부산물을 회수하거나 재활용하는 시스템이 존재하지 않았다. 현대의 코크스 제조 공정은 에너지 효율을 높이고 환경적 영향을 줄이기 위한 다양한 개선 노력을 통해 진화하고 있다. 이 공정은 기존의 전통적인 코크스 오븐과는 달리, 코크스 제조 과정에서 발생하는 폐열을 전기나 공정열로 회수하여 다시 사용함으로써 에너지 낭비를 최소화하는 것을 목표로 한다. 열을 회수하여 다시 공정에 재사용하거나, 이를 통해 전기를 생산하는 방식의 열 회수 코크스 공정이 개발되었고 코크스를 공기로 냉각하는 건식 냉각(dry quenching) 방식으로, 기존의 습식 냉각보다 에너지 효율이 높고 수질 오염을 줄일 수 있게 되었다. 또 각국에서는 코크스 제조 과정에서 발생하는 대기 오염물질 배출을 줄이기 위해 규제를 강화하고 있으며, 최신 설비에는 가스 정화 시스템과 오염물질 관리 시스템이 도입되고 있다.

그림 4-2의 Sankey 다이어그램을 통해 코크스 오븐의 에너지 흐름을 더욱 선명하고 자세하게 표현했다. 다이어그램은 부산물 코크스 오븐 구성과 열 회수 코크스 오븐 구성의 두 가지 유형을 보여주며, 각각의 에너지원이 다양한 산업 공정으로 어떻게 흐르는지 시각적으로 설명한다. 코크스 오븐이 코크스를 생산하는 동시에 다양한 부산물(가스, 타르 등)을 생성하여 고로(blast furnace), 소결 공장(sinter plant) 및 제철 및 압연 공장(steelmaking rolling mills)으로 연결되는 에너지 흐름을 보여준다. 열 회수 코크스 오븐에서 발생한 에너지를 열 회수하여 다시 공정에 재사용하거나 화력발전소에서 사용되는 모습을 설명하고 있다. 이 다이어그램은 코크스 제조와 에너지 회수 공정이 철강 산업에서 중요한 역할을 하고 있음을 강조하며, 각각의 에너지 흐름이 어떻게 분배되고 사용하는지를 명확하게 보여준다.

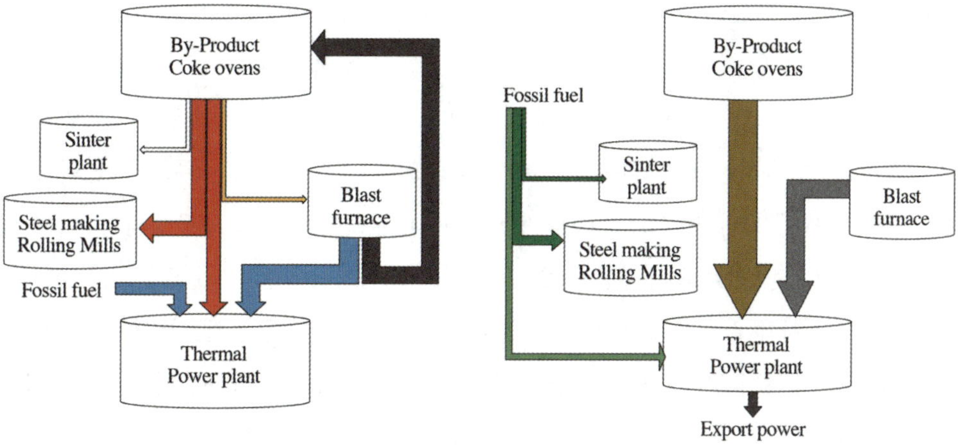

그림 4-2 부산물 코크스 오븐(왼쪽)과 열 회수 코크스 오븐(오른쪽)의 Sankey 다이어그램

2 원료로서의 석탄

2-1 석탄의 화학 연료로서의 이용

석탄은 단순히 에너지원으로만 사용되는 것이 아니라, 화학 연료로도 다양한 용도로 활용된다. 석탄을 화학적으로 가공하여 다양한 산업용 화학 물질을 생산할 수 있다. 석탄을 가스화(gasfication)하거나 액화(liquefaction)하여 가스나 액체 연료를 생산할 수 있다. 석탄을 이 방식으로 처리하면 석탄에서 연료가 아닌 다양한 화학 물질을 추출할 수 있다.

석탄 가스화는 석탄을 고온에서 산소나 수증기와 반응시켜 합성가스(syngas)를 만드는 과정이다. 합성가스는 주로 일산화 탄소(CO)와 수소(H_2)로 구성되어 있으며, 이를 통해 여러 화학 물질을 생산할 수 있다. 남아프리카 공화국에 있는 Sasol은 세계에서 가장 큰 석탄 가스화 및 액화 설비를 운영하고 있다. Sasol은 석탄을 가스화하여 연료, 화학 물질, 비료 등을 생산한다.

COG(coke oven gas, 코크스 오븐 가스)는 석탄을 고온에서 산소가 없는 상태로 가열하여 코크스를 만드는 과정(코킹 공정)에서 발생하는 부산물이다. 이 과정에서 발생하는 다양한 부산물로 COG를 포함해 타르, 암모니아, 벤젠 등의 여러 화학 물질이 생성된다. 이러한 부산물들은 산업적으로 매우 유용하게 활용될 수 있으며, 화학, 에너지, 농업 등 다양한 분야에서 사용된다. COG는 코크스 오븐에서 석탄을 가열할 때 발생하는 휘발성 가스이다. 이 과정에서 석탄에 포함된 휘발성 물질이 열분해되면서 다양한 가스를 방출하는데, 이를 포집하여 COG로 활용한다. COG는 주로 일산화 탄소(CO), 수소(H_2), 메테인(CH_4), 이산화 탄소(CO_2), 질소(N_2) 등으로 구성되며, 이는 석유와 같은 고열량 연료로 재활용될 수 있다.

COG는 그 자체로 연료로 사용되거나, 가스 분리 및 정제를 통해 다양한 화학 물질로 가공되어 에너지 생산, 화학 산업, 철강 산업 등에서 폭넓게 활용된다. COG는 발생 과정에서 다량의 열을 발생시키기 때문에, 이를 그대로 에너지원으로 사용할 수 있다. COG는 공정 내에서 재사용되거나, 외부로 공급되어 연료로 사용된다. 철강 공장에서 발생한 COG는 자체적으로 재활용되어 보일러 연료로 사용된다. 이 가스는 철강 공정에서 필요한 고온 열을 제공하며, 추가적인 연료 소비를 줄일 수 있다. COG는 열병합 발전(combined heat and power, CHP) 시스템에서 전력 생산과 함께 증기나 열을 생성하는 데도 사용된다. 이 과정에서 고효율로 에너지를 생산할 수 있으며, 공장의 에너지 비용을 절감한다.

COG는 다양한 화학 물질의 원료로 사용된다. 특히 COG에 포함된 수소(H_2)와 탄화수소 성분은 화학 비료, 합성 연료, 화학 제품을 만드는 데 중요한 원료이다. COG에서 추출된 수소는 암모니아(NH_3)를 생산하는 데 사용된다. 암모니아는 화학 비료를 제조하는 데 중요한 원료로, 농업 생산성을 높이는 데 기여하며, 최근에는 수소 연료전지의 에너지원으로 수소자동차를 비롯한 수소경제의 핵심원료로 활용되기도 한다. COG에서 분리된 탄화수소 화합물들은 벤젠, 톨루엔, 자일렌과 같은 화학 산업에서 중요한 기초 화학 물질들이다. 이들은 플라스틱, 염료, 합성 섬유, 고무 등 다양한 화학 제품을 만드는 데 사용된다.

COG는 철강 공정 자체에서도 중요한 역할을 한다. 철강 공장은 COG를 재활용하여 자체적으로 에너지를 공급하거나 다른 공정에서 사용한다. 특히 용광로(고로)에서 발생한 COG는 소결 공장, 제철 및 압연 공장에서 사용된다. 열 회수 코크스 공정(heat recovery coke oven process)에서는 코크스 오븐에서 발생한 폐가스를 다시 연소시켜 열을 회수하고, 이를 공장의 다른 공정에 재사용한다. 이는 에너지 효율을 극대화하고,

추가적인 연료 소비를 줄이는 방식이다. 또 COG는 소결 공장에서 철광석을 예열하는 데 사용될 수 있으며, 철광석의 처리 효율을 높이는 데 기여한다.

2-2 석탄 액화와 피셔-트롭쉬 공정

석탄 액화와 피셔-트롭쉬 공정은 석탄을 액체 연료로 전환하기 위한 화학적 공정으로, 화석연료의 대안으로 액체 연료를 생산하는 데 사용된다. 이 두 기술은 화학 공정의 단계와 목표는 다르지만, 모두 석탄을 보다 쉽게 사용할 수 있는 연료 형태로 변환하는 데 중요한 역할을 한다.

석탄 액화(liquefaction)는 석탄을 액체 연료로 변환하는 과정이다. 석탄을 가열하고 촉매를 사용하여 석탄 액화 연료를 생산하는데, 이는 가솔린이나 디젤처럼 사용할 수 있다. 피셔-트롭쉬 공정(Fischer-Tropsch process)은 독일에서 개발된 공정으로 석탄을 가스화한 후 촉매를 사용해 액체 연료를 만드는 공정이다. 이 공정은 제2차 세계 대전 당시 독일이 석탄을 이용해 인공 연료를 생산하는 데 사용되었다. 현대에는 석탄이 부족한 국가에서 석탄 액화를 통해 석유 대체 연료를 생산하기도 한다.

석탄은 다양한 화학 제품의 원료로 사용될 수 있다. 특히 석탄 건류 과정에서 발생하는 부산물들은 타르, 벤젠, 암모니아, 크레오소트 등 여러 화학 물질로 변환되어 산업에 활용된다. 철강 생산에서 코크스를 제조하는 과정에서 타르, 벤젠, 암모니아 등의 화합물이 부산물로 생성된다. 이들 물질은 플라스틱, 염료, 방부제 등의 화학 제품을 만드는 데 사용된다. 타르는 아스팔트, 방수제, 방부제 등의 제조에 사용된다. 벤젠은 플라스틱, 합성 섬유, 고무 등의 화학 제품을 만드는 데 필수적인 기초 화학 물질이다. 그리고 암모니아는 비료 제조의 중요한 원료가 된다.

1) 석탄 액화

석탄 액화(liquefaction)는 고체 석탄을 액체 연료로 변환하는 공정으로, 크게 직접 액화와 간접 액화의 두 가지 방법으로 나눌 수 있다. 석탄 액화는 주로 석유 대체 연료를 생산하기 위한 목적으로 개발되었다. 직접 석탄 액화(direct coal liquefaction, DCL) 과정은 석탄을 고온, 고압 조건에서 수소와 반응시켜 액체 탄화수소로 변환하는 방식이다. 이 과정에서 석탄의 고분자 구조가 분해되어 소형 탄화수소로 전환된다. 생성

물은 주로 경유, 휘발유, 기타 액체 연료이다. 간접 석탄 액화(indirect coal liquefaction, ICL) 과정은 석탄을 먼저 합성가스($CO + H_2$)로 변환한 후, 이 합성가스를 사용해 다양한 탄화수소 제품을 합성하는 방식이다. 이 과정에서 피셔-트롭쉬 공정과 연계하여 액체 연료를 생산하는 데 사용된다. ICL 공정은 조금 더 복잡하지만 연료의 순도가 높고 다양한 제품을 얻을 수 있다는 장점이 있다.

2) 피셔-트롭쉬 공정

피셔-트롭쉬 공정(Fischer-Tropsch process)은 합성가스($CO + H_2$)를 액체 연료로 전환하는 화학적 공정이다. 이 공정은 독일의 화학자 프란츠 피셔(Franz Fischer)와 한스 트롭쉬(Hans Tropsch)가 1920년대에 개발한 것으로, 석탄을 간접 액화하여 인조석유(synthetic fuel, synfuel)를 만드는 데 사용된다. 이 공정의 핵심은 합성가스를 촉매를 사용하여 액체 탄화수소로 변환하는 화학 반응이다. 이 합성가스는 석탄, 천연가스, 바이오매스 등 다양한 원료를 가스화하여 얻을 수 있다.

$$(2n+1)H_2 + nCO \rightarrow C_nH_{2n+2} + nH_2O$$

이 반응의 촉매로는 주로 철(Fe) 또는 코발트(Co)가 사용된다. 촉매는 합성가스 내의 일산화 탄소(CO)와 수소(H_2)를 반응시켜 다양한 액체 탄화수소를 형성하는 데 중요한 역할을 한다.

저온 피셔-트롭쉬 공정(LTFT)는 200 ~ 250°C에서 반응이 진행되며, 왁스와 중질 연료를 생산하는 데 적합하다. 고온 피셔-트롭쉬 공정(HTFT)은 철 또는 코발트를 촉매로 사용하여 300 ~ 350°C의 반응 온도와 10 ~ 30기압의 압력에서 진행되며, 휘발유와 경유를 주로 생산한다. 이 피셔-트롭쉬 공정의 용도로는 석탄을 간접 액화하여 인조 석유로 전환하는 방법으로도 활용되고 천연가스를 가스화한 후 이를 액체 연료로 전환하는 데도 사용된다. 이를 천연가스 액화(GTL) 공정이라고 하고 남아프리카공화국의 Sasol 공장이 대표적인 피셔-트롭쉬 GTL 공정을 채택하여 석유 대체 연료를 생산하고 있다. 피셔-트롭쉬 공정의 바이오매스 액화(BTL) 기술은 바이오매스에서 얻은 합성가스를 액체 연료로 전환하는 방식으로, 최근 친환경 연료제조 기술로 주목받고 있다.

2-3 C1 Chemistry

C1 화학(C1 Chemistry)는 탄소 1개(C1)로 이루어진 단순한 분자를 활용한 화학 반응 및 공정을 연구하는 분야이다. 여기서 'C1'은 메테인(CH_4), 메탄올(CH_3OH), 일산화탄소(CO), 이산화 탄소(CO_2)와 같은 탄소가 1개인 화합물들을 의미한다. C1 화학은 에너지 변환, 화학 원료 생산, 그리고 기후 변화 대응 측면에서 매우 중요한 역할을 하고 있다. 메테인은 고온에서 증기와 반응시키는 개질 반응으로 합성가스($CO + H_2$)를 생성한다. 합성가스를 이용해 메탄올, 암모니아, 피셔-트롭쉬 공정 등을 통해 다양한 화합물을 합성할 수 있다.

예를 들어 생산된 수소를 사용해 수소 경제의 핵심원료로 활용한다. 메탄올은 올레핀(ethylene, propylene 등)으로 변환하는 MTO 공정은 석유 화학산업에서 중요한 역할을 한다. 메테인을 부분적으로 산화시켜 합성가스를 만들거나 메탄올도 생성한다. 메탄올에서 올레핀으로 전환하는 공정을 MTO, 메탄올에서 인공 가솔린을 만드는 공정을 MTG 공정이라고 하여 액체 연료를 생산할 수 있다. C1 화학 기술은 CO_2를 포집하고 이를 유용한 화합물로 전환하는 기술도 포함되어, 탄소 순환(carbon recycling) 경제로의 전환이 가능하도록 하므로 에너지 전환, 탄소 저감, 그리고 환경 보호 측면에서 중요하다고 할 수 있겠다.

QUIZ

✔ 다음 에너지에 대한 설명에서 맞으면 O, 틀리면 X 하시오.

1) 일반적인 석탄의 사용 방식은 화력발전소에서 석탄을 연소시켜 물을 가열하고, 발생한 증기로 터빈을 돌려 전기를 생성한다. (   )

답 O (석탄 화력발전의 원리로 전 세계 전력 생산에서 가장 높은 비중을 차지한다.)

2) COG(coke oven gas, 코크스 오븐 가스)는 석탄을 고온에서 산소가 없는 상태로 가열하여 코크스를 만드는 과정(코킹 공정)에서 발생하는 부산물이다. (   )

답 O (COG는 코크스 오븐에서 석탄을 가열할 때 발생하는 휘발성 가스로 부생 수소를 제공한다.)

3) 피셔-트롭쉬 공정은 합성가스($CO + H_2$)를 액체 연료로 전환하는 화학적 공정이다. (   )

답 O (석탄을 간접 액화하여 인조 석유(synthetic fuel, synfuel)를 만드는 공정이다.)

3 석탄 화력발전

석탄 화력발전은 석탄을 연소하여 그 열에너지를 이용해 전기를 생산하는 발전 방식이다. 이 방식으로 세계 각국에서 총 10,244 TWh의 전기가 생산되고 있다.

석탄 화력발전은 석탄을 연소시켜 발생하는 열에너지로 물을 가열하여 증기를 만들고, 이 증기가 터빈을 돌려 발전기를 구동함으로써 전기를 생산하는 방식이다(그림 4-3). 기본적인 과정은 다음과 같다. 먼저 보일러에서 석탄을 연소하여 열을 발생시킨다. 발생한 열로 물을 끓여 고온 고압의 증기를 만든다. 이 증기가 터빈을 돌리면 기계적 에너지가 발생한다. 터빈이 발전기를 돌려 전기를 생산한다. 증기는 터빈을 돌린 후 물로 다시 냉각되어 액체 상태로 복귀되며, 다시 순환된다.

그림 4-3 석탄 화력발전의 기본 원리

3-1 석탄 연소 보일러

석탄 연소 보일러는 석탄을 연소시켜 그 열에너지를 이용해 물을 끓여 증기를 발생시키는 장치이다. 석탄 연소 보일러의 연소 방식은 사용되는 기술에 따라 스토커 연소 보일러, 유동층 보일러, 분쇄 석탄 보일러가 있다. 각 방식은 연소 효율과 환경 오염 감소를 목표로 발전해 왔다.

1) 스토커 연소 보일러

스토커 연소 보일러(stoker-fired boiler)의 특징은 연료를 일정하게 공급하고, 연소실에서 효율적으로 태우기 위해 스토커(stokers)라고 하는 연료 공급 장치를 사용하는 것이다. 스토커는 연료를 자동으로 연소실에 공급하고 연소 과정을 제어하는 역할을 한다. 스토커는 석탄을 지지하면서 실제로 연소 공기가 공급되어 소각이 진행되는 부분으로, 효율적으로 석탄을 연소하기 위한 소각시스템에서 성능을 결정하는 중요한 요소가 된다.

연료는 자동화된 연료 공급 시스템을 사용하여 연속적으로 또는 주기적으로 연소실로 공급된다. 연료는 컨베이어 벨트, 스크류 피더 등을 통해 공급되며, 연료의 양을 조절하여 연소 속도와 열량을 제어할 수 있다. 연소를 위해서는 충분한 공기가 필요하므로 팬과 같은 기계 장치를 통해 공기를 공급하여 연소 효율을 극대화하고, 연소 시 발생하는 재를 자동으로 제거하는 시스템을 갖추고 있어, 보일러 가동 중에 재를 효과적으로 처리할 수 있다. 비교적 간단한 구조이지만 효율은 상대적으로 낮다. 작은 규모의 발전소나 산업용 보일러에서 주로 사용된다.

2) 유동층 보일러

유동층 보일러(fluidized bed boiler)는 미세한 석탄 입자를 공기와 함께 유동시키면서 연소하는 방식으로, 연소 과정에서의 온도를 낮추고, 연료를 균일하게 태울 수 있어 효율이 높다. 연료 입자와 함께 모래 같은 촉매 물질이 보일러 내에서 공기의 흐름에 의해 떠오르게 되며, 이 상태를 '유동 상태'라고 한다. 이렇게 하면 연료가 공기와 더욱 밀접하게 접촉하게 되어 연소 속도와 열전달 효율이 매우 높아진다.

유동층 보일러는 공기 공급 방식과 연료 특성에 따라 버블링 유동층 보일러(BFB, bubbling fluidized bed)와 순환 유동층 보일러(CFB, circulating fluidized bed)로 구분된다. 석탄, 바이오매스 등 고체 연료를 사용하는 경우 순환 유동층 보일러가 적합한데, 고속 공기 흐름을 사용하여 연료 입자가 연소실 내에서 순환하며 연소되어 높은 연소 효율과 열전달 효율을 구현할 수 있다. 유동층 보일러는 석탄 연료 외에도 바이오매스, 폐기물과 같은 다양한 고체 연료를 효율적으로 사용할 수 있다. 연소 온도를 쉽게 제어할 수 있고 연소 온도가 낮아 질소 산화물(NOx) 발생을 줄일 수 있으며, 탈황장치 없이도 이산화 황(SO_2)을 제거하는 데 효과적이다.

3) 분쇄 석탄 보일러

분쇄 석탄 보일러(pulverized coal boiler)는 석탄을 미세하게 분쇄하여 가루 형태로 만든 후, 이 분쇄된 석탄을 공기와 함께 연소실에 분사하여 연소시키는 방식의 보일러이다.

이 보일러는 발전소나 대형 산업용 열원에서 많이 사용되며, 고효율과 높은 에너지를 얻을 수 있는 장점이 있다. 주로 석탄 화력발전소에서 전기 생산에 사용된다. 석탄을 보일러에 투입되기 전에 분쇄기(pulverizer)에서 매우 미세한 입자로 분쇄하면 석탄 입자는 마치 가루처럼 미세하여 공기 중에 부유할 수 있을 정도로 작게 만들어진다. 분쇄된 석탄은 공기와 혼합되어 보일러의 연소실로 분사된다. 이 과정에서 분쇄된 석탄이 공기 중에 부유하게 되어 연소실 전체에 고르게 퍼지며, 연소가 매우 빠르게 진행된다. 분쇄된 석탄 입자는 표면적이 넓기 때문에 연소가 매우 빠르고 효율적으로 이루어지며, 고온의 열에너지가 발생한다. 연소로 인해 발생한 고온의 가스는 보일러 내부의 수관(water tube)을 통과하면서 열을 전달하고, 이때 물이 가열되어 고온, 고압의 증기가 생성된다.

이 증기는 터빈을 돌려 전력을 생산하거나 공정에 필요한 열을 제공한다. 석탄이 분사된 직후 빠르게 연소되기 때문에 높은 연소 온도와 효율을 자랑한다. 대형 석탄 화력발전소에서 주로 사용되며, 많은 양의 전력을 생산할 수 있다. 연소 후 발생한 배기가스는 집진장치(electrostatic precipitator)나 배기가스 탈황장치(flue gas desulfurization)를 거쳐 대기로 배출된다. 이를 통해 미세먼지, 황 산화물(SOx), 질소 산화물(NOx) 등의 오염물질 배출을 줄일 수 있다. 분쇄 석탄 보일러는 비교적 저렴한 석탄 연료를 사용하여 고효율 연소로 대규모 전력 생산이 가능하게 해 주지만 석탄 연소 과정에서 대기 오염 물질인 황 산화물, 질소 산화물, 미세먼지 등이 배출되며, 이를 줄이기 위해 탈황, 탈질 장치가 필수적으로 설치해야 한다.

석탄 연소는 대량의 이산화 탄소(CO_2)를 배출하는데, 이는 온실가스 배출로 인해 기후 변화에 큰 영향을 미칠 수 있다. 이 때문에 최근에는 석탄 사용을 줄이고 친환경 에너지원으로 전환하려는 움직임이 커지고 있다. 분쇄 석탄 보일러는 대규모 발전소에서 사용되는 효율적인 보일러 기술로, 석탄을 연료로 하여 전력 생산에 널리 사용된다. 고효율 연소와 대규모 전력 생산이 가능하지만, 환경 오염과 이산화 탄소 배출 문제로 인해 점차 친환경 에너지로의 전환이 요구되고 있는 상황이다. 이 보일러는 여전히 많은 국가에서 중요한 에너지원으로 사용되고 있지만, 미래에는 환경 보호와 관련된 규제 강화로 인해 사용이 제한될 가능성이 크다.

4) 복합화력발전

복합화력발전(IGCC, integrated gasification combined cycle)은 석탄을 기체 형태의 연료로 변환하여, 이를 연소해 전력을 생산하는 고효율 발전 방식이다. 이 기술은 석탄과 같은 고체 연료를 가스로 전환(gasification)한 후, 가스터빈과 증기터빈을 조합한 복합발전(combined cycle) 시스템을 통해 전력을 생산하는 특징을 가지고 있다.

IGCC의 발전 과정은 크게 4단계로 나눌 수 있다(그림 4-4). 1단계 석탄 가스화(gasification) 과정에서 석탄은 고온 · 고압 상태에서 산소와 증기를 공급받아 화학 반응을 통해 합성가스로 전환된다. 이 과정에서 생성된 합성가스는 주로 일산화 탄소(CO)와 수소(H_2)로 구성된다. 가스화 과정에서 석탄의 불순물은 고체 형태의 회분(ash)으로 남고, 고체와 기체가 분리된다. 생성된 합성가스에는 황화합물, 미세먼지, 이산화 탄소 등 여러 가지 오염물질이 포함되어 있어 가스터빈에 투입하기 전에 정제 과정을 거쳐 황화물, 미세먼지 등을 제거해야 한다. 정제된 합성가스는 높은 에너지 밀도를 가지며, 이후 가스터빈에서 연료로 사용된다.

2단계 가스터빈과 발전기에서는 정제된 합성가스는 고온에서 가스터빈을 회전시키는 데 사용된다. 가스터빈은 이 과정을 통해 전기를 생산한다. 가스터빈에서 나온 고온의 배기가스는 열교환기를 통해 열에너지를 전달하며, 이 열은 증기 터빈을 구동하는

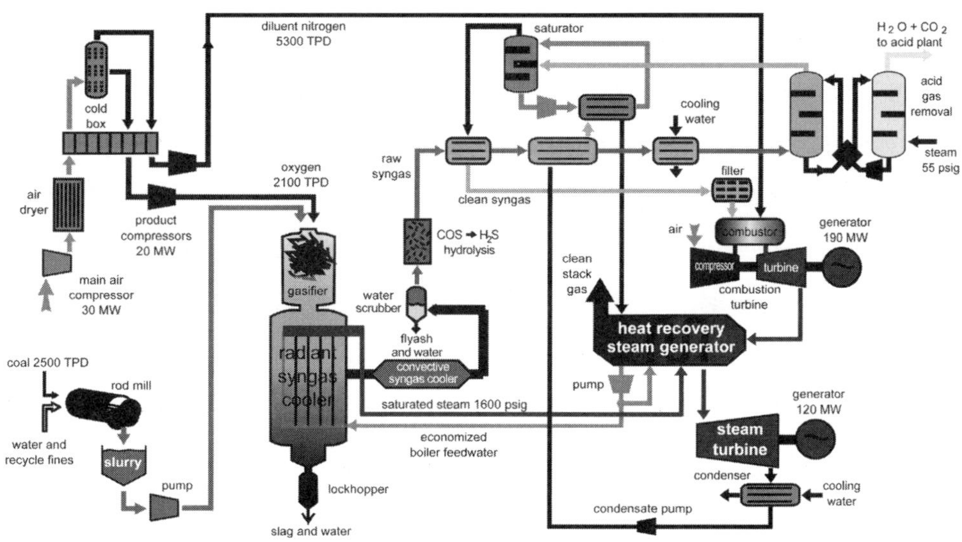

그림 4-4 IGCC 4단계 발전 과정(Stan Zurek, CC BY-SA 3.0, Wikimedia Commons)

데 사용된다. 가스터빈에서 나온 고온의 배기가스는 보일러에 의해 물을 가열해 증기를 만들고, 이 증기는 증기 터빈을 회전시킨다. 증기 터빈에서도 전력이 추가로 생산된다. 이렇게 가스터빈과 증기 터빈을 결합한 복합 발전 사이클(combined cycle)이 이루어져, 발전 효율을 극대화한다.

IGCC는 가스화와 복합 발전의 조합으로 연료를 효과적으로 활용할 수 있다. 기존의 석탄 화력발전소보다 더 높은 열효율을 가지며, 일반적으로 45% 이상의 발전 효율을 달성할 수 있다. 석탄을 가스로 전환하고 정제하는 과정에서 유황, 질소 산화물(NOx), 먼지와 같은 오염물질을 효과적으로 제거할 수 있다. 특히, 가스화 과정에서 이산화 탄소 포집(탄소 포집 및 저장, CCS)을 적용하면 온실가스 배출을 줄일 수 있다. 부가적으로 가스화 과정에서 수소를 얻을 수 있으며, 이를 활용하여 청정 에너지 생산이나 수소 경제에 기여할 수 있다.

5) 고압유동층 화력발전

고압유동층 화력발전(PFBC, pulverized fluidized-bed combustion) 시스템은 전통적인 유동층 연소 시스템과 분쇄 석탄 보일러 기술을 결합한 발전 방식이다. 이 시스템은 석탄을 미세하게 분쇄하여 가루 상태로 만든 후, 이를 유동층 내부에서 연소시키는 방식이다. PFBC는 고온 · 고압 상태에서 연료를 연소시키기 때문에 기존 석탄 연소 기술보다 높은 효율과 환경적 이점을 제공한다. PFBC에서는 석탄을 분쇄하여 미세한 입자 형태로 만든 후, 이 입자를 유동층 내에서 연소시킨다. 유동층은 공기를 강하게 주입하여 연료 입자들이 부유 상태로 유지되며 연소가 이루어진다.

PFBC에서는 연소가 고온 · 고압 상태에서 이루어지며, 이를 통해 연소 효율을 높이고 열을 더욱 효과적으로 회수할 수 있다. 연소 온도를 비교적 낮게 유지하면서도 연료를 완전히 연소시키기 때문에, 질소 산화물과 같은 유해 물질의 배출을 줄이는 데도 매우 효과적이다. 또한, 연소 과정에서 탈황제를 사용하면 황 산화물 배출도 줄일 수 있다. PFBC 시스템은 가스터빈과 증기터빈을 결합한 복합 발전 시스템에 적용할 수 있다. 연소로 발생한 고온의 배기가스는 가스터빈을 구동하고, 남은 열로 증기터빈을 구동하여 추가적인 전기를 생산한다. 이를 통해 연료의 에너지 활용도를 극대화할 수 있다. 그 결과로 PFBC 시스템은 높은 열효율과 석탄 외에도 다양한 저급 연료와 바이오매스를 연소할 수 있는 연료 다양성을 확보했고 오염물질 배출을 감소시켰다는 장점이 있다.

PFBC는 고효율, 저오염 연소 시스템으로 석탄 화력발전소의 환경적 문제를 해결하면서도 높은 에너지 효율을 달성할 수 있는 기술이다. 다만, 설비의 복잡성과 초기 비용이 높기 때문에, 경제성과 기술적 안정성에 대한 연구와 개선이 더 필요하다.

6) 초임계 및 초초임계 발전 시스템

초임계(SC, supercritical) 발전 시스템은 374°C 이상의 온도와 22.1 MPa 이상의 압력에서 물을 증기로 변환시키는 방식을 사용한다. 이 압력과 온도 조건은 물이 액체와 기체 상태를 구분할 수 없는 초임계 상태를 만드는 데 필요한 조건이다. 기존 화력발전보다 높은 온도와 압력에서 작동하기 때문에 발전 효율이 약 38 ~ 42%로 기존 화력발전 시스템의 효율 30 ~ 35%에 비해 크게 향상된다. 높은 효율 덕분에 동일한 전력량을 생산하는 데 필요한 연료가 적어, 이산화 탄소와 같은 온실가스 배출을 줄일 수 있다.

초초임계(USC, ultra-supercritical) 발전 시스템은 초임계 시스템보다 더 높은 온도와 압력에서 작동하는 방식으로, 600°C 이상의 온도와 25 ~ 35 MPa 이상의 압력을 사용한다. USC는 현재 상용화된 석탄 화력발전 기술 중에서 가장 효율이 높은 발전 방식 중 하나이다. USC 발전 시스템의 발전 효율은 약 43 ~ 47%까지 도달할 수 있다. USC 시스템은 현재 상용화된 석탄 발전 기술 중 가장 높은 효율을 자랑한다. 터빈 설계 시에는 초초임계 터빈은 초임계 터빈보다 더 높은 온도(620°C)와 압력(30 MPa)에서 작동하므로 이를 처리하기 위해 더 내구성 있는 소재와 복잡한 설계가 필요하다. 터빈의 블레이드는 내열성과 내구성이 더욱 뛰어난 특수 합금으로 제작되며, 고온에서의 산화 및 피로를 줄이기 위한 표면 처리 기술도 적용된다. 고온에서도 변형되지 않도록 하는 특수 금속 합금과 세라믹 코팅 등의 최신 기술이 적용된다. 에너지 효율이 높아지면서 연료 소비량이 줄어들고, 이로 인해 이산화 탄소 배출량도 더욱 감소된다.

초임계 및 초초임계 발전 시스템은 높은 온도와 압력을 견디기 위한 특수한 소재와 고급 기술이 필요하여, 설비 설치와 유지보수 비용이 상당히 높다. 초기 투자 비용이 높지만, 연료 절약과 규제 준수로 장기적으로 비용 절감 효과를 볼 수 있다. 초초임계 발전시스템은 복합화력발전에 비해 동일 전력 생산 출력 시 열효율이 1% 정도 더 높은 것으로 보고되고 있다.

3-2 석탄 화력발전량과 신재생에너지 공급의무화(RPS) 제도

세계적으로 전기 생산에서는 석탄 화력발전(36%), 천연가스 화력발전(22.9%), 수력발전(15%), 신재생에너지 발전(12.8%), 원자력 발전(9.8%)으로 화력발전 비중이 60%에 육박한다. 넷-제로 달성을 위해서는 화석연료를 사용하는 화력발전의 비중이 줄어야 함은 분명하다.

대한민국에서는 2022년 약 600 TWh의 전기 생산으로 전 세계 28,500 TWh의 2.1%를 점하고 있다. 대한민국의 전기는 2018년 기준 석탄 화력발전(41.7%), 천연가스 화력발전(20.5%), 원자력(23.4%), 신재생에너지(4.8%), 수력 및 기타 방법(9.6%)으로 생산되어 화력발전 비중이 60% 이상으로 높았다. 2022년 기준 석탄 화력발전(32.5%), 천연가스 화력발전(27.5%), 원자력(29.6%), 신재생에너지(8.8%), 수력 및 석유제품 발전 방법(1.5%)으로 생산되어 석탄 화력발전 비중이 10% 정도 줄어들었고 이는 천연가스 화력, 원자력, 신재생에너지의 비중이 커졌기 때문이다. 신재생에너지 비중의 증가는 국가 온실가스 감축 목표(NDC) 달성을 위해서는 필수적이며 민간 차원의 RE100 목표 실현도 중요하지만 정부 차원의 신재생에너지 공급의무화 제도도 필수적이라고 판단된다.

신재생에너지 공급의무화(RPS, renewable portfolio standard) 제도는 신재생에너지를 제외한 설비용량 500 MW 이상 보유한 발전사업자에게 총 화력발전량의 일정 비율을 신재생에너지로 공급하도록 의무화한 제도(신에너지 및 재생에너지 개발 · 이용 · 보급 촉진법 제12조의5)이다. 현재 한국의 RPS 제도는 지속적으로 확대되고 있으며, 2024년까지 발전 사업자들에게 신재생에너지 비율을 점차적으로 높여가도록 요구하고 있다. 이 목표는 2026년까지 25%로 상향될 계획이다.

신재생에너지의 의무이행 방법은 신재생에너지를 직접 생산하여 공급하거나, 신재생에너지 공급 인증서(REC, renewable energy certificate)를 구매하는 방식으로 이루어진다. REC는 신재생에너지로 생산된 전력을 증명하는 인증서로, 의무 공급 비율을 달성하지 못한 발전 사업자는 이를 구매함으로써 의무를 충족할 수 있다. 발전 사업자가 태양광, 풍력, 바이오매스 등 신재생에너지를 직접 생산하여 전력을 공급하는 방식이다. 이는 발전 사업자가 RPS 제도에서 요구하는 비율만큼 신재생에너지 전력을 직접 생산해야 함을 의미한다. 만약 직접 신재생에너지를 공급하지 못하거나 부족한 경우, 다른 발전 사업자가 신재생에너지로 생산한 전력을 대신 구매해야 한다. REC는 거래소에서 거래되며, 이를 통해 부족한 신재생에너지 비율을 채울 수 있다. 이러한 이행 방법은 발전 사업자들에게 선택의 유연성을 제공하며, 신재생에너지 산업의 성장과 시장 활성화를 도모하는 중요한 수단으로 작용하고 있다.

RPS 제도에 적용받는 대한민국의 발전사로는 2021년 12월 기준으로 24개가 있다. 그중 I그룹에 속하는 6대 발전사는 한국전력의 자회사로서 대한민국 전력의 68.8%를 생산하고 있으며 나머지 31.2%는 II그룹 기업 및 개인이 전력 생산에 참여함으로써 그 비중이 확대되고 있다.

RPS 제도와 개별 에너지 사업체의 증가로 에너지원이 다양화되고 있다. 일례로 해상풍력 발전도 점차 증가하고 있다. 대한민국은 2030년까지 14.3 GW의 해상풍력 발전 용량을 목표로 하는 대규모 프로젝트를 추진 중이다. 이러한 프로젝트는 87조 원의 경제적 투자와 77만 개의 일자리를 창출하여 지역 경제 활성화에 기여할 것으로 기대된다. 최근 2024년에는 울산 근처의 문무바람 부유식 해상풍력 프로젝트가 중요한 환경영향평가를 통과하여 본격적인 개발 단계로 접어들었으며, 이는 1.1 GW 규모의 전력을 생산할 계획이다. 또한 인천에서는 2 GW 규모의 해상풍력 단지를 조성하는 공공주도 프로젝트가 2024년에 시작되어 2026년까지 개발이 진행될 예정이다.

QUIZ

✔ 다음 에너지에 대한 설명에서 맞으면 O, 틀리면 X 하시오.

1) 스토커 연소 보일러는 보일러 가동 중에 재가 과량 발생하여 발전소에 적합하지 않다. (　　)

   답 X (스토커 연소 보일러는 연소 시 발생하는 재를 자동으로 제거하는 시스템을 갖추고 있다.)

2) 유동층 보일러는 미세한 석탄 입자를 공기와 함께 유동시키면서 연소하는 방식으로 연료를 균일하게 태울 수 있어 효율이 높다. (　　)

   답 O (유동 상태 연료가 공기와 더욱 밀접하게 접촉하게 되어 연소 속도와 열전달 효율이 매우 높다.)

3) 신재생에너지 공급의무화 제도를 RPS 제도라 한다. (　　)

   답 O (RPS 제도는 신재생에너지를 제외한 설비용량 500 MW 이상 보유한 발전사업자에게 총 화력발전량의 일정 비율을 신재생에너지로 공급하도록 의무화한 제도이다.)

연습문제

01 **석탄에 대한 설명으로 잘못된 것은? (　　)** (객관식)

① 유연탄은 착화가 잘되고 연소 시 높은 온도와 큰 화염과 함께 연기가 발생한다.

② 석탄은 산업에너지로 사용되어 시멘트 제조, 유리 제조, 철강 생산 등 열을 많이 필요로 하는 산업 공정에서 주로 사용된다.

③ 석탄 화력발전소에서는 석탄을 연소시켜 물을 가열하고, 발생한 증기로 터빈을 돌려 전기를 생성한다.

④ 무연탄은 높은 에너지 밀도와 연소 특성 덕분에 화력발전소의 원료로 사용된다.

02 **합성가스 내의 일산화 탄소(CO)와 수소(H_2)를 반응시켜 다양한 액체 탄화수소를 형성하는 반응을 피셔-트롭쉬 공정이라 한다. (　　)** (O, X 문제)

03 **넷-제로 달성을 위해서는 화석연료를 사용하는 화력발전의 비중이 줄어야 하여 정부에서 발전사에게 신재생 발전을 권장하기 위해 만든 정부 주도의 친환경 발전제도를 무엇이라고 하는가?** (주관식)

5장

석유에너지와 에너지 변환

1. 석유에너지
2. 원유의 생성과 채취 기술
3. 원유의 증류
4. Shale gas/타이트 오일
5. 오일샌드

1 석유에너지

1-1 원유자원의 확인 매장량과 채굴 가능 연수, 국가별 매장량

전 세계적으로 확인된 석유 매장량은 2023년 기준으로 약 1.57조 배럴이다. 이 수치는 석유가 경제적으로 채굴 가능한 양을 의미하며, 지질학적 데이터와 기술적 분석을 바탕으로 계산된다. 이러한 확인 매장량은 미래의 기술 발전이나 가격 변화에 따라 변동될 수 있다.

현재 매장된 석유를 기반으로, 채굴 가능 연수는 약 50년이다. 이는 현재의 생산 속도를 기준으로 계산된 값으로, 앞으로 석유를 얼마나 더 생산할 수 있는지를 나타낸다. 하지만 이는 탐사된 새로운 매장량이나 생산 속도 변화에 따라 조정될 수 있다.

주요 석유 매장국들은 다음과 같다.

- 베네수엘라: 세계 최대 확인 매장량인 3,040억 배럴을 보유하고 있으며, 이는 세계 총매장량의 약 18%이다.
- 사우디아라비아: 약 2,670억 배럴의 매장량을 보유하여 두 번째로 크다.
- 캐나다: 약 1,700억 배럴로 세 번째로 많으며, 주로 오일샌드에 매장되어 있다.
- 이란: 약 1,570억 배럴로 네 번째이다.
- 이라크: 1,450억 배럴로 세계 다섯 번째 매장국이다.

이 외에도 쿠웨이트, UAE, 러시아, 리비아 등의 국가들이 주요 매장국으로 분류된다. 특히, OPEC 국가들은 전 세계 석유 매장량의 79%를 차지하며, 중동 국가들이 그 중심에 있다. 이러한 데이터는 국제에너지기구(IEA), OPEC, 미국 에너지정보청(EIA), BP Statistical Review Bulletin과 같은 기관의 정보로 매년 업데이트되고 있다.

원유의 채굴에 따른 생산량은 매장량과는 다른 양상으로 진행되고 있다. 몇 가지 특징을 정리하면 첫째, 글로벌 원유 생산량의 감소이다(그림 5-1). 하루 생산량이 2019년까지 매년 증가하여 하루 9,500만 배럴까지 증가하였으나 2020년 이후 감소 추세를 보이며 매년 2% 이상씩 줄어 2024년 8,100만 배럴로 감소하였다. 원유의 주요 생산국은 미국, 사우디아라비아, 러시아, 캐나다, 이라크, 중국, 아랍에미리트, 이란, 브라질, 쿠웨이트 등이 있으며, 이들 상위 10개 국가가 전체 생산량의 70% 이상을 차지한다. 글

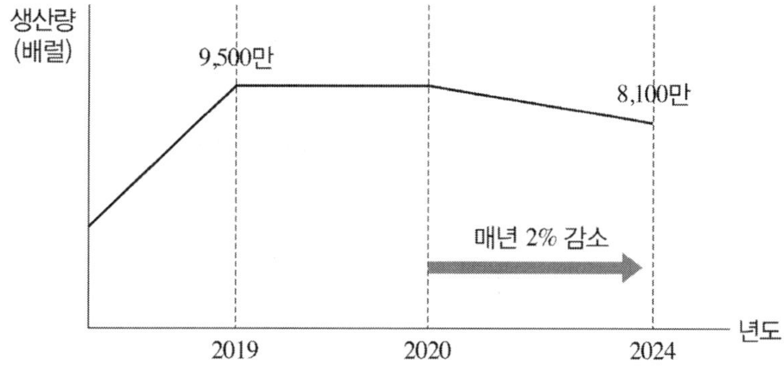

그림 5-1 세계 원유 일일 생산량 추이

로벌 원유 생산량의 감소는 팬데믹으로 인한 경기 위축, 원유 수요의 감소를 원인으로 보고 있으며, 또 OPEC과 러시아를 포함한 OPEC+ 국가들이 가격 안정을 위해 협력하여 생산량을 조절하였기 때문이다. 특히 2023년 이후로 여러 차례 감산을 단행하며 생산량을 낮추고 있다. 정치적 불안정도 생산량 감소로 이어졌다. 리비아와 같은 주요 생산국에서는 정치적 불안정과 내전이 발생해 원유 생산과 수출이 제한되었으며, 이란은 경제 제재로 인해 생산량이 감소했다. 또한, 러시아–우크라이나 전쟁 역시 유럽 시장에서 러시아산 원유의 공급 제한을 초래했다. 전 세계적으로 재생 가능 에너지로의 전환이 가속화되고 있으며, 이에 따라 많은 국가와 기업들이 탄소 배출 감축 목표를 세우고 화석연료 의존도를 낮추는 것도 생산량 조절의 원인이 되었다.

둘째, 미국의 원유 생산량은 급증하였다(그림 5-2). 지난 10년 동안 급격히 증가하여 세계시장에서 차지하는 비중도 크게 상승했다. 현재 미국의 원유 생산은 하루 약 1,330만 배럴로, 세계시장의 약 17%를 차지하고 있다. 10년 전인 2013년에는 미국의 시장점유율이 약 11%였으므로, 이 기간에 미국의 원유 시장점유율이 6% 증가한 셈이다. 이 급증은 셰일 오일 채굴 기술의 발전과 에너지 자립을 향한 정책 변화 덕분으로, 텍사스와 뉴멕시코에서 활발한 투자와 생산이 이루어져 미국이 세계 최대 산유국 중 하나로 자리 잡게 되었다. 2000년대 후반 셰일 혁명(shale revolution)으로 원유와 천연가스의 주요 생산국이 되었으며 여기에서 생산된 액상 오일이 포함된 모든 액체연료는 하루 약 2,191만 배럴로 증가하였다. 미국의 오일 생산량의 증가는 미국 정부의 에너지 안보 강화와 민간 기업들의 활발한 투자의 결과이며 이에 따라 글로벌 석유 공급과 유가에 중요한 역할을 하고 있다.

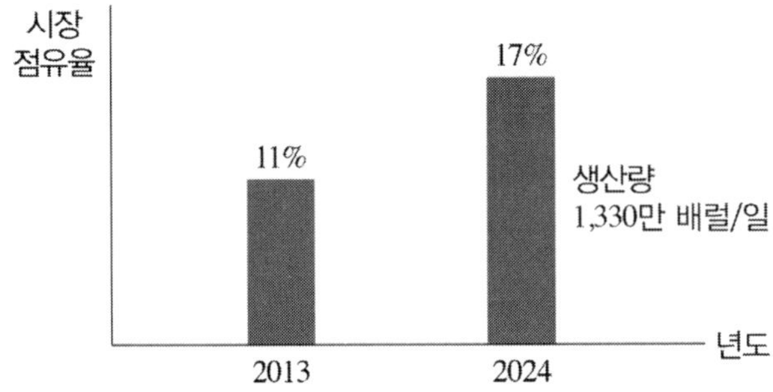

그림 5-2 미국 원유 생산 시장 점유율 추이

셋째, 전 세계 석유 매장량의 79%를 차지하는 OPEC 국가들의 생산량은 30년 동안 크게 늘지 못했다(그림 5-3). 반면 미국과 다른 비OPEC 국가들의 생산량이 증가함으로 인해 1990년대 50%에 점하던 점유율이 2003년 42%, 2013년 40%, 2023년 34%로 비중이 급감하였다. 이는 새로운 유전의 발굴과 시추사업의 투자가 증가하지 못했음을 의미한다. OPEC은 원유 생산 조절을 통해 국제 원유시장의 안정과 가격 유지를 목표로 하는 석유수출국기구인데 1960년에 창설되었으며, 사우디아라비아, 이란 등 총 13개국이 참여하고 있다. OPEC 회원국으로 베네수엘라와 이란은 세계 최고 수준의 매장량을 보유하고 있지만, 생산량은 하루 약 77만 배럴(베네수엘라), 382만 배럴(이란)로 상대적으로 낮다. 이러한 저생산의 원인으로는 베네수엘라의 경우 오랜 경제 위기와 인프라 부족이 문제이며, 이란은 서방의 경제 제재와 정치적 불안정이 주요 요인으로 작용하고 있다.

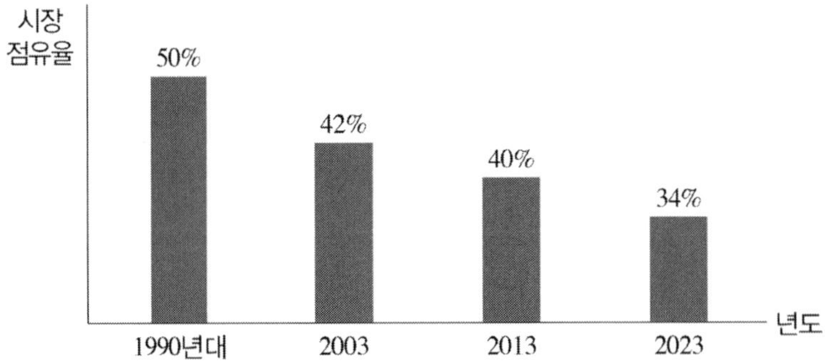

그림 5-3 OPEC 국가의 원유 생산 시장 점유율

1-2 국가별 석유 정제 능력

정유(oil refining)는 원유를 여러 성분으로 분리해 사용할 수 있는 형태로 만드는 과정이다. 원유는 채굴된 상태에서는 바로 사용할 수 없으므로, 정유 과정을 거쳐 연료와 다양한 화학 물질로 분류된다. 주요 생산품에는 휘발유, 디젤, 제트 연료, 난방용 기름 등이 포함된다. 주요 정제 단계는 증류, 변환, 정제, 혼합 등이며, 이 과정을 통해 불순물이 제거되고 연료의 질이 높아진다.

원유를 가열해 다양한 끓는점에 따라 분리하는 것을 증류(distillation) 공정이라고 한다. 휘발유는 낮은 온도에서, 디젤은 높은 온도에서 분리되는 등 각 성분이 서로 다른 온도에서 증발해 분리된다. 변환(conversion) 공정은 일부 중질유를 더 가벼운 연료로 변환하는 공정이다. 변환 공정 중 하나인 크래킹(cracking) 공정은 중질 기름을 분해해 더 가벼운 휘발유 성분으로 바꾸는 공정이다. 불순물을 제거하는 과정으로, 특히 황이나 기타 오염물질을 제거하여 연료의 품질을 높이고 환경 오염을 줄이는 과정을 정제(treatment) 공정이라고 한다. 혼합(blending) 공정은 최종 제품을 특정 기준에 맞춰 혼합해 시장에 나갈 준비를 마치는 공정이다. 정유소(oil refinery)는 에너지 수요가 높은 산업과 일상생활의 에너지 공급을 책임지며, 현대 산업의 중요한 역할을 한다. 정유를 통해 연료와 다양한 화학 물질이 생산되므로 국가별 석유 정제 능력은 그 나라의 화학공학 규모를 가늠하는 기준이 된다.

전 세계적으로 매일 1억 배럴이 넘는 원유가 정제되고 있다. 2020년 팬데믹 기간의 감소 이후 회복세를 보이고 있으며, 2023년에는 약 1억 350만 배럴/일에 이르렀다. 2024년 기준 전 세계 주요 원유 정제 용량 상위 10개국은 다음과 같다.

① 중국은 하루 약 1,850만 배럴의 정제 용량으로 세계 1위로 올라섰다. 지난 30년 동안 국영기업과 대규모 민간 기업의 투자로 빠르게 증가하고 있으며 대규모 정유 시설 확장을 지속하고 있다.

② 미국은 하루 약 1,730만 배럴 정제 용량을 보유하여, 세계 최대의 정유 생산 실적을 가지고 있다. 주로 텍사스와 루이지애나 등 주요 석유 중심지에서 대규모 정유 시설이 운영되고 있다.

3위부터 10위권 국가는 러시아, 인도, 대한민국, 일본, 사우디아라비아, 브라질, 이탈리아, 이란이다. 석유 한 방울 나지 않는 우리나라가 세계 5위의 원유 정제를 지닌 아시아 정유 허브 역할을 하고 있다.

③ 러시아는 약 680만 배럴/일의 정제 용량을 보유하고 있으며, 정유 제품 대부분이 국내 수요를 충당하고 일부를 유럽 및 아시아에 수출한다.

④ 인도는 하루 약 530만 배럴의 정제 용량으로, 아시아의 주요 정유국 중 하나이다. 아시아 지역과 중동으로 정제 제품을 활발히 수출하고 있다.

⑤ 대한민국은 약 336만 배럴/일의 정제 용량으로, 아시아의 정유 허브 중 하나이다. 주로 SK에너지, GS칼텍스, 에쓰-오일 등 주요 기업들이 운영하고 있다. 아시아와 중동에서 원유를 수입해 정제 후 정제된 석유제품을 아시아 시장에 주로 수출하거나 국내 석유제품 수요를 충족하고 있다. 대한민국의 정유 산업은 특히 첨단 설비와 고도의 효율성으로 주목받고 있으며, 최근에는 지속 가능한 에너지 전환 및 환경적 요구에 대응해 정제 공정의 탄소 배출을 줄이기 위한 기술적 투자를 늘리고 있다. 이러한 정유 능력 덕분에 대한민국은 아시아의 에너지 허브로서의 입지를 공고히 하고 있다.

⑥ 일본은 약 330만 배럴/일의 정제 용량을 보유하고 있으며, 국내 수요를 중심으로 운영하면서 일부는 수출한다.

⑦ 사우디아라비아는 약 290만 배럴/일의 정제 용량을 보유하며, 최근 국내 정유 및 석유화학 산업에 대한 투자를 확대하여 점차 자국 내 정제량을 증가시키고 있다.

⑧ 브라질은 하루 약 220만 배럴의 정제 용량으로, 남미의 주요 정유국이다. 주로 국내 시장을 대상으로 한 정유가 이루어지고 있다.

⑨ 이탈리아는 약 210만 배럴/일의 정제 용량을 보유하여 유럽의 정유 중심지 중 하나로 자리를 잡고 있다.

⑩ 이란은 약 200만 배럴/일의 정제 용량을 보유하고 있으며, 경제 제재로 인해 주로 국내 수요를 충족하는 데 초점을 맞추고 있다.

상위 10개국은 세계 원유 정제 능력 대부분을 차지하며, 각국의 에너지 정책 및 경제 상황에 따라 정제 용량과 수출 방향이 조정되고 있다.

전반적인 원유 정제량은 매년 2~3%씩 꾸준히 증가했는데 이는 중국과 인도의 원유 정제시설의 증가와 산유국들도 정유 시설 투자가 확대되었기 때문이다. 미국에서는 원유 정유량은 지난 10년 동안 큰 변화는 없는 것으로 보아 셰일가스와 천연가스에서 얻어지는 오일 생산에 집중 투자가 이루어지는 것으로 보인다. 중국은 2023년 기준으로 하루 약 1,850만 배럴의 정제 용량을 보유하여 세계에서 가장 큰 정제 능력을 갖추게 되었다. 이는 중국 내 석유제품 수요와 석유화학 산업의 발전을 지원하기 위한 것으로, 주로 대규모 국영 정유사와 민간 정유사들이 참여하고 있다.

원유의 소비는 국가별 산업 및 인구 규모에 따르며 2024년 기준 전 세계 주요 원유 소비국 상위 10개국은 다음과 같다. 미국, 중국, 인도, 사우디아라비아, 러시아, 일본, 대한민국, 브라질, 캐나다, 독일 순이며 우리나라가 세계 7위의 원유 소비국이다.

① 미국은 하루 약 2,000만 배럴의 소비량으로 세계 최대 원유 소비국이다. 자동차, 산업, 전력 부문에서의 높은 수요가 주요 원인이다.
② 중국은 약 1,590만 배럴/일로 중국의 경제 성장과 석유화학 산업 확장 덕분에 높은 소비량을 기록하고 있다.
③ 인도는 하루 약 540만 배럴의 소비량으로 경제 성장과 도시화로 인해 원유 수요가 증가하고 있다.
④ 사우디아라비아는 하루 약 370만 배럴로 에너지 집약적인 산업과 인구 증가로 높은 소비를 보인다.
⑤ 러시아는 약 360만 배럴/일로 산업과 수송부문에서의 내수 수요가 주도하고 있다.
⑥ 일본은 하루 약 340만 배럴로 상대적으로 고령화 사회와 효율성 증가로 인해 수요가 일정하게 유지되고 있다.
⑦ 대한민국에서는 하루 약 280만 배럴을 소비하는데, 각종 산업과 석유화학 분야에서 수요가 높은 아시아에서 큰 원유 소비국 중 하나이다.
⑧ 브라질의 소비량은 하루 약 260만 배럴로, 경제 성장과 함께 수송 및 산업에서의 소비 증가가 주요 원인이다.
⑨ 캐나다는 하루 약 230만 배럴을 소비하며 산업 부문에서 많은 원유가 사용된다.
⑩ 독일은 유럽 최대 경제국으로 하루 약 200만 배럴로 제조 및 교통 부문에서 원유가 많이 사용된다.

상위 10개국은 전 세계 원유 소비량의 60% 이상을 차지하며, 각국의 산업 구조와 에너지 정책에 따라 원유 수요가 변동하고 있다.

1-3 대한민국의 원유 수입과 정제 산업

대한민국은 산유국이 아니다. 국내에서 원유가 생산되지 않으며, 필요한 원유는 모두 수입한다. 한국은 원유 수입에 크게 의존하지만, 세계 5위권의 정유 능력과 세계 7위권의 원유 소비국답게 세계적인 수준의 정유 및 석유화학 산업을 보유하고 있다. 대한민국으로 수입되는 원유는 사우디아라비아가 30% 이상으로 가장 많고 쿠웨이트, 아랍에미리트, 카타르, 이란의 중동산 원유가 대부분을 차지하고 있다. 석유화학 산업의 안정화를 위해 대한민국에는 2024년 3월 말 기준 9개 비축기지를 운영 중이며 총 1억 4천6백만 배럴 규모의 비축시설과 9천7백만 배럴(공동 비축 물량 제외)의 비축유를 보유하고 있다.

한반도에서 원유 채굴 가능성은 그동안 여러 차례 논의됐지만, 실제로 상업적인 채굴은 이루어지지 않았다. 다만 한반도 내에서 원유자원이 존재할 가능성이 전혀 없는 것은 아니며, 과거 탐사 작업과 기술 발전에 따라 가능성이 재조명되기도 했다. 한반도에서 원유 채굴 가능성을 논의할 때 고려해야 할 주요 요소들과 한반도 주변 해역에서의 지질학적 탐사 결과, 원유와 천연가스가 매장되어 있을 가능성이 있다는 분석이 있었다. 특히 동해와 서해에서의 탐사 결과, 탄화수소층이 존재하는 것으로 확인된 바 있다. 그러나 아직은 경제적으로 충분히 유의미한 양의 매장량이 확인되지 않았다. 동해에서의 탐사 결과 일부 지역에서 석유나 가스가 발견되었으나, 이들 자원이 상업적 채굴이 가능한 수준인지는 추가적인 탐사가 필요하다. 서해는 대륙붕과 가까운 지형적 특성상 석유 자원이 매장될 가능성이 있다고 평가되지만, 아직 본격적인 탐사와 채굴은 이루어지지 않았다.

제7광구는 제주도 남쪽과 일본 규슈 서쪽 사이에 있는 대륙붕 구역으로, 한일 양국이 1974년 체결한 한일 대륙붕 공동 개발협정에 따라 석유와 천연가스를 공동으로 개발하기로 한 구역이다. 이 구역의 면적은 서울의 약 124배 정도로, 잠재적으로 상당한 양의 석유와 천연가스가 매장된 것으로 추정된다. 일부 자료에 따르면 이 지역의 석유 매장량은 최대 72억 톤에 달할 것으로 보인다(Wikipedia)(OPEC). 한일 양국은 제7광구에서 자원 탐사 및 개발을 공동으로 수행하기로 합의했으며, 이 협정은 1978년 발효되어 50년간 유효하다. 따라서 2028년에 이 협정이 종료될 예정이다. 2028년에 협정이 만료되지만, 그 전에 양국 중 한 나라가 종료를 통보할 수 있으며, 협정은 2025년 6월부터 협정 종료 여부를 통보할 수 있다. 현재 일본은 경제성이 없다는 이유로 개발을 꺼리고 있는 상황이다. 1970년대 말부터 1980년대 중반까지 양국이 탐사를 진행하여 시추공을 뚫었으나, 경제적으로 유의미한 유정을 찾지 못해 본격적인 개발은 이루어지지 않았다. 이후 수십 년간 개발이 중단되었으며, 일본은 협정 만료를 원하고 있지만, 한국은 개발 재개를 추진하려는 움직임을 보인다. 일본은 제7광구 개발에 대해 소극적인 태도를 보여왔으며, 이는 협정이 종료된 후 이 구역을 한국과 중국 간의 분쟁구역으로 만들려는 의도로 분석되기도 한다. 2028년 협정 종료 후 한일 양국이 새로운 협정을 체결하지 않으면 제7광구는 영유권 분쟁으로 이어질 가능성이 있다. 특히, 중국도 이 지역에 대해 권리를 주장할 수 있다. 중국은 제7광구 인근에서 이미 상당한 석유와 가스 채굴 활동을 진행 중이다. 특히 중국은 동중국해에서 수십 개의 시추 시설을 운영하고 있으며, 일부는 7광구 서쪽에 자리 잡고 있다. 중국은 이를 통해 상업적인 천연가스와 원유 생산을 꾸준히 늘려오고 있으며, 춘샤오 가스전 등에서 이미 경제성 있는 생산을 실현하고 있다. 중국은 해양 과학 조사를 명분으로 시추 구조물을 다수 설치해 왔으며, 2022년에도 가스전 개발을 위한 해상 구조물의 설치를 계속 진행하고 있다. 이와 같은 중국의 활동은 한일 공동 개발 구역과 가까운 지역에서 이루어지고 있어, 2028년 한일 협정 만료 이후 중국이 제7광구로 채굴 활동을 확장할 가능성이 우려되고 있다.

2 원유의 생성과 채취 기술

원유는 수백만 년 전의 생물(주로 해양 미생물과 동물성 플랑크톤)들이 바다와 늪지대에 퇴적된 후, 여러 가지 지질학적 과정을 거쳐 생성된다. 원유의 형성 과정에는 특정한 지형적, 지질적 환경이 필요하며, 생성 시기에 따라 특정 지역에 원유가 집중될 가능성이 커진다. 원유는 주로 미세한 유기물이 풍부한 해양 환경에서 퇴적된다. 이 퇴적층이 점토나 모래 같은 퇴적물과 함께 쌓이면서 퇴적암이 된다. 이러한 퇴적암이 원

그림 5-4 배사구조 트랩(왼쪽)과 첨감 트랩(오른쪽)을 나타내는 모식도

유의 주요 모암(source rock) 역할을 한다.

원유 생성 과정에서는 사암이나 석회암 퇴적층이 배사구조 트랩(anticline trap)이나 첨감 트랩(fault trap) 형태로 지질구조를 이루어야 한다고 한다. 배사구조 트랩은 습곡 작용과 암염 돔 밀어 올림으로 인해 지층이 압력을 받아 위로 볼록하게 휘어지는 구조이다(그림 5-4 왼쪽). 배사구조 꼭대기에는 원유와 가스가 빠져나가지 않도록 덮개암이 위치하며, 아래쪽에는 다공성의 저류암(reservoir rock)이 있어 원유와 가스가 저장되어 밀봉된 형태로 존재한다. 이때 원유와 가스가 휘어진 구조의 꼭대기에 모이게 된다. 첨감 트랩은 지각 변동으로 인해 지층이 수평으로 이동하면서 서로 다른 지층이 만나 형성되는 구조이다(그림 5-4 오른쪽). 주로 단층이 생기면서 형성되며, 밀봉층이 존재하는 단층이 만들어진 곳에 원유가 갇힌다. 모암이 수천 미터 아래로 묻히면, 지열과 압력에 의해 퇴적물 속 유기물이 분해되기 시작한다. 이때, 높은 온도(약 60 ~ 120°C)가 유지되는 지층에서 원유가 형성된다. 생성된 원유가 지하에 남아있기 위해서는 그 위에 불투수성 암석층인 덮개암(cap rock)이 있어야 한다. 이 덮개암은 원유가 지표로 새어 나오지 않고 저류암 내에 갇히도록 하는 밀봉 역할을 한다.

원유는 대체로 중생대(2억 ~ 6천6백만 년 전)에서 신생대 초기(약 6천6백만 년 전 이후)에 걸쳐 형성되었다. 특히 중생대 쥐라기와 백악기에 형성된 해양 퇴적층이 원유 매장 층으로 발전할 가능성이 높다. 이 시기에 해양 환경이 폭넓게 존재했던 곳들, 특히 열대 또는 아열대 해양은 원유 생성에 유리했다. 해안가나 대륙 주변의 퇴적 분지는 유기물 퇴적에 최적화된 환경으로, 원유 매장 가능성이 높다. 북해, 페르시아만, 멕시코만 등이 대표적인 예이다. 패시브 대륙 가장자리(passive continental margin)는 판

경계에서 멀리 떨어진 대륙 주변부에 있는 지역으로, 판 운동이 적고 두꺼운 퇴적층이 쌓이기 좋은 환경이다. 예를 들어, 북미 동부 해안과 아프리카 서부 해안이 여기에 해당한다. 대륙 내부의 저지대에 있는 퇴적 분지는 퇴적층이 두껍게 형성될 수 있으며, 주요 석유 생산 지역인 미국 텍사스주의 페름 분지(Permian Basin)처럼 내륙 분지에서도 대규모 원유가 발견될 수 있다. 또 덮개암이 존재하는 구릉 지형에서는 지각 변동으로 인해 원유가 갇히기 쉬운 구조가 형성된다. 대표적으로 중동 지역의 복잡한 주름 구조가 있다. 이와 같은 조건을 고려할 때, 지질학적 연구를 통해 특정 지역의 원유 탐사 가능성을 평가할 수 있으며, 현재도 새로운 퇴적층과 지층을 기반으로 탐사가 진행되고 있다.

석유의 채취 과정은 석유의 압력과 채굴의 경제성을 고려하여 크게 1차, 2차, 3차 회수법으로 나뉜다. 각 단계에서는 원유를 추출하기 위해 다른 기술과 방법이 사용된다. 1차 회수법(primary recovery)은 자연 압력을 이용한다. 지하의 원유는 높은 압력을 받아 원래 위치에 갇혀 있어서 초기에 시추공을 뚫으면 지층의 압력 차이로 인해 원유가 자연스럽게 올라오며, 이 과정을 1차 회수법이라고 한다. 1차 회수 과정에서 압력이 점차 낮아지면 진동 펌프를 사용하여 지하에서 원유를 끌어 올리는 과정까지의 원유 시추이고 지층의 자연 압력만을 사용하기 때문에, 통상적으로 원유 매장량의 약 5~15%만을 회수할 수 있다.

지층의 압력이 낮아져 1차 회수법만으로 충분한 양의 원유를 채취할 수 없게 되면, 물을 지층에 주입하여 압력을 높여 2차 회수(secondary recovery)를 한다. 물을 주입하는 수압 주입법이나 이산화 탄소(CO_2)나 천연가스 같은 기체를 주입하는 가스 주입법으로 원유의 밀도를 낮추고, 유동성을 증가시켜 원유가 더 쉽게 추출되도록 한다. 2차 회수법을 통해 원유의 총매장량의 30 ~ 40%까지 회수할 수 있다.

3차 회수법(tertiary recovery) 또는 향상 회수법(enhanced oil recovery, EOR)에서는 원유의 점도를 낮추기 위해 증기 주입(steam injection) 같은 방법으로 열을 가하여 원유를 액화시키고 유동성을 높인다. 주로 타르 샌드 같은 점도가 높은 원유에 유용하다. 계면활성제와 같은 화학 물질을 주입하여 원유와 물의 계면장력을 낮추어 원유가 더 쉽게 이동하도록 만들기도 한다. 고온 고압의 CO_2를 주입하여 원유가 기화되거나 이동성을 높여 추가로 추출하는 가스 주입법(고급 EOR)도 있다. 3차 회수법을 통해 약

60% 이상의 원유를 회수할 수 있다. 이 방법은 주로 회수율을 최대화하고 경제성을 높이기 위해 사용된다.

Quiz

✓ 다음 에너지에 대한 설명에서 맞으면 O, 틀리면 X 하시오.

1) 2020년 이후 원유 생산은 감소 추세를 보이는데 이는 유정의 고갈 때문이다. ( )

답 X (원유 생산 감소는 팬데믹으로 인해 경기 위축, 원유 수요의 감소가 원인이고, 또 OPEC과 러시아를 포함한 OPEC+ 국가들이 가격 안정을 위해 협력하여 생산량을 조절하였기 때문이다.)

2) 미국의 원유 생산량은 급증은 셰일 혁명(shale revolution)으로 원유와 천연가스의 생산 증가 때문이다. ( )

답 O (미국의 원유 시장점유율은 2013년 11%에서 2023년 17%로 증가하였다.)

3) 원유를 가열해 다양한 끓는점에 따라 분리하는 것을 증류 공정이라고 한다. ( )

답 O (원유는 혼합물로 증류를 통해 분리한다.)

3 원유의 증류

원유는 유정에 따라 그 성분 조성에 차이가 있다. 원유 중의 탄화수소는 파라핀계(C_nH_{2n+2}) 탄화수소, 나프텐계(사이클로파라핀) 탄화수소 또는 방향족계 탄화수소로 되어 있다. 일반적으로 지질 시대가 오래되고, 유정이 깊은 곳의 원유는 파라핀계 탄화수소가 많은데, 이 원유는 파라핀기 원유(paraffin base crude oil)로 경질분이나 왁스 성분이 풍부하고 비중이 작고 흐름성이 좋다고 한다. 이에 비해 유정이 얕으면 나프텐계 탄화수소가 많고 중질유분이나 아스팔트가 많이 포함되어 비중도 크고 흐름성도 나빠지는데, 이것을 나프텐기 원유(naphthene base crude oil)라고 한다. 대한민국에서 수입해 오는 중동산 원유는 일반적으로 API 중력도가 낮아(API 30 이하) 중질 원유로 분류되는 사우디아라비아의 아랍 중질유(Arab Medium이나 Arab Heavy)가 주류를 이루나 API 중력도가 높은 아랍 경질유(Arab light, API 32~34)를 수입하기도 한다. 원유의 증류는 정유 과정에서 가장 중요한 단계로, 다양한 성분을 분리하여 연료와 다른 석유제품을 생산하는 기술이다. 증류는 각 성분의 끓는점 차이를 이용하여 원유를 분리하는 과정을 포함한다.

3-1 분별 증류 원리

원유 증류는 증류탑에서 온도에 따라 다양한 분리 산물이 생산되며, 각 성분은 특정 온도 범위에서 분리된다(그림 5-5). 증류탑은 여러 층의 트레이(tray)로 구성되어 있으며, 각 층에서 특정 끓는점의 성분이 응축되어 이를 분별 증류(fractional distillation)라고 한다. 액화석유가스(LPG)는 가벼운 기체 화합물들로 증류 공정의 가장 낮은 온도인 약 20 ~ 40°C 트레이를 통해 분리된다. 이 영역에서 생산되는 1 ~ 3% 수율의 LPG 주성분은 프로페인과 뷰테인이며 가정용 연료나 화학 공정의 원료로 사용된다. 증류 공정의 40 ~ 75°C 트레이에서는 가솔린(gasoline)이 분리되며, 경질 유분 중 하나로 자동차 연료 등으로 사용된다. 중동 원유는 휘발유 함유량이 상대적으로 낮은 편이다. 중동산 원유에는 약 8% 정도가 생산된다. 나프타(naphtha)는 75 ~ 150°C에서 분리되며, 석유화학 공정의 원료로 사용된다. 중동 원유의 나프타 수율은 12% 정도로 비교적 낮으나 석유화학 수요에 따라 중요한 역할을 한다. 가솔린과 등유가 약 20% 정도 증류되어 생산되는데 온도를 200°C까지 올리면 30%까지 늘어난다.

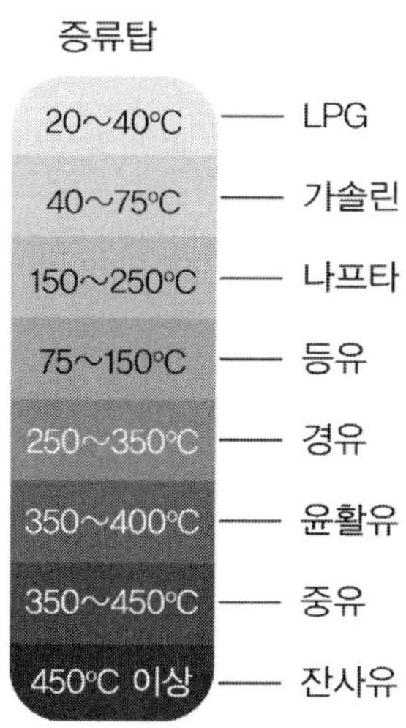

그림 5-5 원유 증류탑의 각 온도 범위에서 분류되어 나오는 주된 생산물

분별 증류에서 150 ~ 250°C 층에서는 등유(kerosene)가 9 ~ 15%의 수율로 분리되는데, 항공연료와 난방용 연료로 사용된다. 경유(diesel)는 약 20 ~ 30%가 250 ~ 350°C에서 분리되어 생산된다. 중동산 원유는 경유 성분이 비교적 풍부하여, 주로 자동차와 산업용 연료로 사용된다. 상압에서 단순 분별 증류하면 중동산 원유의 40% 이상~절반 정도는 윤활유, 중유(heavy gas oil, 약 15 ~ 40%)와 잔사유(residual oil, 약 5%)로 생산된다. 중유는 약 350 ~ 450°C에서 분리되며, 산업용 난방 연료(벙커 A/B/C유)로 사용된다. 중동 원유의 주요 성분 중 하나로, 중질 및 잔사유 비율이 높은 특징이 있다. 잔사유는 450°C 이상의 고온에서도 남아있는 무거운 성분으로, 아스팔트, 타르 등으로 사용된다. 중동산 원유는 특히 이 잔사유의 비율이 5% 이상으로 높아, 아스팔트와 같은 고밀도 산업 제품에 적합하다. 중유와 잔사유는 진공 증류탑으로 보내져 감압 증류(vacuum distillation)하게 되면 경질 진공 가스 오일이나 중질 진공 가스 오일(HVGO, heavy vacuum gas oil)로 변환된다.

경질 진공 가스 오일(LVGO, light vacuum gas oil)은 약 15 ~ 25% 수율로, 디젤 및 항공연료의 원료로 사용되고, HVGO는 약 20 ~ 30% 수율로, 윤활유 원료 또는 하이드로 크래킹 공정의 원료로 사용된다. 감압증류 후에 얻은 무거운 성분들을 진공 잔사유(vacuum residuum)라 하는데 약 50% 이상의 수율로 얻어진다. 진공 잔사유는 아스팔트, 비스브레이킹, 코킹과 같은 공정으로 처리하여 다양한 산업용 제품으로 전환된다. 개질 같은 추가 기술을 통해 무거운 성분을 더 가벼운 연료로 변환한다. 예를 들어, 열분해(thermal cracking), 촉매 분해(catalytic cracking) 등을 통해 디젤이나 나프타로 전환할 수 있다. 또한, 정제(treatment) 과정을 거쳐 불순물을 제거하고, 연료의 품질을 높이는 과정도 필요하다.

3-2 유동접촉분해 공정을 통한 중질유 개질

유동접촉분해(FCC, fluid catalytic cracking)는 원유 정제 과정에서 중질유를 가벼운 연료로 변환하는 공정으로, 주로 휘발유와 프로필렌 같은 가벼운 탄화수소를 생산하는 데 사용된다. FCC 공정은 원유 정제에서 중요한 역할을 하며, 대기압 및 감압증류 후 남은 중질유를 더 높은 부가가치의 제품으로 전환한다.

FCC 공정에서는 열과 촉매를 사용해 중질유를 분해한다. 이때 제올라이트 기반의 미세한 고체 촉매가 유동 상태로 중질유와 접촉하여 화학 반응이 일어난다. FCC의 핵심 장비는 유동층 반응기(fluidized bed reactor)이다. 여기서 중질유가 고온에서 촉매와 혼합되면 분해가 촉진되어 가벼운 탄화수소로 변환된다. 반응기는 약 500°C에서 작동하며, 짧은 시간 내에 빠르게 반응이 일어나도록 한다. 반응 후 촉매 표면에 탄소 침적물이 남아 촉매 활성도가 저하되는데, 이를 제거하기 위해 재생기(regenerator)에서 산소를 이용해 연소시킨다. 이렇게 재생된 촉매는 다시 반응기로 순환된다. FCC 공정의 주요 산물은 휘발유(gasoline)이다. 약 45 ~ 55% 정도의 수율을 보이며 자동차 연료로 사용된다.

FCC 공정의 또 다른 산물인 LPG(액화석유가스)는 약 10 ~ 20%의 수율을 차지하며, 프로페인과 뷰테인으로 구성되어 가정용 연료 및 석유화학 원료로 쓰인다. FCC 공정은 또한 석유화학 산업에 필요한 원료인 프로필렌(propylene)을 생산하는데, 이는 화학 제품과 플라스틱 제조에 사용된다. 일부 FCC 공정에서는 디젤(diesel)도 소량 생산될 수 있으나, 주로 휘발유 및 경질 탄화수소 생산에 집중된다. FCC 공정이 채택되면 중질유에서 휘발유와 같은 고부가가치 제품을 높은 수율로 생산할 수 있어 경제적이어서 현대 정유공장의 필수 공정으로 자리를 잡고 있다.

표 5-1은 열분해법과 접촉분해 생성물을 비교한 것이다.

표 5–1 (a) 열분해와 (b) 접촉분해 생성물의 비교

(a) 열분해	(b) 접촉분해
• 올레핀, 특히 에틸렌의 생성량이 많아진다. • 방향족 생성물이 적다. • 코크스나 타르 질이 많이 생성된다. • 다이올레핀이 비교적 많다.	• C_3~C_6의 올레핀이 많이 생성되며 파라핀계가 많다. • 방향족 생성물이 많다. • 탄소 질의 석출이 적다. • 다이올레핀은 거의 생성되지 않는다.

3-3 메록스 공정과 클라우스 탈황 공정

메록스(Merox) 공정은 주로 LPG, 나프타, 등유, 항공유 등에서 악취와 부식성이 강한 머캅탄(mercaptan)을 제거하여 황 함량을 줄이고 연료 품질을 개선하는 방법이다. 메록스 공정의 주요 생성물은 다이설파이드(disulfide)로, 머캅탄을 산화하여 화학적으로 안정적이고 냄새가 덜한 형태로 전환한 것이다. 메록스 공정을 거친 후에는 황 함량이 줄어든 스위트(sweet) 연료가 생산된다. 특히 항공유와 같은 연료는 이 공정을 통

해 황 함량이 낮아져 규제 기준을 충족할 수 있다. 생성된 다이설파이드는 대개 폐기되거나, 때에 따라 추가 처리하여 다른 용도로 활용될 수 있다. 메록스 공정은 분리 또는 제거 공정이므로, 실제로 연료의 총의 생산량에 큰 영향을 미치지 않으며, 대부분 머캅탄이 99% 이상 제거된다. 이를 통해 연료 내 황 함량이 감소하지만, 전체 연료 수율에는 큰 변화가 없다. 메록스 공정은 비용 효율적이며, 다른 황 제거 방법보다 설치와 운영이 간단하다는 장점이 있어 정유소에서 널리 사용되고 있다.

클라우스 탈황 공정(Claus process)은 정유소나 천연가스 처리 공정에서 발생하는 황화 수소(H_2S) 가스를 처리해 황(sulfur)을 회수하는 공정이다. 이는 황 함유 화합물이 연소 시 대기 중으로 배출되어 환경에 해를 끼치는 것을 방지하며, 회수된 황은 화학 산업에서 유용하게 사용된다. 클라우스 공정은 황화 수소 가스를 약간의 산소와 함께 연소하여 일부를 황으로 전환하고, 이때 발생하는 열과 물(H_2O)을 제거한다. 그 후 생성된 이산화 황(SO_2)과 잔여 황화 수소를 반응시켜 황을 생성한다. 이 반응은 알루미늄 산화물이나 실리카 알루미나를 촉매로 사용하며 약 300 ~ 350°C의 온도에서 작동한다. 황은 99% 이상 회수될 수 있으며 대기 오염을 줄이고 경제적으로 유용한 황을 회수할 수 있어 클라우스 공정은 정유 및 천연가스 처리 시설에서 널리 사용된다.

3-4 수첨 탈황 공정

수첨 탈황 공정(hydrodesulfurization, HDS)은 고온, 고압 조건에서 수소(H_2)를 첨가해 황 화합물을 직접 제거하는 촉매 반응이다. 황 화합물(주로 황화 수소)을 수소와 반응시켜 황을 제거하고, 이를 기체 상태의 황화 수소로 전환하여 추출한다. HDS는 코발트–몰리브데넘(Co-Mo) 촉매를 사용하여 고온(약 300 ~ 400°C) 및 고압(10 ~ 130 atm)에서 반응한다. 이 공정은 황을 제거하는 데 매우 효과적이어서, 연료 내 황 함량을 대폭 줄일 수 있다. HDS 공정은 중질유, 디젤, 등유 등 황 함량이 높은 연료에 주로 사용되며, 저황화 연료 규제를 충족하기 위해 필수적이다, 메록스 공정은 산화를 통해 머캅탄을 다이설파이드로 변환하지만, HDS는 수소화 반응을 통해 황을 직접 제거한다. 그래서 메록스 공정은 경질유(휘발유, LPG) 등에 적합하고, HDS는 중질유와 황 함량이 높은 연료에 적합하다. 메록스는 저온, 저압에서 수행되며 비용이 적게 드는 반면, HDS는 고온, 고압이 필요하여 더 많은 에너지를 소비한다.

3-5 CCR 플랫포밍

UOP사의 CCR 플랫포밍(cyclic catalytic reforming, CCR Platforming)은 연속 촉매 재생 방식으로, 나프타(naphtha)와 같은 원료를 고옥테인값의 휘발유 성분과 석유화학 원료로 전환하는 공정이다. CCR 플랫포밍은 연속적 촉매 재생을 통해 높은 효율과 촉매 수명을 유지하는데, 특히 옥테인값이 높은 휘발유를 만들고, 방향족 탄화수소(벤젠, 톨루엔, 자일렌)를 생산하는 데 주로 사용된다. CCR 공정에서 촉매는 연속적으로 순환하면서 재생된다. 반응 중에 촉매는 점점 코크스(cokes)로 덮이게 되며, 이는 촉매 성능을 저하한다. CCR 공정에서는 연속적인 촉매 재생 시스템을 통해 촉매 표면에 형성된 코크스를 제거하여 촉매 활성을 유지한다. 일반적인 플랫포밍 반응에서는 시간이 지나면서 촉매가 피독될 수 있지만, CCR 플랫포밍은 재생기를 통해 촉매에 쌓인 탄소 침적을 제거하여 촉매의 활성도를 유지한다. CCR 플랫포밍 공정의 핵심은 촉매가 지속해서 재생되는 기능이다. 촉매는 재생 구역으로 이동하며, 여기서 코크스가 태워져 제거되고 재생된 촉매는 다시 반응기에서 사용된다. CCR 플랫포밍은 고온(약 500°C)과 저압(3 ~ 5 bar)에서 작동하며, 원료의 저옥테인값 구성 요소를 고옥테인값 방향족으로 전환한다. 이를 통해 고품질 휘발유와 BTX(벤젠, 톨루엔, 자일렌)를 생산하게 된다.

CCR 플랫포밍은 연속 촉매 재생 방식 덕분에 촉매를 주기적으로 교체할 필요 없이, 연속적으로 반응기와 재생기를 순환하므로 운영의 안정성이 높다. 또한, 이러한 연속적인 작동 방식 덕분에 공정 효율성이 높아진다. 석유화학 산업의 기초원료인 BTX 화합물은 플라스틱, 고무, 섬유 등 석유화학 제품의 원료로 활용되며, CCR 플랫포밍 공정을 통해 이를 안정적으로 생산할 수 있다. 나프타를 개질하는 리포밍 공정에 사용되는 촉매 시스템은 석유화학엔지니어링 회사마다 차이가 있어 반응 온도와 압력이 달라진다.

표 5-2 나프타 개질 리포밍 공정에 사용되는 촉매 시스템

명칭	촉매	온도(°C)	압력(atm)	방식
하이드로포밍법(Hydroforming process, Kellogg사)	MoO_3-Al_2O_3-SiO_2	450-550	20	고정상
플랫포밍법(Platforming process, UOP사)	Pt-Cl-Al_2O_3-SiO_2	450-500	10-50	고정상
레니포밍법(Rheniforming process, CRC사)	Pt-Re-Al_2O_3-SiO_2	470-520	10-15	고정상

3-6 Delayed Coking

Delayed Coking은 정유 공정에서 대기 및 감압증류 후 남는 가장 무거운 잔사유(진공 잔사유)를 처리하여 나프타와 가스 오일과 같은 고부가가치 제품으로 전환하는 열분해 공정이다. 이 공정은 중질유를 높은 온도로 가열하여 휘발유, 디젤, 제트 연료와 같은 가벼운 탄화수소로 분해하고, 공정 부산물로 고체 형태의 석유 코크스(petroleum coke)를 생산한다. 원료는 450 ~ 500°C의 고온과 2 ~ 5 kg/cm^{2}의 압력에서 열분해된다. 이 과정에서 중질 탄화수소가 분해되어 휘발유, 디젤 등의 경질 탄화수소와 코크스를 생성한다. 이때 높은 온도로 열분해되기 전, 반응이 즉시 일어나지 않고 가열이 지연되어 특정 드럼(coke drum)에서 코크스가 천천히 형성되는 딜레이드(deferred) 방식으로 연속적으로 진행되기 때문에 '딜레이드 코킹'이라고 불린다. 딜레이드 코킹에서 원료는 주로 잔사유나 아스팔트와 같은 중질유이고, 주요 생성물로는 석유 코크스, 코커 나프타(coker naphtha), 경질 및 중질 코커 가스 오일(coker gas oil) 그리고 가스(LPG 포함)이다. 석유 코크스는 약 20 ~ 30%로 주로 산업용 연료, 알루미늄 제조용 음극 등에 사용된다. 약 10 ~ 20% 생산되는 코커 나프타는 정제 후 휘발유로 전환된다. 경질 및 중질 코커 가스 오일은 약 30 ~ 50% 생산되며 디젤, 난방유, 또는 하이드로 크래킹 공정의 원료로 사용된다. LPG 포함 가스는 약 5 ~ 10% 수율로 얻어지는데 연료 또는 석유화학 원료로 활용된다. 딜레이드 코킹은 중질유를 처리하여 에너지원과 화학 원료로 활용할 수 있게 하는 중요한 정제 공정으로, 석유 산업에서 많이 사용되고 있다.

3-7 BTX 종합처리 공정과 그 세부 공정

UOP는 미국의 석유화학 및 정유 산업 엔지니어링 회사로 혁신적인 기술 개발을 목적으로 1914년 설립되었다. 휘발유 품질을 향상하는 촉매 개질 공정을 개발하였고 이는 이후 석유 정제 산업의 기초가 되었다. Honeywell의 자회사로 운영되며, 지속적인 기술 혁신을 통해 전 세계 석유나 가스 처리 기업에 필수적인 공정과 기술을 공급하고 있다. UOP의 플랫폼 공정은 원유 처리부터 최종 제품의 생산까지 전 과정을 최적화하는 기술을 제공하여 효율성을 극대화하고, 환경적인 부담을 최소화한다. 또 정유 및 화학 공정에 필수적인 수소를 대량으로 생산할 수 있어 수소화 공정과 다른 석유화학 공정에서 중요한 역할을 한다. UOP는 다양한 고성능 촉매를 제공하며, 이를 통해 정제 공정에서 높은 반응성, 긴 촉매 수명, 에너지 효율성을 제공한다.

UOP의 BTX 종합처리 공정(BTX complex)은 석유화학 산업에서 벤젠(B), 톨루엔(T), 자일렌(X) 같은 방향족 화합물의 고순도 생산을 목표로 하는 공정이다. 주요 공정과 각 공정의 역할은 다음과 같다. CCR 플랫포밍은 나프타를 방향족(BTX) 화합물로 전환하는 공정으로 고온, 저압 조건에서 백금 기반 촉매를 사용해 고옥탄가 휘발유 및 방향족 화합물을 생산한다. 설포레인 공정(sulfolane Process)은 BTX에서 고순도의 방향족을 추출하는 공정으로, 방향족과 비 방향족 화합물을 분리하는 데 사용된다. 용매로 설포레인(sulfolane)을 사용하여 방향족을 효과적으로 추출한다. 높은 선택성과 추출 효율로 인해 BTX에서 벤젠, 톨루엔, 자일렌을 순수하게 분리하는 데 중요한 역할을 한다. THDA 공정(toluene hydrodealkylation)은 톨루엔을 벤젠으로 전환하는 공정으로, 수소를 첨가하여 톨루엔의 알킬기를 제거하여 벤젠을 생산한다. 벤젠 수요가 높은 경우, 톨루엔을 벤젠으로 전환하여 고부가가치 화학 제품으로의 전환 효율을 높인다. Parex 공정은 파라자일렌(p-Xylene)을 선택적으로 분리하는 공정으로, 흡착 분리 방식을 통해 다른 자일렌 이성질체에서 파라자일렌을 분리한다. Parex 공정에는 ZSM-5 zeolite를 촉매로 사용하는데, 톨루엔의 메틸레이션 반응 시 선택적으로 para-xyrene만 생산된다. 폴리에스터와 같은 합성 섬유는 테레프탈산(terephthalic acid)과 지방 알코올(fatty alcohol)의 반응으로 만들어지는데 순수한 테레프탈산은 파라자일렌의 산화로 얻어진다. 그래서 파라자일렌을 선택적으로 합성하는 기술이 필요하며 UOP의 Parex 공정이 이 기술을 제공한다. 파라자일렌은 PET(폴리에틸렌 테레프탈레이트) 플라스틱 제조에도 사용된다. Isomar 공정(isomerization of mixed xylenes)은 자일렌의 이성질화 공정으로, 혼합 자일렌에서 필요한 파라자일렌의 수율을 증가시키는 역할을 한다. 메타자일렌과 오쏘자일렌을 파라자일렌으로 전환해 파라자일렌의 생산 효율을 높인다. 이는 Parex 공정과 연계하여 사용된다. 이러한 세부 공정은 UOP의 BTX 처리 복합공정에서 BTX를 고순도로 추출, 전환, 분리하여 다양한 석유화학 제품을 생산하는 데 필수적인 역할을 한다.

3-8 LUMOS 공정(에틸렌 생산 기술)

Lummus Technology의 LUMOS 공정은 최신 에틸렌 생산 기술로, 에테인이나 나프타 같은 원료를 고순도의 에틸렌, 프로필렌과 같은 올레핀 제품으로 전환하기 위해 사용된다. Lummus의 특허 기술인 Short Residence Time(SRT) 열분해기는 짧은 반응 시간을 제공하여 에틸렌 수율을 극대화하며, 효율적이고 환경친화적인 방식으로 높은 에너지 효율과 낮은 운영 비용을 제공하여 전 세계 40%의 에틸렌 제조에 활용되고 있다. SRT 열분해기로 에틸렌 생산 시에는 짧은 반응 시간을 통해 최대 수율을 달성하며, 다양한 원료를 처리할 수 있다. 또 기존 열분해 공정보다 에틸렌 수율이 높고, 다양한 용량과 설계 유연성을 갖추고 있다. 이 공정은 고온 고압의 열분해를 이용해 에틸렌과 프로필렌을 생산하며, 냉각 공정과 일체화된 설계를 통해 에너지 소비를 최소화하고, CO_2 배출량을 줄이는 등 친환경적 설계를 특징으로 한다. LUMOS 공정에서 에틸렌의 수율은 원료와 운영 조건에 따라 다르지만, 통상 30~50%에 달하며, 부가적으로 프로필렌과 뷰타다이엔 같은 고부가가치 제품도 생산된다. 국내 에틸렌 생산 능력은 연간 1,413만 톤 정도로 중국, 미국, 사우디아라비아, 인도에 이어 세계 5위의 생산력을 보이는데, 여수, 대산, 울산 석유화학 콤비나트에서 생산된다.

4 Shale gas/타이트 오일

셰일 가스는 주로 셰일 암석 내에 갇힌 천연가스로, 흔히 메테인으로 구성된다. 타이트 오일(tight oil)은 셰일이나 타이트한 사암 같은 저투과성 암석에 존재하는 원유로, 채굴이 어려운 비전통 석유 자원이다. 이 두 자원은 전통적인 방법으로는 경제적 채굴이 어렵지만, 수압 파쇄(hydraulic fracturing)와 수평 시추(horizontal drilling) 기술 덕분에 경제성이 확보되었다. 전 세계 셰일 자원 매장량 중에서 셰일 가스는 약 200조 입방미터(TCM)의 추정 가능한 매장량이 있으며, 중국이 약 31.6 TCM으로 가장 많고, 미국이 17.6 TCM, 아르헨티나와 알제리가 각각 22.7 TCM, 20 TCM으로 주요 보유국이다. 셰일 자원 매장량 중에서 타이트 오일은 미국은 약 78억 배럴의 매장량을 보유해 최대 보유국으로 평가되며, 러시아, 중국, 아르헨티나 등도 높은 매장량을 보유하고 있다. 셰일 가스와 타이트 오일의 채굴은 석유나 가스 시장에 혁신을 일으켰으며, 특히 미국은 이를 통해 주요 에너지 수출국으로 부상하게 되었다.

미국의 셰일 가스 및 타이트 오일 생산은 주로 수압 파쇄와 수평 시추 기술에 의존하며, 이 기술들이 셰일 자원의 대량생산을 가능하게 했다. 2024년 기준으로, 셰일 가스와 타이트 오일 생산은 마셀러스(Marcellus), 유티카(Utica), 헤인즈빌(Haynesville) 셰일층에서 활발하게 이루어지고 있다. 특히 퍼미안(Permian) 분지는 미국 내 타이트 오일 생산의 중심지로 자리 잡고 있으며, Exxon Mobil과 Chevron 등 주요 생산 기업이 꾸준히 생산을 확대하고 있다.

수압 파쇄(그림 5-6)는 고압의 물, 모래, 화학 물질을 주입해 지층에 인공적인 균열을 만들어 가스와 오일이 흐를 수 있는 통로를 마련하는 방식이다. 수평 시추는 지층에 수직으로 들어간 후 수평으로 확장하여 넓은 지역에서 자원을 추출할 수 있도록 한다. 이 두 기술을 결합함으로써 미국은 전통적으로 채굴하기 어려웠던 셰일과 타이트 지층에서 석유나 가스를 대량으로 생산할 수 있게 되었다. 2024년 셰일 가스 생산량은 하루 81.2억 입방피트(Bcf/d)로 전체 미국 가스 생산의 약 80%를 차지하며, 타이트 오일은 약 850만 배럴/일로 미국 전체 원유 생산의 60% 이상을 차지한다. 이러한 셰일 자원 개발은 미국을 세계 최대 석유 및 가스 생산국으로 만들었으며, 기술적 발전과 효

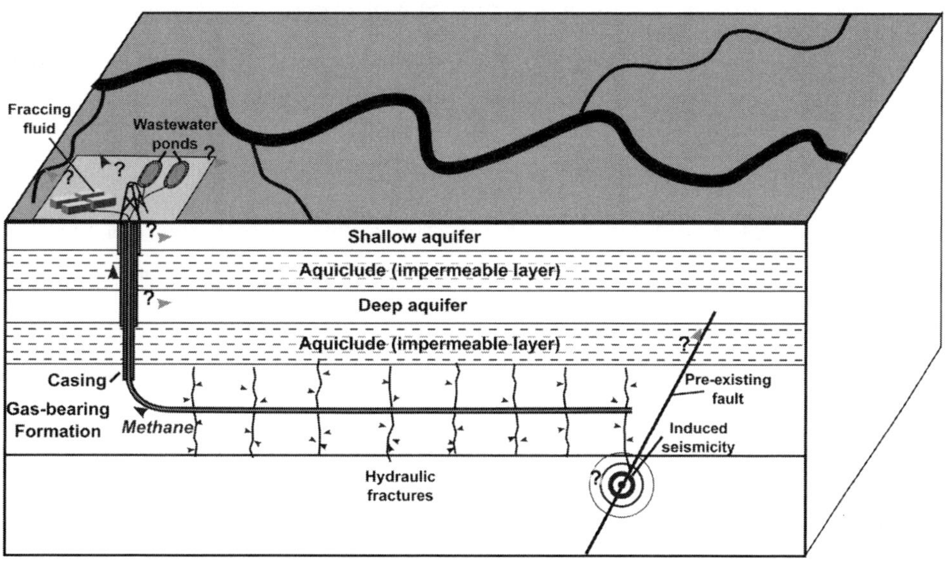

그림 5-6 수압 파쇄 공법을 활용한 셰일가스 추출(Mikenorton, CC BY-SA 3.0, Wikimedia Commons)

율성 향상으로 인해 생산 단가를 낮추고 수익성을 높이는 데 기여하고 있다. 셰일 자원은 미국에서 에너지 자급률을 높이는 데 이바지해 주요 에너지 수출국으로 부상하게 했으며, 미국의 에너지 수입 의존도를 낮추고 에너지 안보를 강화할 수 있었다.

천연가스는 석탄보다 이산화 탄소 배출량이 적기 때문에 셰일 가스를 이용한 발전이 증가하면 온실가스 배출 감소에 이바지할 수 있다. 셰일 가스가 석탄을 대체하면서 탄소 배출 감소에도 기여하고 있고 셰일 가스 개발은 미국과 같은 주요 산유국에서 고용 창출과 지역 경제 발전을 촉진했다. 에너지 산업의 발전으로 일자리가 창출되고, 셰일 가스 개발 지역에서 관련 산업이 활성화되었다.

그러나 셰일 가스 개발에 대한 비판론도 높다. 특히 셰일 가스 채굴에서 가장 큰 문제는 수압 파쇄 공정에서 많은 양의 물과 화학 물질이 사용되어 환경 오염이 심하다는 점이다. 높은 압력으로 물과 화학 물질을 지하에 주입하여 셰일층에 균열을 만들어 가스를 추출하는 과정에서 지하수 오염 가능성이 커지며, 주변 수원에 영향을 미칠 수 있다. 일부 연구는 채굴 공정에서 발생하는 화학 물질이 지하수로 유입되어 음용수 오염을 초래할 위험이 있다고 지적하기도 했다. 셰일 가스가 천연가스로서 연소 시 석탄보다 낮은 이산화 탄소를 배출하지만, 채굴 과정에서 메테인 누출이 발생할 수 있다. 메테인은 이산화 탄소보다 훨씬 강력한 온실가스로서 기후 변화에 큰 영향을 미칠 수 있으며, 일부 보고서는 메테인 누출이 셰일 가스 개발의 전체 환경적 이점을 상쇄할 수 있다고까지 주장한다. 또한 수압 파쇄로 인한 지층의 변형으로 지진 발생 위험이 높아질 수 있다. 일부 지역에서는 파쇄 과정에서 발생한 소규모 지진이 보고되었으며, 이는 특히 인구가 밀집한 지역에서 큰 우려를 불러일으킨다.

셰일 가스 개발은 초기 투자 비용이 많이 들고, 고갈 속도가 빨라서 지속 가능한 장기 투자처로서의 안정성에 의문이 제기된다. 셰일 유전의 경제성은 유가에 민감하게 반응하기 때문에 유가 하락 시 손실이 커질 위험이 있다. 또한, 지역 경제의 일시적 호황 이후 고용 감소 및 지역 경제의 불안정성 문제도 발생할 수 있다. 이와 같은 비판으로 인해 셰일 가스는 재생 가능 에너지로의 전환을 늦추고 환경에 부담을 주는 과도기적인 자원으로 여겨지기도 한다.

5 오일샌드

오일샌드는 주로 모래, 점토, 물, 그리고 초중질 원유인 비투멘(bitumen)으로 구성된 자원으로, 전통적인 원유 채굴 방식으로는 쉽게 채취할 수 없다. 고온, 고압을 이용한 특별한 추출 방식이 필요하다. 이 자원은 석유가 모래와 혼합된 형태이기 때문에 비전통 원유(non-conventional oil)로 분류된다. 전 세계에서 오일샌드의 주요 매장지는 캐나다와 베네수엘라에 집중되어 있다. 베네수엘라 오리노코 벨트(Orinoco Belt)에 약 3,000억 배럴의 오일샌드가 매장되어 있다. 이는 세계 최대 매장량 중 하나로 평가된다. 캐나다는 약 1,690억 배럴로, 세계에서 세 번째로 많은 오일샌드 매장량을 가지고 있으며, 주로 앨버타주의 애서배스카(Athabasca) 오일샌드 지역에 위치한다. 이 외에도 미국과 러시아, 중동 일부 지역에 오일샌드가 존재하지만, 경제적이거나 환경 측면으로 상업적 개발이 제한적인 경우가 많다. 오일샌드의 채굴에는 막대한 물과 에너지가 필요해 환경 오염, 생태계 파괴, 온실가스 배출 문제가 심각하게 제기되고 있으며, 추출 과정에서의 높은 비용도 중요한 고려 사항으로 작용한다.

대한민국도 에너지 자원 확보와 수입의존도 감소를 위해 캐나다 오일샌드에 투자했지만, 다양한 이유로 일부 프로젝트에서 성과를 내지 못했다. 2000년대 초반, 한국의 한국석유공사(KNOC)와 한국투자공사(KIC)는 캐나다 앨버타주의 오일샌드 개발에 상당한 자금을 투입했는데, 대표적으로 Harvest Operations와 같은 현지 기업의 주식을 매입하고, BlackGold 프로젝트에 투자했다. 그러나 이 투자들은 예상보다 경제적 이익을 거두지 못했으며, 몇 가지 주요 실패 요인이 있었다. 오일샌드 개발은 비용이 많이 들고, 경제성이 유가에 크게 의존한다. 2014년 유가 급락 이후, 오일샌드 프로젝트의 수익성이 감소하면서 한국의 투자 수익에 부정적 영향을 미쳤다. 오일샌드 채굴은 환경에 미치는 영향이 크고, 캐나다 내 환경 규제가 강화되면서 운영 비용이 증가했다. 이에 따라 프로젝트 유지가 어려워졌다. 오일샌드 추출은 복잡한 공정과 고도의 기술이 필요하며, 운영에 어려움이 뒤따른다. 특히 원유 추출이 까다롭고 물, 에너지 자원이 많이 소모되기 때문에 비용이 예상보다 증가했다. 이러한 문제들로 인해 한국은 캐나다 오일샌드 투자에서 기대했던 만큼의 성과를 얻지 못했으며, 이에 따라 해외 에너지 자산 투자에 있어 더욱 신중한 접근이 필요하다는 평가를 받고 있다.

Quiz

✓ 다음 에너지에 대한 설명에서 맞으면 O, 틀리면 X 하시오.

1) 메록스(Merox) 공정은 디젤의 NO_x를 저감하는 공정이다. (   )

답 X (메록스(Merox) 공정은 주로 LPG, 나프타, 등유, 항공유 등에서 악취와 부식성이 강한 머캅탄(mercaptan)을 제거하여 황 함량을 줄이고 연료 품질을 개선하는 방법이다.)

2) 증류탑은 여러 층의 트레이(Tray)로 구성되어 있으며, 각 층에서 특정 끓는점의 성분이 응축되는대 이를 분별증류라 한다. (   )

답 O (원유 증류는 증류탑에서 온도에 따라 다양한 분리 산물이 생산되며, 각 성분은 특정 온도 범위에서 분리하는 공정이다.)

3) 유동접촉분해(FCC, Fluid Catalytic Cracking)는 중질유에서 휘발유를 생산하는 공정이다. (   )

답 O (유동접촉분해는 원유 정제 과정에서 중질유를 가벼운 연료로 변환하는 공정으로, 주로 휘발유와 프로필렌 같은 가벼운 탄화수소를 생산하는 데 사용된다.)

연습문제

01 **석유에 대한 설명으로 잘못된 것은? (   )** (객관식)

① 원유를 가열해 다양한 끓는점에 따라 분리하는 것을 증류 공정이라고 한다.

② 정유는 원유를 여러 성분으로 분리해 사용할 수 있는 형태로 만드는 과정이다.

③ 원유는 3차례에 걸친 횟수 공정의 채택으로 60% 이상 원유 회수가 가능하다.

④ 원유를 증류하면 200°C 부근에서 휘발유가 생산되어 자동차 연료로 사용된다.

02 **UOP의 CCR 플랫포밍은 나프타를 고옥테인값의 휘발유 성분과 석유화학 원료로 전환하는 공정이다. (   )** (O, X 문제)

03 **폴리에스터와 PET 고분자의 원료 물질인 테레프탈산을 만들기 위해 파라자일렌을 선택적으로 생산하려면 어떤 공정을 사용해야 하는가?** (주관식)

6장

천연가스와 에너지 변환

1 천연가스 에너지

1-1 천연가스 자원의 확인 매장량과 채굴 가능 연수 그리고 국가별 매장량

천연가스는 주로 메테인(CH_4)으로 구성된 화석연료로, 지구의 깊은 지층에서 생성된 가스를 채집한 것이다. 천연가스는 가정용, 상업용, 산업용 에너지 공급원으로 사용되며, 발전과 난방, 연료용으로도 활용된다. 이 가스는 연소 시 온실가스 배출이 적어 석탄과 석유에 비해 상대적으로 친환경적인 연료로 평가되며, 수송이 쉬운 형태로 가공되어 액화천연가스(LNG)로 전 세계에 공급된다. 전 세계적으로 확인된 천연가스 매장량은 2020년 기준으로 약 188조 m^3이다. 현재 소비 속도에 비추어 볼 때 약 50년에서 60년 동안 사용할 수 있는 양이다. 주요 매장 국가는 러시아, 이란, 카타르, 미국, 사우디아라비아 등이며, 이들 국가가 전체 매장량의 약 60% 이상을 보유하고 있다. 특히 러시아와 중동 지역이 상당한 양의 천연가스를 공급하고 있으며, 이는 지구 에너지 공급의 중요한 부분을 차지하고 있다. 천연가스 매장량 수치는 30년 전에 비하면 두 배 늘어난 수치로 적극적인 탐사로 경제성이 확보되면서 채굴할 수 있는 천연가스의 추정량이 증가하였음을 의미한다. 특히 중국의 천연가스 매장량은 지난 10년 동안 매년 11% 이상씩 증가하였고, 미국의 매장량도 5% 이상씩 증가하였다. 확인 매장량은 경제적으로 채굴할 수 있는 양을 의미하며, 지질학적 데이터와 기술적 분석을 바탕으로 계산된다. 이러한 확인 매장량은 미래의 기술 발전이나 가격 변화에 따라 변동될 수 있다.

현재 매장된 천연가스를 기반으로, 채굴 가능 연수는 약 50년이다. 채굴 가능 연수는 현재의 생산 속도를 기준으로 계산된 값으로, 앞으로 천연가스를 얼마나 더 생산할 수 있는지를 나타낸다. 하지만 이는 탐사된 새로운 매장량이나 생산 속도 변화에 따라 조정될 수 있다. 주요 천연가스 매장국들은 다음과 같다.

- 러시아: 세계 최대 확인 매장량인 37.4조 m^3를 보유하고 있으며, 이는 세계 총매장량의 약 19.9%이다.
- 이란: 약 32.1조 m^3의 매장량을 보유하여 두 번째로 크다.
- 카타르: 약 24.7조 m^3로 세 번째로 많으며, 주로 오일샌드에 매장되어 있다.

• 투루크메니스탄: 약 13.6조 m^3로 네 번째이다.

• 미국: 12.6조 m^3로 세계 다섯 번째 매장국이다.

이 외에도 중국, 베네수엘라, 사우디아라비아, 아랍에미리트, 나이지리아가 10위권의 매장량을 보유하고 있다. 특히, 상위 10개국이 전 세계 천연가스 매장량의 80% 이상을 차지하며, 그중에서 최근 중국, 미국, 투르크메니스탄의 매장량이 급증하였다. 이러한 데이터도 석유와 마찬가지로 국제에너지기구(IEA), 미국 에너지정보청(EIA), BP Statistical Review Bulletin과 같은 기관의 정보로 매년 업데이트되고 있다.

천연가스의 채굴에 따른 생산량은 매장량과는 다른 양상으로 진행되고 있다. 몇 가지 특징을 정리하면 첫째, 미국의 천연가스 생산량은 9,340억 m^3로 전 세계 생산량 4조 369억 m^3의 23%를 점유하고 있다. 러시아는 7,149억 m^3로 전 세계 생산량의 17.7%를 차지한다. 미국과 러시아가 전 세계 천연가스의 40%를 생산하는 것이다. 이어서 이란, 중국, 오만, 캐나다, 호주, 카타르, 노르웨이, 알제리의 생산량이 많았다. 글로벌 천연가스 생산량은 매년 2 ~ 3%씩 꾸준히 성장했다. 특히 미국은 셰일 혁명(shale revolution)으로 원유와 천연가스의 주요 생산국이 되었으며 여기에서 생산된 천연가스는 2006년 이후 생산량이 매년 3 ~ 5% 이상으로 급증하였다. 미국의 천연가스 생산량의 증가는 미국 정부의 에너지 안보 강화와 민간 기업들의 활발한 투자의 결과이며 이에 따라 미국의 에너지 자급 및 수출에 크게 기여하고 있다.

천연가스의 소비 측면에서는 2020년 이후 매년 4조 m^3 이상이 소비되는데, 미국에서 8,267억 m^3로 20.5%가 소모되며 러시아, 중국, 이란, 캐나다, 사우디아라비아, 일본, 독일, 멕시코, 영국이 상위 10개 소비국이다. 생산국과 소비국을 비교해 보면 러시아는 2,200억 m^3 이상, 오만, 호주, 미국이 1,000억 m^3 이상을 수출하는 수출국이 되었고, 중국은 1,700억 m^3를 수입하는 최대 수입국이며 일본, 독일, 영국도 많은 양의 천연가스를 수입하는 에너지 수입국이다. 대한민국에서는 천연가스를 전량 수입하고 있으며, 수입량은 꾸준히 증가하여 2021년 600억 m^3 이상을 수입하고 있다.

1-2 액화천연가스

액화천연가스(LNG, liquefied natural gas)는 천연가스를 액화한 형태로, 주성분인 메테인을 극저온에서 액화시켜 부피를 약 600배 줄여 저장 및 운송 효율성을 높인 에너지원이다. 생산량은 약 4억 톤에 달하며, 이는 최근 몇 년 동안 안정적으로 성장해 온 수준이다. 다만, 최근 일부 국가의 정치적 불안과 공급망 문제로 인해 LNG 생산 속도는 다소 둔화한 상황이다. 이러한 상황에도 불구하고, 아시아와 유럽의 LNG 수요는 꾸준히 증가하고 있으며, 특히 아시아 지역에서의 수요가 주요 성장 동력으로 작용하고 있다. 향후 미국, 아프리카, 아시아의 신규 LNG 프로젝트가 추가되어 공급 증가가 예상되지만, 단기적으로는 여전히 공급이 빠듯한 상태이다.

LNG는 저장과 수송이 쉬워 천연가스를 수출입 하는 데 중요한 역할을 한다. 특히, 수송선으로 장거리 운송이 가능해 여러 국가에서 주요 에너지원으로 활용된다. 전 세계 연간 LNG 수출량은 5,000억 m^3 정도인데, 호주, 카타르, 미국에서 전체 60% 정도를 점유하고 있다. LNG 최대 수입국은 중국으로 1,000억 이상을 수입하고 있으며 일본, 한국이 뒤를 잇고 있다. 전체 LNG의 50%가 넘는 물량을 대한민국, 중국, 일본의 동아시아 3국에서 수입하고 있다. 2023년 기준으로 대한민국의 연간 LNG 수입량은 약 4,500만 톤 수준이다. 이 수치는 매년 변동되기는 하지만, 대한민국은 주로 산업 및 발전 부문의 천연가스 수요 증가로 인해 꾸준히 높은 수준의 LNG를 수입하고 있다.

우리나라에서 수입한 LNG의 약 40 ~ 50%는 발전소 연료로 전력 생산의 중요한 에너지원으로 사용된다. 특히, 기존의 석탄과 원자력 발전에 대한 대체 에너지원으로 활용되며, 최근 친환경 에너지 전환의 하나로 LNG 발전의 비중이 증가하고 있다. 또 LNG 발전소는 비교적 건설이 용이하고 빠르게 운영할 수 있어, 비상 전력 공급이나 피크 전력 수요 대응에도 적합하다. 수입된 LNG의 약 30%는 산업용 연료로 사용된다. LNG는 철강, 화학, 정유, 시멘트 등 다양한 산업 분야에서 사용되며, 특히 열효율이 높아 경제성이 좋다. LNG는 산업용 가열, 공정용 열원, 보일러 연료 등 다양한 용도로 활용된다. LNG의 약 20~30%는 도시가스의 주원료로 가정 및 상업용으로 공급되며, 요리, 난방, 온수 공급 등에 활용된다. LNG는 다른 연료에 비해 청정하고 배출가스가 적기 때문에, 점차 석유와 석탄을 대체하는 에너지원으로 확대되고 있다.

LNG가 주목받는 또 다른 분야는 해상 수송용 청정연료로 대두되고 있는 부분이다. 국제해사기구의 환경 규제 강화로 인해 기존의 중유(HFO)를 대체할 청정연료로 LNG를 지목하고 있어 지난 100년간 선박 연료로 사용되던 벙커 C 중유를 대체해 나가고 있다. LNG는 저황 연료로, 황 산화물(SO_x)과 질소 산화물(NO_x) 배출을 크게 줄일 수 있어 해양 운송에서 중요한 연료로 자리를 잡고 있다.

대한민국은 에너지 수급의 안정성을 위해 여러 국가로부터 천연가스를 수입하고 있는데, 주요 수입국은 호주, 카타르, 미국, 오만, 말레이시아이다. 호주는 한국에 안정적으로 대규모 LNG를 공급하는 국가 중 하나로, 오랜 기간 주요 수입처로 자리를 잡고 있다. 카타르는 세계 최대의 LNG 생산국 중 하나로, 한국에 지속해서 LNG를 수출하고 있는 주요 국가이다. 최근 셰일 가스 개발로 인해 미국의 LNG 수출이 증가하면서, 한국에 대한 수출 물량도 지속해서 증가하고 있다. 오만도 중동의 중요한 LNG 수출국으로, 한국에 상당량의 LNG를 공급하고 있다. 말레이시아는 동남아시아 지역의 주요 LNG 생산국으로, 한국에 LNG를 공급하는 중요한 국가이다.

2 LNG 운반선과 조선산업

2-1 국제해사기구의 황 산화물(SOx) 배출 규제 강화

국제해사기구(IMO, International Maritime Organization)는 1948년에 설립된 유엔(UN) 산하의 국제 해사 전문 기구로, 전 세계 해상 운송의 안전성 증진과 해양 환경 보호를 목적으로 하는 국제기구이다. 현재 IMO는 175개 회원국과 3개의 준회원국으로 구성되어 있으며, 본부는 영국 런던에 자리 잡고 있다. IMO는 해운업과 관련된 규제와 기준을 개발하고 이를 회원국에 적용함으로써 해상 운송의 표준을 확립하는 데 중요한 역할을 하고 있다. IMO의 주요 목표는 해상 안전 강화, 환경 보호, 국제 해상 규제 표준 수립이다. 선박의 구조적 안전, 항해 안전, 화물 처리 등 해상 운송과 관련된 모든 안전 기준을 설정하고 강화하여 해상 안전을 강화한다. 환경 보호를 위해 선박 운항이 해양 및 대기 환경에 미치는 영향을 최소화하기 위한 규제를 마련하고 시행한다. 여기에는 오염 방지, 배출가스 규제, 선박 폐기물 관리 등이 포함된다. 전 세계적으로 해상 운송의 안전성과 효율성을 유지하기 위해, IMO는 일관된 국제 표준을 제정한다. 이는 회원국들이 일관되게 적용할 수 있는 통일된 법적 체계를 제공한다.

1) 황 산화물 배출 규제 강화 배경

IMO는 해운업계의 대기오염을 줄이기 위해 여러 환경 규제를 단계적으로 강화해 왔다. 특히, 선박에서 발생하는 황 산화물(SO_x) 배출량을 줄이기 위해 강력한 규제를 도입했고 2020년 1월 1일부로 선박 연료유의 황 함량을 기존의 3.5%에서 0.5% 이하로 제한하는 강력한 황 산화물 배출 규제를 발효하였다. 황 산화물은 연료의 황(sulfur) 성분이 연소하면서 발생하는 오염 물질로, 대기 중에 방출되면 산성비의 원인이 되며, 호흡기 질환과 같은 인체 건강에도 악영향을 미친다. 항구와 해안 지역 근처의 공기 질 악화를 줄이고, 해양 환경 보호를 강화하기 위한 필요성이 증가하여 탈탄소화 및 친환경 에너지원 전환이 필요하게 되었다. 그래서 해양 연료의 청정성을 강화함으로써 국제적인 환경 보호 목표에 이바지하기 위한 차원에서 규제가 도입되었다. IMO는 기후변화 대응을 위해 국제 해운업에서 배출되는 온실가스를 줄이기 위한 전략을 추진하고 있으며, 황 산화물 감축도 이 전략의 일부이다.

2) IMO의 주요 추진 사항

IMO 황 산화물 배출 규제의 목적은 황 산화물 배출량을 줄여 대기오염을 감소시키고, 해양 및 대기 환경을 보호하기 위함이다. 규제의 내용은 선박 연료유의 황 함량을 기존의 3.5%에서 0.5% 이하로 제한하는 것이다. 기존 고유황 연료를 계속 사용할 경우, 배출가스에서 황 산화물을 제거하는 세정장치를 장착하여야 하여 배기가스 세정장치(scrubber)를 설치해야 한다. 황 산화물 배출 규제로 인해 LNG는 황을 거의 포함하지 않아 대체 연료로 주목받고 있다.

신규 선박에 대해서는 연비 기준을 강화하는 지표로 선박의 에너지 효율을 높이기 위해 EEDI(에너지 효율 설계 지수)를 도입하였다. 에너지 효율 설계 지수는 2013년부터 단계적으로 적용 중이며, 시간이 지남에 따라 기준이 점점 강화되고 있다. 또 기존 선박의 에너지 효율을 평가하는 지표로, 선박이 운항 중 배출하는 온실가스를 줄이기 위한 규제인 EEXI(에너지 효율 기존 선박 지수)를 도입하였다.

IMO는 또 다른 추진 사항으로 CII라고 하는 탄소강도 지수를 도입하였다. CII 탄소강도 지수는 선박의 탄소 배출량을 평가하고, 연료 효율을 개선하여 탄소 배출을 줄이기 위한 지표이다. 모든 선박이 매년 연료 사용량을 보고해야 하며, 평가 기준에 따라 선박의 등급이 매겨진다. 이는 2030년까지 해운업에서 배출되는 온실가스를 40% 감축하겠다는 목표를 달성하기 위해 마련된 지표이다.

IMO는 2050년까지 국제 해운업의 온실가스 배출을 2008년 대비 50% 감축하는 것을 목표로 설정하고 있으며, 이를 위해 추가적인 연료 규제와 기술 혁신을 촉구하고 있다. IMO는 암모니아, 수소, 메탄올과 같은 신재생 연료의 사용을 촉진하기 위한 연구를 지원하고 있으며, 이들 연료가 상용화되면 현재의 연료 규제보다 더 엄격한 기준이 도입될 가능성이 크다.

IMO는 해운업의 탈탄소화를 위해 선박 설계, 항로 최적화, 저탄소 기술의 적용 등을 권장하고 있으며, 이를 통해 해양 환경 보호와 기후 변화 대응을 동시에 추진하고 있다. IMO의 규제 강화는 국제 해운업의 친환경 전환을 촉진하고, 더 나아가 지구 환경 보호에 중요한 역할을 하고 있다. 이에 따라 해운업계는 새로운 기술과 친환경 연료 도입을 통해 지속 가능한 미래를 준비하고 있다.

2-2 LNG 운반선의 수요 증가

IMO의 규제 강화로 인해 최근 세계 대형 선박 발주에서 LNG 운반선(LNG선)의 수요가 급증하고 있다. 기존의 고유황 연료를 사용하는 선박보다 LNG를 연료로 사용하는 선박이 주목받고 있다. LNG는 연소 시 SO_x, NO_x, CO_2 배출을 크게 줄일 수 있어서 친환경적이다. 유럽과 아시아 국가들은 석탄과 석유를 대체하는 에너지원으로 LNG를 선호하고 있으며, 이에 따라 LNG 운반선 발주가 증가하고 있다. 또 많은 국가가 에너지 수급의 안정성을 위해 LNG를 저장하고 운송할 수 있는 인프라를 구축하고 있다. 이는 특히 러시아-우크라이나 갈등으로 인해 유럽에서 천연가스 수급 불안정성이 대두되면서 LNG 운반선 수요 증가를 촉진하고 있다.

대한민국은 세계 최고의 조선업 강국이다. 국제 유가가 급등하였던 2013년까지 세계적인 대형 선박의 발주는 원유를 수송하는 유조선이었다. 그러나 유가의 급락은 원유 유통에도 차질을 빚어 신규 대형유조선의 수주도 급락하여 조선산업의 후퇴로 이어졌다. 2015년 이후 글로벌 선박 발주량은 점차 증가했으며, LNG 운반선은 점점 큰 비중을 차지하게 되었다. 2015년에는 전체 신규 발주 선박의 약 15%가 LNG선이었으나, 2021년에는 약 30%까지 상승했다. 이는 LNG 수요 증가와 에너지 전환을 위한 청정에너지의 수요 증가 때문이며, 특히 한국 조선사들이 아시아 시장을 중심으로 수주 실적을 높여왔다. 2022년에는 LNG 운반선이 전체 신규 발주량의 36%로 최고치를 기록했고, 한국은 이 중 약 75%의 시장 점유율을 차지하며 글로벌 수주 경쟁에서 선두를 지키고 있다. 2023년과 2024년에도 LNG 운반선의 수주 비중은 높게 유지될 것으로 전망되며, 특히 중동과 아프리카의 주요 에너지 기업들이 한국의 대우조선해양과 삼성중공업 등을 통해 대규모 발주를 이어가고 있다. 2024년에는 전체 선박 발주의 약 41%가 LNG 운반선일 것으로 예측된다. 세계 LNG선 건조 시장의 주요 강자로, 대우조선해양, 현대중공업, 삼성중공업 등이 글로벌 시장에서 LNG선 수주를 주도하고 있다. 한국 조선소들은 최신 기술을 적용한 초대형 LNG 운반선 건조에서 경쟁력을 갖추고 있다. 최신 LNG 운반선은 초대형 용량(17만 ~ 26만 m^3 수준)을 갖추고 있으며, 이는 효율적인 대량 수송을 가능하게 한다.

LNG선에는 이중벽 구조와 저온 절연 기술이 적용되어, LNG를 −162°C 이하의 초저온 상태로 안전하게 운반할 수 있다. 또한, 재기화 시스템, 메테인 슬립 저감 기술 등 최신 기술이 적용된다. LNG 운반선은 효율적인 연료 소비와 배출가스 저감을 위해 최신 엔진 기술(예: X-DF 엔진, ME-GI 엔진)을 탑재하고 있으며, 이에 따라 연비가 개선되고 배출가스가 감소한다.

2023년과 2024년에 걸쳐 카타르, 미국 등 주요 천연가스 생산국들이 대규모 LNG 운반선 발주 계약을 체결했다. 예를 들어, 카타르는 '노스필드 확장 프로젝트'에 따라 대규모 LNG 운반선 발주를 진행하였다. 카타르 에너지(Qatar Energy)는 우리나라 조선사들과 약 104척의 LNG 운반선에 대한 장기 계약을 체결했으며, 2027년까지 선박을 인수할 예정이다. 올해 전 세계적으로 50억 달러 이상의 LNG선 발주가 이루어졌으며, 이는 증가하는 LNG 수요와 맞물려 향후 몇 년간 한국 조선업계에 중요한 기회가 될 전망이다. 기존의 LNG 운반선 외에도 LNG를 연료로 사용하는 선박(LNG−벙커링 선박) 발주가 증가하고 있다. 이는 해운업체들이 친환경 연료로 전환하기 위해 기존 벙커시유 대신 LNG를 사용하려는 움직임과 관련이 있다.

2-3 선박용 에너지시스템의 변화

선박용 연료는 산업혁명 이후 증기 기관 선에서 석탄을 사용하였다. 휘발유가 자동차의 연료인 것처럼 석탄이 선박의 연료였던 것이다. 선박 에너지시스템이 석탄에서 중유로 전환된 것은 기술 발전과 전쟁 준비의 필요성 때문이었다. 19세기 후반부터 석탄을 연료로 한 증기 기관이 주로 사용되었지만, 석탄은 무겁고 많은 공간을 차지했으며, 매번 수작업으로 연료를 보급해야 했다. 이러한 단점을 해결하기 위해 에너지 밀도가 높은 중유가 주목받았다. 소련이 북해에서 석유가 나오며 석탄/중유 혼합연료 시스템을 선박에 적용하자, 영국 해군은 연료 보급의 유연성과 군함의 속도 증가를 위해 중유를 채택하게 되었다. 영국 해군의 당시 해군 장관이었던 윈스턴 처칠과 해군 제독 존 피셔가 선박 연료를 중유로 전환해야 한다고 주장했으며, 이는 1912년 영국의 퀸 엘리자베스급 전함에 적용되었다. 이로써 영국 해군은 전 세계 석유 공급망을 안정적으로 확보하고, 전쟁에서 전략적 우위를 차지하려 했다. 이 결정은 석유 회사인 앵글로-페르시안 오일 컴퍼니(현재의 British Petroleum)의 지분을 매입하는 것으로 이어졌다.

한편, 미국은 1910년에 첫 중유 추진 구축함 USS 폴딩을 도입하였고, 1911년에는 중유를 연료로 하는 네바다급 전함을 계획했다. 독일은 상대적으로 늦은 시기까지 석탄 기반을 유지했고, 이는 해군 전력에서 영국과 미국보다 약점을 가지게 한 요소 중 하나였다. 1차 세계대전 중에도 독일은 석탄과 중유를 혼합 사용하는 방식에 머물렀으며, 이는 지속적 고속 항해에 불리해 영국보다 기동력에서 뒤처지게 했다. 독일의 석유 전환이 더디었던 것은 전후에도 해군력의 약세로 이어졌고, 제2차 세계대전에서도 연료 문제로 인한 해군 기동력 제약을 겪게 했다. 20세기 중반, 중유는 석탄보다 열량이 높고 다루기 쉬워 선박 연료의 주류로 자리 잡았다. 중유는 비교적 저렴하고 연소 효율이 높지만, 황 함량이 높아 연소 시 다량의 황 산화물과 질소 산화물을 방출하여 환경 오염을 유발한다.

이번 IMO의 선박 연료의 황 산화물 배출 규제는 선박용 에너지시스템이 중유에서 수소, 암모니아, 메탄올 등 탄소 배출이 거의 없는 연료로 전환되는 신호탄으로 인식되고 있다. LNG는 탄소 배출량이 기존 중유 대비 20 ~ 30% 정도 낮고 황을 거의 포함하지 않아 황 산화물 배출이 없다. 또한 질소 산화물 배출도 85% 이상 줄일 수 있으며, 미세먼지(PM) 배출 역시 거의 없다. 이에 따라, LNG는 대기질 개선에 이바지하며 IMO와 각국의 환경 규제를 충족하는 데 적합하다. LNG는 탄소 함량이 중유보다 적기 때문에 연소 시 이산화 탄소(CO_2) 배출이 줄어들어 해운업에서 배출하는 온실가스를 20 ~ 30% 감소시킬 수 있다. LNG는 고온의 연소가 가능하여 열효율이 높으며, 특히 낮은 온도에서 액화되기 때문에 저장 및 운송 효율성이 뛰어나다. 저온 저장 인프라가 요구되지만, 장기적으로는 효율성과 경제성을 높이는 요인으로 작용한다. 현재 LNG 벙커링(연료 보급) 인프라가 제한적이기 때문에, 일부 지역에서 LNG 선박 운영에 어려움이 있을 수 있다. 이러한 문제는 LNG 인프라가 꾸준히 확대되면서 개선될 것으로 기대된다. LNG 연료 시스템은 메테인 슬립 저감, 재기화 시스템 등 환경과 효율을 개선할 수 있는 기술과 함께 발전하고 있으며, 차후 LNG를 다른 대체 연료로 교체할 수 있도록 기술적 유연성을 고려하여 개발되고 있다.

Quiz

✓ 다음 에너지에 대한 설명에서 맞으면 O, 틀리면 X 하시오.

1) 천연가스는 주로 프로페인(C_3H_{10})으로 구성된 화석연료로, 가스통으로 보급된다. (　　)

답 X (천연가스는 주로 메테인(CH_4)으로 구성된 화석연료로 수송이 쉬운 액화천연가스(LNG) 형태로 가공되어 전 세계에 공급되고 있다.)

2) LNG는 천연가스를 액화시켜 부피를 약 600배 줄여 저장 및 운송 효율성을 높인 원료다. (　　)

답 O (천연가스를 −162℃ 이하의 초저온 상태로 냉각하면 LNG로 액화되어 부피가 약 1/600로 줄어 저장 수송이 쉬운 형태로 가공된다.)

3) IMO의 선박 연료의 황 산화물 배출 규제로 인해 LNG 선박의 급증이 예상된다. (　　)

답 O (LNG는 탄소 배출량이 기존 중유 대비 20 ~ 30% 정도 낮고 황을 거의 포함하지 않아 황 산화물 배출이 없어 IMO의 선박 연료로 잘 맞는다.)

3 천연가스 액화 공정에서의 열역학

천연가스를 액체 상태로 만들기 위해 약 −160℃까지 냉각하며, 이 과정에서 천연가스는 부피가 약 600분의 1로 줄어든다. 액화 과정은 천연가스 온도를 낮추고 상변화를 통해 기체에서 액체로 변환하면서 이루어진다. 천연가스 액화 과정은 크게 4단계로 나된다. 각 단계에서 에너지 변화와 엔탈피 변화를 알아보면 1단계는 불순물 제거 단계이다. 천연가스는 주로 메테인(CH_4)으로 구성되지만, 이산화 탄소(CO_2), 수분(H_2O), 황 화합물, 중탄화수소 등이 포함되어 있다. 이러한 불순물을 제거해야 기화 및 동결 문제를 방지하고 액화 효율을 높일 수 있다. 압축기를 사용하여 기체를 압축하여 고압 상태로 만들고 흡착/흡수 공정으로 불순물을 제거한다. 이 과정에서는 압축 에너지가 주로 소모된다.

2단계는 가스 압축 단계로 불순물이 제거된 천연가스를 압축하여 기체의 온도를 증가시킨다. 이후 냉각 단계에서 더 효과적으로 열을 제거할 수 있도록 가스를 고압 상태로 만든다. 압축기의 작동으로 인해 엔탈피가 증가하며, 천연가스 온도와 압력이 상승한다.

$$\Delta H = m\left(\frac{P_2}{P_1}\right)^{\gamma - 1/\gamma}$$

여기서 P_1, P_2는 초기와 최종 압력, γ는 비열비, m은 질량이다. 압축 과정에 대략 천연가스 1 kg당 150 ~ 200 kJ의 에너지가 소모된다.

3단계는 냉각 및 액화 단계로 고압 상태의 천연가스를 냉각기로 점진적으로 냉각한다. 질소 또는 메테인 기반의 냉매를 사용하여 열교환기를 통해 가스를 극저온으로 냉각한다. 가스가 온도에 따라 등온 냉각과 등압 상변화 과정을 거치며 액화된다. 등온 냉각 상태에는 온도는 낮아지지만, 기체 상태를 유지하며 엔탈피가 감소한다. 이 냉각 과정에는 천연가스 1 kg당 150 ~ 200 kJ의 에너지가 소모된다.

$$\Delta H_{cool} = m \cdot C_p \cdot \Delta T$$

여기서 C_p는 비열이고 ΔT는 온도 감소량이다.

냉각 및 액화 단계는 등압 상변화 과정으로 천연가스가 액체로 변하며 증발 잠열(잠열의 반대 개념)이 방출된다.

$$\Delta H_{phase} = - m \cdot \Delta H_{vap}$$

이 냉각 과정에는 천연가스 1 kg당 200 ~ 250 kJ의 에너지가 소모된다.

4단계는 저장 및 유지 단계로 액화된 천연가스를 절연된 저장 탱크에 저장한다. 저장 과정에서는 추가적인 에너지 변화가 발생하지 않으며, 액화 후 상태를 유지하기 위한 단열 시스템이 중요하다. 이상의 천연가스 액화 공정에서의 에너지 변화 총합은

$$Q_{total} = Q_{compress} + Q_{cool} + Q_{phase} \approx 850 \sim 1000 \ \text{kJ/kg}$$

이다. 즉, 천연가스 액화 공정에서 1 kg을 천연가스를 액화하는 데 약 850 ~ 1,000 kJ/kg의 에너지가 필요하다. 이 필요 에너지를 전기 에너지로 환산하면 1 kJ은 1/3,600 kWh이므로 환산하면 약 0.236 ~ 0.278 kWh의 전기 에너지가 필요한 셈이다.

이상의 천연가스 액화 과정에서는 가스가 압축 후 팽창하면서 온도가 낮아지는 현상을 이용해 냉각하는 줄–톰슨 효과(Joule-Thompson effect), 단계별로 온도를 점진적으로 낮추기 위해 고효율 열교환기를 사용하는 열 교환, 기체에서 액체로 상 변화할 때 엔탈피의 큰 변화가 발생하며, 이 과정이 전체 에너지 요구량의 주요 부분을 차지하는 잠열 효과가 적용된다. 줄–톰슨 효과는 고압 기체가 단열 팽창(즉, 외부로 열 교환 없이 팽창)할 때 온도가 변화하는 현상으로 특정 조건에서 기체는 팽창하면서 온도가 낮아지며, 이는 천연가스 액화 공정에서 냉각을 위한 중요한 원리로 사용된다. 줄–톰슨 계수(μ_{JT})는 등엔탈피 과정에서 온도와 압력변화의 관계를 설명하는데 μ_{JT}가 0보다 크면 온도가 감소하는 냉각 효과가 발생하고 μ_{JT}가 0보다 작으면 온도가 증가한다. 메테인(CH_4)과 같은 대부분의 기체는 임계 온도(−82.3°C) 아래에서 μ_{JT}가 0보다 커서 팽창 시 냉각된다.

$$\mu_{JT} = \left(\frac{\partial T}{\partial P}\right)_H$$

천연가스 액화 과정에는 에너지 효율 및 손실을 감안해야 하는데 냉매 순환 과정에서는 질소, 메테인, 에테인 등의 냉매를 재순환하여 공정을 최적화한다. 공정 중 열교환기의 효율성과 단열 성능이 에너지 손실을 줄이는 데 중요한 역할을 한다.

4 LNG와 냉열 에너지 산업

LNG의 냉열 에너지를 활용한 산업은 현재 다양한 분야에서 중요한 기회로 부상하고 있다. 냉열 에너지는 LNG가 −160°C에서 기화되는 과정에서 발생하며, 이는 상당한 양의 에너지를 잠재적으로 다른 산업에 활용할 수 있게 만든다. 주요 응용 분야로는 전력 생산, 해수 담수화, 냉동 물류, 가스 재액화, 초저온 냉각 등이 포함된다. 전력 생산은 LNG의 냉열을 사용하여 발전하는 냉열발전 기술로, 주로 유기 랭킨 사이클(ORC)을 이용하여 실시한다. 냉열을 활용한 가장 일반적인 방식은 랭킨 사이클 발전이다. 비점이 낮은 액체(예: 프로페인, 암모니아 등)를 LNG의 냉열과 접속해 증발시키고, 이를 통해 발생한 고압의 증기를 이용하여 터빈을 돌려 전력을 생산한다. 증발 후 가스로 변환된 매체는 다시 냉각 과정을 통해 액화시키며 순환적으로 사용된다. 유기 유체는 물보다 낮은 온도에서 증발하므로, LNG가 기화되는 과정에서 발생하는 냉열로도 유체를 기화시켜 발전에 활용할 수 있다. 기화된 유체는 고압 상태로 터빈을 통과하여 회전력을 발생시키고, 이를 통해 전기가 생성된다. 터빈을 통과한 유체는 응축기를 거쳐 다시 액체 상태로 변환되고, 이후 펌프를 통해 다시 증발기로 보내 재순환된다.

LNG 냉열과 폐열을 함께 이용하는 복합 발전 시스템도 있다. 예를 들어, 기존 화력 발전소의 폐열을 이용해 저온의 열매체를 가열한 후 LNG의 냉열을 통해 급랭하여 전력 생산을 극대화하는 방식이다. 이러한 복합 발전 시스템은 에너지 효율을 높이고 LNG 재기화 과정에서 발생하는 막대한 냉열을 활용할 수 있다.

일본 오사카 가스는 LNG 냉열을 이용해 전력을 생산하는 랭킨 사이클 기반의 발전소를 운영하고 있다. 오사카 LNG 터미널에서는 냉열을 활용하여 고효율 전력을 생산하며, 이와 함께 인근 산업 단지에 냉각 에너지를 제공하는 복합 냉열 시스템도 구축했다. 대한민국의 영흥 LNG 발전소는 LNG의 냉열을 활용해 주변 지역에 냉방 및 냉장 서비스를 제공하고, 이를 통해 발생한 에너지로 발전을 진행하는 시스템을 구축하였다. 스페인의 엔데사(Endesa) LNG 터미널에서는 냉열발전 시스템을 도입해 LNG 재기화 과정에서 방출되는 냉열을 전력 생산에 활용하고 있다. 엔데사는 이 시스템을 통해 에너지 비용을 절감하고 발전소의 에너지 효율을 높이고 있으며, 스페인 전체 전력 공급에도 기여하고 있다. 스페인의 웰바(Huelva) LNG 터미널에서는 ORC 시스템을 통해 냉열을 이용한 발전이 이루어지고 있다. 이와 같은 시스템을 통해 LNG 터미널은 전력 비용을 절감할 수 있으며, LNG 처리 과정에서 발생하는 냉열을 효율적으로 재활용할 수 있다. 냉열발전 기술은 재생 가능 에너지를 보완하고, 에너지 효율성을 극대화하여 친환경적인 전력 생산을 가능하게 한다.

냉열 에너지를 활용하는 해수 담수화 기술이란 LNG의 냉열을 활용하여 해수를 얼려 담수로 전환하는 동결 담수화 기술이다. 이 방법은 해수를 냉각하여 얼음과 염분이 농축된 용액으로 분리한 후, 얼음을 녹여 담수를 얻는 과정으로 이루어진다. LNG의 냉열을 활용하면 해수를 효율적으로 냉각할 수 있어 에너지 소비를 최소화할 수 있다. 일본에서는 LNG 터미널에서 발생하는 냉열을 활용하여 해수 담수화와 냉동창고, 공조 시스템 등에 적용하는 복합 시스템을 운영하고 있다. 이러한 시스템은 에너지 효율을 높이고 비용을 절감하는 데 기여하고 있다. LNG의 냉열을 활용한 해수 담수화 기술은 에너지 효율성과 환경 친화성을 동시에 추구할 수 있는 혁신적인 방법으로, 향후 물 부족 문제 해결에 중요한 역할을 할 것으로 기대된다.

냉동 물류 분야에 냉열 에너지를 활용하는 기술로는 냉동창고에서 LNG의 냉열로 음식을 신속하게 동결할 수 있다. 이는 전통적인 냉동 기기보다 더 낮은 온도에서 빠르게 동결할 수 있어 식품의 신선도와 품질을 높이는 데 효과적이다. 냉열을 활용한 냉동창고는 장비 소모가 적어 유지보수 비용이 덜 들고 전력 소비가 일반 냉각시스템의 약 1/3에 불과하다. 이처럼 LNG의 냉열 에너지를 활용하면 에너지 효율을 높이고 비용 절감 효과가 크기 때문에, 앞으로도 다양한 산업 분야에서 활발히 연구되고 발전될 전망이다.

4-1 LNG 재기화 프로세스

LNG는 생산 단계에서 천연가스는 일반적으로 약 −160°C의 매우 낮은 온도와 1 atm의 압력에서 냉각 과정을 통해 액화된다. 이때 부피는 1/600로 줄어든다. 그러나 천연가스를 액화하려면 상당한 양의 에너지가 필요하다. 천연가스와 같은 연료가 완전히 연소할 때 발생하는 열에너지에서 연소 후 생성된 물(H_2O)이 기체 상태로 남아 있을 때의 열량을 저발열량(LHV, lower heating value)이라고 한다.

LHV는 물이 응축하며 방출하는 응축열(latent heat)을 제외한 연료의 순수한 가용 열량이다. 연료의 에너지 효율을 계산할 때 더 실질적인 값을 제공하기 때문에, 에너지 효율 계산에서 자주 사용된다. 천연가스(주로 메테인, CH_4)의 저발열량(LHV)은 약 50,000 kJ/kg 또는 50 MJ/kg이다. LNG 1톤의 저발열량은 약 13,889 kWh이다. LNG 생산 시 효율까지 고려하면 평균적으로 생산된 LNG 1톤당 약 500 kWh의 전기가 소비되며, 이는 천연가스 LHV의 약 3.6%를 차지한다. LNG 1톤 생산 시 소비되는 500 kWh는 천연가스의 발열량 중 일부가 액화 과정에서 열로 손실되거나 압축 및 냉각 작업에 사용된 것을 의미한다. 종합적으로 LNG를 생산하기 위해 사용하는 에너지는 생산된 LNG가 제공할 수 있는 에너지의 극히 일부(3.6%)이며, 이는 LNG 생산 과정이 비교적 효율적임을 보여준다.

LNG 재기화 과정은 액체 상태의 LNG를 다시 기체 상태로 전환하는 과정으로, 이 과정에서 고압으로 가압된 LNG를 기화기를 통해 온도를 높이고 상변화를 유도한다. LNG는 액체 상태에서 약 −160°C로 저장되며, 운송 효율이 뛰어나지만, 최종 사용자에게는 기체 상태로 공급되어야 한다. 이를 위해 LNG는 80 ~ 120 bar로 가압된 후 기화기를 통해 열을 흡수하여 온도를 상승시키고, 상변화를 통해 기체 상태로 전환된다. 이 과정은 에너지 집약적이며, 열 교환과 상변화가 핵심 원리이다. 이 변환은 기화기를 사용하여 발생한다. 일반적인 기화 방법에는 수중 연소(SCV), 개방형 랙(ORV) 및 중간 유체(IFV) 기화기가 포함된다.

첫 번째 수중 연소 기화기(SCV, submerged combustion vaporizer)는 연소기를 사용하여 LNG를 가열하는 방식이다. 연료(일반적으로 천연가스)를 연소하여 발생한 열을 물속에 전달하고, 물이 LNG와 열 교환하여 기화한다. 이 과정은 연소에 의해서 지속해서 열을 공급받으므로, 높은 열효율과 빠른 가열 속도를 제공한다.

두 번째 개방형 랙 기화기(ORV, open rack vaporizer) 방식은 해수를 열원으로 사용하는 방식으로, LNG는 ORV 내 열교환기 튜브를 통해 해수와 접촉하며 기화된다. ORV의 구조는 계단형 랙 형태로, 해수가 중력으로 튜브 표면을 흐르며 LNG를 가열한다.

세 번째 중간 유체 기화기(IFV, intermediate fluid vaporizer)는 중간 열 매체(예: 프로필렌, 에틸렌)를 사용하여 LNG를 기화한다. 먼저 열매체는 해수나 다른 열원으로

표 6-1 LNG 재기화 공정의 기화기 유형별 장·단점 비교

기화기 유형	열원	장점	단점	사용 사례
SCV	연소기 및 물	빠른 가열, 간헐적 수요 대응	연료 소비, 배출가스 발생	간헐적 수요 터미널
ORV	해수	낮은 운영 비용, 친환경적	겨울철 효율 감소, 부식 문제	대규모 재기화 터미널
IFV	열 매체	안정성, 계절 영향 없음	설치 비용 많이 듦, 관리 필요	다양한 환경에서 적합

가열되어 온도가 상승한다. 그다음 가열된 열매체는 LNG와 열 교환하여 LNG를 기화시키고, 열매체는 다시 순환한다. 각 방법은 프로젝트의 규모, 환경 조건, 에너지 비용에 따라 선택되므로 그 장단점을 비교하여 숙지해두는 것이 좋다(표 6-1).

4-2 냉에너지 응용

LNG는 극저온 상태(−160°C)에서 저장되며, 기화 과정에서 외부 열을 흡수하여 가스 상태로 변한다. 이때 발생하는 온도 변화 및 상변화에 따라 열에너지가 방출되거나 사용된다.

725 kJth/kg = 725 kJ(열에너지) per 1 kg of LNG

이 값은 LNG 1 kg이 액체 상태(−160°C)에서 기체 상태(+15°C)로 전환될 때 발생하는 열에너지의 총량을 나타낸다. LNG가 −160°C에서 15°C까지 가열되어 온도가 상승(sensible heat)하는 동안 열에너지가 방출된다.

$$Q_{sensible} = m \cdot C_p \cdot \Delta T$$

여기서 $Q_{sensible}$은 온도 상승에 따른 열에너지, C_p는 LNG의 평균 비열(약 2.5 kJ/kg·K), ΔT는 온도 변화(15°C − (−160°C))로 175°C이다.

$$Q_{sensible} = m \cdot C_p \cdot \Delta T = 1 \cdot 2.5 \cdot 175 = 437.5 \text{ kJ}$$

LNG가 액체에서 기체로 상변화(증발)할 때 발생하는 열에너지를 증발 잠열(latent heat of vaporization, 메테인의 ΔH_{vap} = 287 kJ/kg)이라 한다.

$$Q_{latent} = m \cdot \Delta H_{vap} = 1 \cdot 287 = 287 \text{ kJ}$$

온도 상승에 따른 열에너지와 상변화에서의 열에너지를 합산하면 $Q_{total} = Q_{sensible} + Q_{latent} = 437.5 + 287 = 725$ kJ가 된다. LNG의 재기화 과정에서 발생하는 이 열에너지(725 kJ)는 단순히 버려지는 것이 아니라 다양한 방식으로 활용될 수 있다.

1) 냉에너지 발전

LNG의 기화 과정에서 발생하는 냉에너지를 사용하여 전기를 생산하는 방식이다. LNG의 극저온을 활용해 워킹 플루이드(예: 암모니아, 프로페인)를 액화한다. 이 액체 워킹 플루이드를 다시 증발시키며 터빈을 구동하고 전기를 생산한다. 대표적인 기술이 랭킨 사이클 발전이며 워킹 플루이드는 낮은 온도에서도 기화할 수 있도록 설계되며, LNG 냉열을 통해 워킹 플루이드가 반복적으로 액화 및 기화된다. 기본 랭킨 사이클(Rankine cycle)에서 LNG의 냉열(−160°C)을 사용하여 워킹 플루이드(냉매)를 극저온 상태에서 액화한다. 액화된 워킹 플루이드는 외부 열원을 받아 증발하며, 고온·고압의 기체가 된다. 증발한 워킹 플루이드는 터빈을 통과하며 전기를 생성한다. 터빈에서 나온 워킹 플루이드는 다시 압축되고, 사이클이 반복된다.

LNG의 초저온 특성을 최대한 활용하기 위해 랭킨 사이클을 변형하거나, 여러 단계의 냉매(다중 순환 사이클)를 사용해 효율을 높인다. 냉에너지 발전의 경우 LNG 1 kg의 냉열(약 725 kJ/kg)을 이용하여 전력을 생산한다고 가정할 때, 열역학적 효율(exergy efficiency)은 약 50%(실제 열역학 사이클 효율) 정도이다. LNG 1톤의 기준 전력 생산량은 362,500 kJ으로 100.7 kWh 정도이다.

한국가스공사 인천 생산기지에서는 배출되는 초저온 냉열 에너지를 이용하여 냉동·냉장 물류센터 9개소 및 관련 LNG 냉열 공급시설을 인천 신항 배후단지에 건설, 운영하는 '인천 신항 배후단지 콜드체인 클러스터 구축 사업'이 본격 시작되었다. 이 사업은 미활용 후 폐기되는 냉열 에너지를 재사용하는 '그린포트'를 실현하고 인천 신항 활성화와 경쟁력 강화 및 국가 물류 발전에 이바지하기 위해 추진되고 있다. 포스코인터내셔널은 인천 LNG 복합발전소를 운영하며 수도권에 안정적인 전력을 공급하고 있다. 현재 총 7기의 발전기를 보유하고 있으며, 설비용량은 3,412 MW로 수도권 발전용량의 약 10%를 차지하고 있다.

2) 산업적 냉각

LNG 기화에서 방출된 냉에너지는 냉동 및 냉장창고 또는 데이터 센터 냉각시스템에 적용된다. 냉에너지 사용 시 냉열을 직접 활용하여 효율적 냉각할 수 있어 전통적인 냉동 장치보다 에너지 소비를 줄일 수 있다. 한국가스공사와 KT는 세계 최초로 LNG 냉열을 활용한 데이터 센터 구축을 추진하고 있다. 용산 데이터 센터는 KT의 주요 데이터 센터 중 하나로, 대규모 IT 인프라를 운영하고 있다. LNG 냉열 활용 냉방 시스템을 구축하면 시간당 최대 약 12 MWh의 전력 절감이 가능하며, 이는 서울시 주택 약 3만 가구의 시간당 전력 사용량에 해당한다.

지앤지테크놀러지는 LNG 기화 냉열과 지열에너지를 융합한 데이터 센터 냉각시스템인 'GSS(Geothermal Seokbinggo System)'를 개발하였다. 인천 송도 LNG 기지에서 생산된 LNG 기화 냉열을 활용하는 '남동 산단 분산 에너지 특화 프로그램'에 참여하고 있으며, 데이터 센터에 냉열 공급이 가능한 GSS 기술의 실증을 위해 관계자들과 협의 중이다. SK가스는 울산 북항에 LNG 저장 · 송출 서비스를 위한 LNG 복합터미널 프로젝트를 진행 중이며, 이와 연계하여 LNG 냉열을 활용한 데이터 센터 사업을 추진하고 있다. 이를 통해 연간 수십억 원의 전력 비용 절감과 냉각 용수 효율화를 기대하고 있다. 과학기술정보통신부 산하 정보통신기획평가원(IITP)은 '액화가스 냉열을 이용한 데이터 센터 냉각시스템 개발 및 성능 평가' 연구개발 과제를 발주하여, LNG 냉열을 활용한 데이터 센터 냉각 기술 개발을 지원하고 있다. 이를 통해 에너지 절감과 탄소 감소 효과를 기대하고 있다.

3) 공기 분리

공기 분리 공정에서 산소, 질소, 아르곤 등을 추출하기 위해 초저온 환경이 필요하다. LNG 냉열을 사용하면 공기 분리 공정에서 필요한 냉각 에너지를 크게 절감할 수 있다. 일본은 LNG 냉열을 활용한 공기 분리 공정을 상업화하여 산업용 가스를 생산하고 있다. LNG의 초저온 냉열을 이용하여 공기를 액화하고, 이를 통해 산소, 질소, 아르곤 등의 고순도 가스를 분리한다. 이러한 방식은 에너지 소비를 줄이고 공정 효율을 높이는 데 이바지한다. 한국에서도 LNG 냉열을 활용한 공기 분리 공정이 연구되고 있다.

4) 해수담수화

냉에너지를 해수담수화 공정에 활용하면, 해수를 냉각하여 담수를 생산하는 데 필요한 에너지를 절감할 수 있다. 해수를 냉각하여 얼음을 형성하고, 이를 녹여 담수를 얻는 방식을 냉동법(freeze desalination)이라고 한다. LNG의 냉에너지를 활용하면 해수를 효율적으로 냉각할 수 있다. 해수에 가스를 주입하여 하이드레이트를 형성하고, 이를 분리하여 담수를 얻는 방법이다. LNG의 냉에너지를 이용하면 하이드레이트 형성에 필요한 저온 환경을 제공할 수 있다. 한국에서는 LNG 냉에너지를 활용한 해수담수화 공정의 설계 및 분석 연구가 진행되고 있다. 연구 결과에 따르면, 제안된 공정의 에너지 소모량은 −5.2 kWh/m^{3}로 계산되었으며, 담수 생산 단가는 0.148 USD/m^{3}으로 현재까지 개발된 어떤 공정보다도 우수함을 확인하였다.

5) 액체 CO_2 생산

LNG의 냉에너지를 활용하여 CO_2를 액화하는 데 사용할 수 있다. 이 과정은 탄소 포집 및 저장(CCS) 기술과 결합하여 탄소 중립 실현에 이바지할 수 있다. 미국의 Chart Co.와 SES사는 다양한 CO_2 포집 기술의 에너지 소요량을 비교한 결과, 액체 질소를 사용하는 동결 포집 기술이 습식 포집 방식에 비해 약 50%의 에너지 절감 효과를 보인다고 분석하였다. 동결 포집 기술은 CO_2를 고체로 포집한 후 이를 용기에 저장 · 운송하여 액화하는 방식으로, 기존의 습식 포집 방식에 비해 공정이 간단하고 에너지 소모가 적다.

6) 초전도체 응용

초전도체는 극저온 상태에서 전기 저항이 사라지기 때문에 LNG 냉에너지는 초전도체 기술 응용에 적합하다. 초전도 전력 케이블, 초전도 자기부상 열차(Maglev) 등에 활용함으로써 에너지 효율을 높이고 비용을 절감하는 연구와 개발이 진행되고 있다. 2023년 한국기계연구원은 영하 196°C에서 10 kW의 냉각 성능을 갖는 '터보-브레이튼 극저온 냉각시스템'을 구축하고 가동 테스트를 완료하였다.

7) 화학 공정 냉각

LNG 냉에너지는 석유화학 공정에서 반응 온도를 낮추는 데 사용된다. 예를 들어, 에틸렌, 프로필렌 등 기체 상태의 탄화수소 생산에서 고온을 피하고 효율을 높이는 데 유리하다. 현재 통계상 냉에너지 활용은 전체 잠재력의 1% 미만에 불과하지만 향후 LNG 냉에너지 활용이 환경에 미치는 영향을 최소화할 수 있으므로, 더 많은 연구와 실용화 사례가 급증할 것이다.

QUIZ

✔ **다음 에너지에 대한 설명에서 맞으면 O, 틀리면 X 하시오.**

1) LNG가 액체에서 기체로 상변화(증발)할 때 발생하는 열에너지를 증발 잠열(ΔH_{vap})이라 한다. (   )

답 O (메테인의 ΔH_{vap} = 287 kJ/kg이다.)

2) 냉열 에너지를 활용하는 해수 담수화 기술이란 LNG의 냉열을 활용하여 해수를 얼려 담수로 전환하는 동결 담수화 기술이다.. (   )

답 O (LNG의 냉열을 활용하면 해수를 얼려 담수로 전환할 수 있다.)

3) LNG의 냉열을 활용하면 냉동 기기보다 더 낮은 온도에서 빠르게 동결할 수 있어 식품의 신선도와 품질을 높이는 데 효과적이다. (   )

답 O (LNG의 냉열을 활용하면 냉동산업이 가능하다.)

연습문제

01 **천연가스에 대한 설명이 잘못된 것은? (　　)** (객관식)

① 천연가스는 연소 시 온실가스가 배출되는 화석연료이므로 사용량을 줄여야 한다.
② 천연가스를 극저온에서 액화시키면 LNG가 되어 부피가 약 1/600로 줄어들어 저장, 운송이 편리해 진다.
③ 세계 연간 LNG 수출량의 50% 이상은 호주, 카타르, 미국에서 수출되고 있다.
④ 미국은 세일가스 생산기술의 발달로 세계 최고의 천연가스 생산국이 되었다.

02 **LNG의 냉열 에너지를 응용한 산업분야는 전력 생산, 해수담수화, 냉동 물류, 가스 재액화, 초저온 냉각 등이 있다. (　　)** (O, X 문제)

03 **고압 기체가 단열 팽창(즉, 외부로 열 교환 없이 팽창)할 때 온도가 변화하는 현상으로 특정 조건에서 기체는 팽창하면서 온도가 낮아지는 현상을 무엇이라고 하는가?** (주관식)

7장

태양 에너지와 에너지 변환

1. 태양 에너지
2. 태양 에너지의 전기 에너지로의 변환
3. 태양열 발전
4. 태양열 온수 시스템 및 냉방/난방
5. 발전 효율 향상 기술
6. 태양광 수소 생산

1 태양 에너지

1-1 지구에 도달하는 태양 에너지의 크기

에너지는 인간을 비롯한 생명체의 생명 활동을 하는 근원이 되는 힘이며, 에너지의 최초 근원은 태양으로부터 온다. 태양에서 일어나는 핵융합에서 발생하는 에너지가 매순간 지구로 보내지고 있다. 태양에서 방출되는 총에너지는 매초 약 3.8×10^{26} W(와트)이다. 지구가 받는 태양 에너지를 일사량이라고 하는데, 태양 복사 에너지 중 지구의 단면에 해당하는 면적으로 환산한 일사량을 계산하면 매초 174페타와트(1 PW = 10^{15}W)가 지구에 도달하게 된다. 도달한 태양 에너지 중 일부는 대기에 흡수되거나 반사되며, 나머지가 지표면에 도달한다. 약 30%는 대기와 지표면에서 반사되어 다시 우주로 방출된다. 이를 지구 반사율이라고 한다. 약 70%인 122 PW는 대기와 지표면에 흡수된다.

평균적으로, 지구의 대기권 외부에서 1 ㎡당 받는 태양 에너지는 약 1,361 W/m^{2}이다. 이를 태양 상수(solar constant)라고 하는데, 이 상수는 지구 대기권 외부에서 태양에 수직으로 노출된 단위 면적당 단위 시간에 도달하는 태양 복사 에너지의 양을 나타낸다. 이는 태양으로부터 지구까지의 평균 거리(1천문단위, 1 Astronomical Unit(AU), 149,597,870.7 km)에서 측정된다. 태양 에너지는 지표면에서는 대기 조건, 구름, 지리적 위치 등에 따라 100~1,000 W/m^2 정도가 도달한다.

국제에너지기구(IEA)의 통계에 따르면, 2022년 전 세계 에너지 소비량은 연간 약 176,000 TWh였다. 이를 와트로 변환하면 연평균 대략 20 TW 정도가 된다. 지표면에 도달하는 태양 에너지는 약 89,000 TW로 지표면에 도달하는 태양 에너지는 연간 전 세계 에너지 소비량의 약 4,450배에 해당한다. 따라서 지표면에 도달하는 태양 에너지는 인류가 현재 소비하는 에너지보다 수천 배 많다고 볼 수 있다.

1-2 대한민국에 도달하는 태양 에너지의 크기

대한민국의 총면적은 약 100,000 km^{2}이다. 태양 상수(1,361 W/m^2)와 대기와 지표의 흡수율 70%를 고려하면 연간 대한민국에 제공되는 태양 에너지 공급량은 1.361 ×

10^{14} W(1,361 W/m^2 × 100,000 km^2)이다. 흡수율 70%를 감안한 대기와 지표에서 흡수되는 태양 에너지는 95.62 TW이고 이는 연간 총 837,000 TWh(95.62 TW × 24 h/d × 365d)가 된다. 2021년 기준, 대한민국의 전기, 석유, 가스 등 포함한 총에너지 소비량은 약 1,000 TWh로 추정된다. 따라서 태양 에너지는 대한민국 에너지 소비량의 약 837배에 해당한다. 현재 태양광 패널 효율은 약 20% 수준이며, 설치 면적과 조건(날씨, 계절, 지역)에 따라 실제 활용할 수 있는 에너지는 제한적이다. 대한민국 1%의 면적에 태양광 패널을 설치한다고 가정하면 대한민국 연간 소비량 1,000 TWh을 충분히 충족시킬 수 있는 1,674 TWh를 태양광으로 생산할 수 있게 된다.

2 태양 에너지의 전기 에너지로의 변환

태양전지(solar cell)란 정확히는 태양 빛을 받을 때 빛 에너지를 직접 전기 에너지로 변환하는 반도체 소자를 말한다. 보다 일반적인 표현으로 태양전지 셀, 태양전지 모듈, 태양전지 어레이(array) 등을 총칭하기도 하며, 최근에는 태양전지(photovoltaic cell)라는 용어를 더 많이 사용하기도 한다. 태양이 보내주는 에너지는 크게 빛 에너지와 열 에너지로 구분되는데 그중 태양의 빛 에너지를 이용해서 전기를 생산하는 것이 바로 태양전지이다. 태양전지의 전원인 빛 에너지는 무공해이며 고갈될 염려가 전혀 없으므로 매우 훌륭한 에너지원이다.

태양전지의 발전 원리는 반도체에 빛을 쏘이면 전자와 정공이 발생하여 +전극과 −전극이 형성되고 그 전극이 외부회로와 접속되어 있으면 전류가 흐르게 되는, 즉 태양전지가 직접 빛을 전기로 변환시키는 원리이다(그림 7-1). 이 원리를 반도체의 광전 효과라고 부른다. 광전 효과는 빛(광자)이 물질(주로 금속이나 반도체)에 닿을 때 전자가 방출되는 현상이다. 광자의 에너지가 물질 내부의 전자에 전달되면, 전자가 재료의 에너지 장벽(밴드갭)을 넘어서 자유 전자로 방출된다. 태양광 패널에서는 실리콘 같은 반도체가 이 역할을 한다.

태양광 패널의 기본 단위인 태양전지는 p형 반도체와 n형 반도체를 접합하여 구성된다. 실리콘에 인(P), 비소(As), 안티몬(Sb)과 같은 5가 원소를 첨가하면 n형 반도체

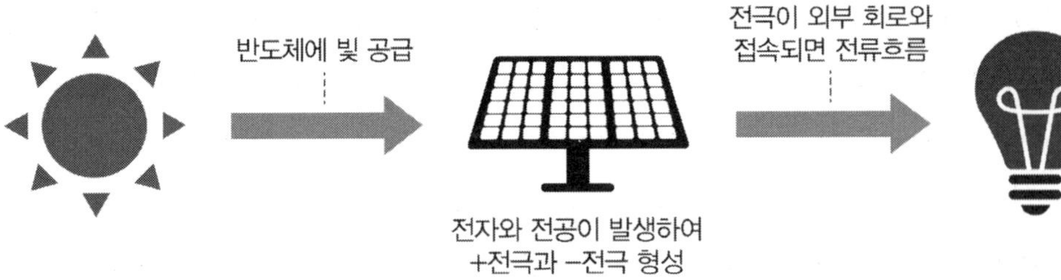

그림 7-1 태양전지의 발전 원리

로 자유 전자가 풍부한 상태가 된다. 실리콘에 붕소(B), 갈륨(Ga), 인듐(In)과 같은 3가 원소를 첨가하여 전자가 부족한 상태(정공, 또는 양공, hole)의 p형 반도체가 된다.

태양 에너지로 태양전지로 전자기파를 전기로 변환하는 원리의 시작은 광전자 생성 단계이다. 첫째, 태양광(광자)이 반도체에 닿으면 광자의 에너지가 반도체 내부의 전자를 들뜨게 한다. 이로 인해 전자가 높은 에너지 상태로 전이하며 전자–정공 쌍이 생성된다. 이 과정을 광전자 생성이라 한다. 둘째, p형 반도체와 n형 반도체를 접합하면, 자유 전자는 p형으로, 정공은 n형으로 이동하여 공핍층(depletion region)이 형성된다. 공핍층 내에는 전기장이 생성되어, 전자의 이동 방향을 제어한다. 세 번째 단계에는 전위차 형성 과정이다. p형 반도체는 전자가 부족하고, n형 반도체는 전자가 많아 두 반도체 사이에 전기적 전위차가 발생한다. 이 전위차로 인해 전기장이 형성되며, 전자와 정공을 분리시키는 역할을 한다. 네 번째 과정에는 전자와 정공의 이동이 일어난다. 광자에 의해 생성된 전자–정공 쌍은 전기장의 영향을 받아 반대 방향으로 이동한다. 전자는 n형 반도체 쪽으로 이동하고 정공은 p형 반도체 쪽으로 이동한다. 이 과정에서 전류가 생성된다. 다섯 번째 외부회로를 통해 전류의 흐름이 일어난다. p형과 n형 반도체에 전극이 연결되면, 전자가 외부회로를 통해 이동한다. 이 외부회로를 통해 흐르는 전자가 바로 전기 에너지로 변환된다. 전위차로 인해 전자는 n형 반도체에서 p형 반도체로 이동하며 전류가 지속적으로 흐른다.

이상의 과정을 통해 광자에너지가 전기 에너지로 변환된다. 변환된 전기 에너지는 여러 개의 직사각형 셀(전지)로 구성 태양전지 패널로 담기게 된다. 개별 태양전지를 직렬 또는 병렬 연결하여 필요한 전압과 전류를 조정한다. 각 태양전지는 직사각형 모양의 셀로 구성되어 있으며, 이 셀들이 모여서 태양전지 패널을 형성한다.

2-1 태양전지 구성 및 작동 원리

태양전지는 셀(photovoltaic cell)과 어레이(PV array)로 구성된다. 태양전지 셀(solar cell 또는 photovoltaic cell)은 태양전지의 가장 기본 소자를 말하며 보통 실리콘 계열의 태양전지 셀 1개에서 약 0.5 ~ 0.6 V의 전압과 4 ~ 8 A의 전류를 생산할 수 있다. 결정질 실리콘 셀은 실리콘의 원료와 제조 방법에 따라 단결정질 셀과 다결정질 셀로 구분한다. 태양전지 어레이(PV array)란 필요한 만큼의 전력을 얻기 위하여 1장 또는 여러 장의 태양전지 모듈을 최상의 조건(경사각, 방위각)을 고려하여 거치대를 설치하여 사용 여건에 맞게 연결해 놓은 장치를 말한다.

태양전지에서 만들어지는 전기는 직류(DC)이며, 전압은 다양하게 낼 수 있으나 주로 많이 사용되는 것이 12 V와 24 V이다. 가능하면 태양전지에서 얻어지는 직류 전원을 바로 사용하는 것이 가장 간단하고 손실이 적어 경제적이다. DC 전기제품을 사용하면 인버터가 필요하지 않다. 시중에는 DC 12 V나 DC 24 V용 전기제품(전등, 물 펌프, TV, 오디오, 환풍기, 냉난방기기, 통신기기, 등이)이 많이 출시되어 있다. 특히 요즈음 DC 전기로 작동하는 LED 조명제품이 많이 개발되어 태양광 발전과 잘 결합되고 있다.

태양광 패널에서 생성된 전기는 직류(DC)이므로, 이를 실제로 사용할 수 있는 교류(AC)로 변환하기 위해 인버터(inverter)가 필요하다. 일반 가정용 전기인 220 V AC(교류) 전기를 사용하고 싶거나, AC 220 V와 DC를 같이 사용하려면 인버터가 추가로 필요한 것이다. 인버터는 크게 정현파 인버터와 유사 정현파 인버터로 구분된다.

정현파(sine wave)는 교류 전압이 일정한 주기와 크기를 가진 부드러운 곡선을 그리며 변하는 형태이다. 가정용 전기 및 산업용 전기의 표준 파형이며, 모든 전기 기기가 최적으로 작동하는 이상적인 파형이다. 정현파 인버터(pure sine wave inverter)는 일반 가정에 공급되는 정현파 교류 전기제품에 모두 사용할 수 있다. 독립형 태양광 발전 시스템, 측정기기, 의료기기, 통신기기, 음향기기, 형광등, 컴퓨터 등 고가 정밀기기의 사용에는 정현파 인버터를 선택하고 있다.

유사 정현파 인버터(modified sine wave inverter)는 정현파와 비슷하지만, 파형의 왜곡에 있어서 정격출력에 도달하면 파형이 찌그러지는 현상이 생겨 서지가 발생하고 잡음과 화상 노이즈 현상이 발생할 수 있는데 변형된 파형이기 때문에 민감한 전자제품은 사용을 피하는 것이 좋으며 이 파형으로 사용할 수 있는 제품은 파형에 민감하지 않은 모터류, 전등, 전열기구 등에 사용된다.

태양광 발전시스템(solar power system)은 보통 계통 연계형(Grid) 발전시스템과 독립형(off grid) 발전시스템으로 구분한다. 계통연결형은 발전된 직류 전력을 교류 전력으로 변환시켜 전력 계통으로 접속시켜 전기회사로 전기를 판매하는 것이다. 독립형 발전시스템은 발전된 직류전력을 배터리에 저장하였다가 필요할 때 직류 전력이나 교류 전력으로 가정이나 설비에 사용하는 시스템을 말한다.

태양광 시스템 주요 구성 요소로는 솔라 컨트롤러(battery charge controller)와 역류 방지 다이오드(diode)가 사용된다. 솔라 컨트롤러(그림 7-2)는 독립형 태양광 발전시스템에 반드시 필요한 부품이다. 배터리의 과충전 방지 기능, 과방전 차단 기능, 역전류 방지 기능, 배터리 상태 표시 기능 등을 가지고 있으며 배터리를 효율적으로 충·방전하여 오랫동안 정상적으로 사용할 수 있도록 한다. 역류 방지 다이오드는 태양전지의 출력이 적을 때, 배터리로부터 태양전지로 거꾸로 전기가 흐르는 것을 방지하기 위한 것이다. 일반적으로 30 W급 이상의 제품에는 대부분 모듈 후면에 부착된 접합부 상자(junction box) 안에 내장되어 있다.

그림 7-2 솔라 컨트롤러(KalteSonne, CC BY-SA 4.0, Wikimedia Commons)

2-2 태양전지의 종류

태양전지는 학문적으로 재료, 형태, 원리에 따라서 분류할 수 있다. 재료에 따라서는 크게 실리콘계 태양전지와 화합물계 태양전지, 유기물계 태양전지로 나누어지며, 형태에 따라서는 결정형, 박막형, 적층형으로 구분할 수 있다. 원리에 따른 구분은 반도체의 pn 접합으로 만든 반도체 접합형과 염료감응형과 같은 광전기 화학형으로 구분된다.

1) 결정질 실리콘 태양전지

단결정질 실리콘 태양전지는 가장 역사가 오래된 1세대 태양전지로 실리콘의 원자 배열이 규칙적이며 배열 방향이 일정하여 전자 이동에 걸림이 없어 변환 효율이 높다. 또 아침, 저녁이나 흐린 날 등 일조량이 적을 때도 비교적 발전이 양호하다. 현재 단결정질 실리콘 태양전지의 효율은 실험실에서는 20% 이상을 나타내고 있으며 양산품도 16 ~ 18%의 효율을 나타낸다. 실리콘 결정질 태양전지의 제조 방법은 실리콘을 포함하고 있는 광석(규석, 모래)을 전기로에서 정제시켜 폴리실리콘을 만드는 것부터 시작된다. 이 폴리실리콘을 석영 도가니에 넣고 불순물(붕소, 또는 인)을 함께 넣어 고온으로 용융시켜 원주 모양의 단결정질 실리콘 잉곳(ingot)을 만든 후 이것을 약 200 μm 정도로 얇게 절단한 것이 단결정 실리콘 웨이퍼이다.

단결정질 실리콘 태양전지는 효율이 높고 신뢰도도 높지만, 가격이 비싸고 대량생산에 문제가 있다. 이에 반해 다결정 실리콘 태양전지는 단결정질에 비해 공정이 간단하고 단결정질보다 가격도 저렴해서 늘리 사용되고 있다. 그러나 변환 효율이 단결정질보다 낮은 것이 단점이다. 다결정질 실리콘 웨이퍼의 제조 방법은 실리콘 원석을 도가니에 넣고 높은 온도로 가열하여 녹인 후, 정제하여 일정한 틀에 부어 응고시키는 방법으로 잉곳을 만든다. 이런 주조 방법은 단결정질 제조 방법보다 간단하여 원가를 낮출 수 있고 대량생산이 가능하다. 이렇게 제조된 잉곳은 많은 결정체가 모여서 하나의 잉곳을 형성하고 있으며 그 형상은 원주형이 아니라 대부분 주형틀에서 찍혀 나온 사각형 기둥 모양이다.

다결정 잉곳을 자세히 보면 여러 부분에 실리콘 결정체의 경계선이 보이고 실리콘 원자의 결합 역시 불안전하게 되어 있다. 이 구조적 결함으로 인하여 단결정질보다 효율이 떨어진다. 이 잉곳을 두께 200 μm 정도로 절단하여 웨이퍼를 만들고, 이 웨이퍼로 단결정질과 마찬가지로 pn 접합을 형성시켜 전극을 만들고, 표면 빛의 반사를 막아 효율을 높이기 위해 반사방지막을 입히고, 테스트를 마치면 다결정질 실리콘 셀이 완성된다. 다결정질 실리콘 태양전지는 양산 체제로 인하여 효율 대비 가격이 저렴하며 현재 나와 있는 태양전지 중 가장 많이 사용되고 있는 제품이다.

2) 박막형 태양전지

박막 태양전지(thin film PV)는 유리, 금속판, 플라스틱 같은 저가의 일반적인 물질을 기판(웨이퍼)으로 사용하고 광 흡수층 물질을 마이크론 두께로 얇은 막을 입혀 만든 2세대 태양전지를 말한다. 고가의 실리콘에 의존하는 결정질 실리콘 태양전지보다 원료비 비중이 훨씬 낮고 생산시설을 자동화할 수 있어 대량생산이 가능하며 생산원가가 저렴하다. 다만 아직은 효율이 낮으며 수명에 대한 실증 연구가 부족하다는 단점을 가지고 있다. 화합물 박막형 태양전지는 실리콘 이외에 반도체 특성을 갖는 화합물인 구리(Cu), 인듐(In), 갈륨(Ga), 셀레늄(Se)으로 구성된 CIGS계 박막형 태양전지와 $CuInSe_2$, CuGaSe 등 황동광계 화합물 태양전지, 원소 주기율표상 2족과 6족의 화합물인 CdTe계 태양전지, 3족과 5족 화합물인 갈륨비소(GaAs), 인듐인(InP), 갈륨인(GaP) 등이 있다.

실리콘 박막형 태양전지의 핵심은 pn 접합이다. pn 접합과 그 아래 위에 약간의 실리콘층이 있으면 발전할 수 있다. 그래서 실리콘의 두께를 극한까지 얇게 한 것이 '박막 실리콘 태양전지'이다. 결정 실리콘 태양전지의 셀은 200 ~ 300 μm의 두께이다. 이것을 더욱 얇게 하는 방법으로, 실리콘을 일단 가스 상태로 하고, 유리 등의 기판 위에 원자 수준에서 불어 대는 방법이 개발되었다.

이렇게 해서 생긴 태양전지의 실리콘 두께는 0.3 ~ 2 μm 정도인데, 사용 실리콘의 양을 100분의 1 이하로 하는 데 성공했다. 내부는 결정 실리콘과 달리 비규칙적으로 배열이 흐트러져 있는데 이 태양전지를 특히 '아모퍼스(amorphous) 실리콘 태양전지'라고 부른다. 변환 효율은 결정 실리콘보다 낮아져서 6 ~ 8%이다. 대신 실리콘이 적기 때문에 비용이 낮다.

또한 접합 구조에 따라 단일 접합, 이중 접합, 삼중 접합의 다중 접합 구조 태양전지로 나눌 수 있다. 이것을 적층형 박막형 태양전지라고 이야기한다. 적층형의 경우 다중 접합에 의하여 효율은 향상되나 상업적 측면에서는 투자비가 많이 들고 대량생산이 아직 어렵다.

화합물 태양전지의 대표 격인 CIGS계 박막형 태양전지는 광흡수계수가 반도체 중 가장 높아, 두께 1 ~ 2 μm의 얇은 박막으로도 고효율의 태양전지 제조가 가능하여 1980년대에 미국의 보잉사에서 그때까지 우주용으로 사용하고 있던 단결정질 실리콘 태양전지의 대체품으로 GaAs계 태양전지와 함께 차세대 우주용 태양전지로 개발되었다. CIGS계 박막형 태양전지는 단일 접합에서도 단위 중량당 발전전력량이 100 W/kg으로 단결정질 실리콘 태양전지의 20 W/kg, GaAs계 태양전지의 20 ~ 40 W/kg에 비하여 월등히 높다. 이렇게 CIGS계 박막형 태양전지는 변환 효율도 19.5%로 매우 높고 광흡수가 매우 뛰어나 얇은 두께로도 빛을 완전히 흡수할 수 있어 차세대 태양전지로 각광을 받고 있다. 이 제품의 또 하나 장점은 다양한 기판을 사용하여 여러 방면에 응용할 수 있다는 것이다. 유연성 있는 플라스틱 기판을 사용하여 구부릴 수 있는 플렉시블 태양전지도 만들 수 있다. 플렉시블 태양전지는 얇고 가벼워서 운반이나 시공하기 쉽고 롤 형태의 대형 태양전지로 제작이 가능하다. 이러한 많은 장점이 있는 CIGS계 박막형 태양전지는 건축용, 일상생활용 등 다양한 용도로 개발되고 있다. CIGS의 한 가지 문제점은 중요 원료인 인듐(In)의 자원량이 적다는 것이다. 이에 따라 인듐을 대체할 소재가 계속 연구되고 있으며, 이 문제가 해결되면 가격이 낮아져 시장 점유율이 급격히 늘어날 것이다.

표 7-1 CIS와 CIGS계 박막형 태양전지 비교

특징	CIS ($CuInSe_2$)	CIGS ($Cu(In,Ga)Se_2$)
구성 성분	구리(Cu), 인듐(In), 셀레늄(Se)	구리(Cu), 인듐(In), 갈륨(Ga), 셀레늄(Se)
효율성	20% 이상	23% 이상
광흡수 특성	뛰어남	매우 뛰어남
비용	비교적 낮음	약간 높은 생산비용
내구성	안정성 개선 필요	고온, 고습에서 더 나은 안정성
상용화	상용화 단계에 있음	상용화 진행 중

3) 염료감응 태양전지

염료감응 태양전지(DSSC, dye-sensitized solar cell)는 3세대 태양전지의 한 종류로, 실리콘 타입의 pn 접합을 쓰지 않고 금속 산화물인 산화 타이타늄(TiO_2) 표면에 특수한 염료를 흡착시킨다. 흡착된 염료가 태양 빛을 흡수하면 광전기 화학적 반응을 일으켜 전기를 생산한다.

1991년 스위스의 마이클 그래첼(Michael Gratzel) 박사가 세계 최초로 광합성 반응 원리를 이용하여 전기를 생산하는 새로운 형태의 DSSC를 발명하였다. 염료감응 태양전지에 사용하는 염료는 가시광선에서부터 근적외선 영역까지 폭넓은 광 흡수성을 가진 루테늄(Ru) 염료가 가장 일반적으로 사용되고 있으며 다른 유기 염료를 사용하는 태양전지도 속속 개발되고 있다.

DSSC는 실리콘계 태양전지에 버금가는 변환 효율을 갖고 있으며 생산원가가 적게 들어 차세대 태양전지로 주목받고 있다. 현재는 루테인 염료 가격이 매우 고가이지만 많은 연구 기관에서 생산원가를 낮추기 위해 대체물질을 개발하고 있어 앞으로는 생산원가가 더 낮아질 전망이다. 그리고 만들 때 배출되는 이산화 탄소의 양이 결정 실리콘 타입보다 적다는 점도 하나의 장점이다. 염료감응 태양전지는 날씨가 흐려도 발전할 수 있으며 빛의 조사 각도가 10도만 되어도 전기가 생산된다. 그리고 투명 또는 반투명하게 만들 수도 있고 사용하는 유기 염료의 종류에 따라 황색, 적색, 녹색, 청색 등 다양한 색상과 아름다운 무늬를 가진 태양전지도 만들 수 있다. 여러 장을 겹쳐 다중적층형으로 생산하면 같은 면적에서 2배, 3배 이상의 발전도 가능하다. 이러한 장점이 있는 염료감응형 태양전지는 앞으로 건물의 유리 창호, 소형전기 · 전자제품, 군사용 등으로 널리 활용될 것이다.

아모퍼스 실리콘과 같은 성능을 가지면서도 상품화되지 않는 이유는 내구성에 약점이 있기 때문이다. 현재 내구성을 올리기 위해 전해질을 젤 타입으로 하기 위한 연구가 진행되고 있다.

4) 유기물 태양전지

유기물 태양전지(OPV, organic PV)도 3세대 태양전지의 하나로 실리콘계 태양전지보다 변환 효율은 떨어지지만 다양한 용도로 개발할 수 있으며 아주 저렴한 가격으로 발전할 수 있는 플라스틱 필름 형태의 태양전지이다. 일반적으로 플라스틱의 원료인 유기물질 재료는 전기가 통하지 않는 절연 물질로 알려져 왔다. 그러나 1970년대 초 일본 도쿄공대 연구소의 시라카와 히데키 교수팀이 실험 도중 우연히 전기가 흐르는 고분자 화합물(전도성 폴리머)을 발견하게 되어 노벨화학상을 받게 된다. 이렇게 개발된 전도성 폴리머는 일반전도체인 금속보다 훨씬 가볍고 성형하기 쉬워 컴퓨터의 백업 전지나 플라스틱 축전지, 휴대전화의 화면 표시장치 등 많은 분야에 응용되었으며 유기물 태양전지도 이 기술을 이용하여 개발되었다.

이 방식의 최대 장점은 인쇄기로 만들 수 있다는 점이다. 종이 대신에 기판이 되는 재료를 쓰고, 잉크 대신에 태양전지의 재료가 되는 유기물을 녹인 용액을 쓰면, 단시간에 다량으로 만들 수 있게 될 것이다. 거기에 유기물의 종류를 바꿈으로써 색상도 조절할 수 있다. 결국 광고물이나 포스터처럼 만들어서 벽이나 기둥에 붙여서 발전하는 태양전지가 나올 수도 있다. 유기물 태양전지는 매우 가볍고 플렉시블하며 프린팅까지 가능하여 종래의 실리콘계 태양전지로는 구현할 수 없었던 값싸고 다양한 용도의 응용 제품 개발이 가능하여 미래의 태양전지로 기대되고 있다.

사실 유기물 태양전지는 1970년대부터 그 가능성이 제기되었으나 효율이 1% 정도로 매우 낮아 오랫동안 상품화되지 못하였다. 그러나 2005년에 일본의 한 연구소에서 나노구조의 pn 접합을 이용하여 변환 효율을 4%까지 향상시켰으며 계속 연구 개발한 결과 지속적인 효율 증가를 보여 현재 단층 구조에서 5%, 2층 적층 구조에서 6.5%대의 상당한 효율을 보일 정도로 발전하였다.

5) 양자점 태양전지

양자점 태양전지(QDSC, quantum dot solar cells)는 차세대 태양전지 기술 중 하나로, 4세대 태양전지로 분류된다. 양자점은 나노미터 크기의 반도체 입자로, 양자역학적 특성을 가지며, 이에 따라 태양광을 변환하는 효율을 획기적으로 개선할 가능성을 지니고 있다. 양자점 태양전지는 기존의 실리콘 기반 태양전지나 박막 태양전지보다 더 뛰어난 성능과 유연성, 저비용 제작 가능성 등을 제공한다.

양자점(quantum dot)은 크기가 약 2 ~ 10 nm인 나노미터 크기의 반도체 입자이다. 이 크기는 양자역학적인 효과가 두드러지게 나타나는 크기로, 전자와 구멍이 일정한 범위 안에서만 움직일 수 있도록 제한된다. 이 특성은 양자화된 에너지 수준을 만들어내며, 외부 자극에 대해 특정 파장의 빛을 흡수하거나 방출할 수 있는 능력을 갖춘다. 양자점은 그 크기에 따라 밴드갭이 달라져, 태양광의 다양한 파장을 효율적으로 흡수할 수 있다. 이를 통해 양자점 태양전지는 넓은 스펙트럼 범위에서 태양광을 효율적으로 흡수하고, 광전 변환 효율을 높일 수 있다.

양자점 태양전지는 기본적으로 광전자 생성과 전자-홀 분리 및 전하 이동을 통해 전기를 생성하는 방식은 기존의 태양전지와 유사하다. 하지만 양자점 태양전지는 특유의 나노구조로 인해 넓은 흡수 범위와 높은 전자 이동성을 가진다. 양자점 태양전지의 주요 작동 원리는 먼저 태양광이 양자점에 입사하면, 양자점은 광자의 에너지를 흡수하여 전자-홀 쌍을 생성한다. 양자점의 크기와 소재에 따라 흡수하는 빛의 파장이 결정된다. 그다음 양자점에서 생성된 전자와 홀은 전기장이나 외부의 전위차에 의해 분리된다. 이 분리는 양자점의 크기와 형성된 전기장에 따라 다를 수 있다. 이어서 전하 이동이 일어난다. 분리된 전자와 홀은 각각 전극으로 이동하며, 전자는 음극으로, 홀은 양극으로 이동하여 전류를 생성한다.

양자점 태양전지는 태양 빛의 넓은 스펙트럼 범위를 흡수하여 높은 효율을 얻을 수 있다. 양자점의 크기나 형태를 조절하여 밴드갭을 조정할 수 있어서, 다양한 빛의 파장을 최적으로 활용할 수 있으며, 양자효율을 높여 더 많은 태양광을 전기 에너지로 변환할 수 있다. 유연성과 경량화를 할 수 있으며 솔벤트나 저온 증착 기술을 통해 제조할 수 있어, 기존 실리콘 태양전지에 비해 비용을 절감할 가능성이 크다. 특히, 대량생산에 유리한 기술을 활용할 수 있다. 2 ~ 10 nm 반도체 결정으로 Cd을 Zn으로 감싸고 있는 입자를 크기에 따라 양전극 사이에 층으로 넣고 관을 조사하면 넓은 파장 범위의 빛 흡수 가능, 41% 정도까지 흡수율 향상된다는 보고가 있을 만큼 에너지 효율이 높다.

6) 태양전지 변환효율의 이해

태양전지의 성능을 비교할 때 모듈의 효율(%)을 비교한다. 태양전지 모듈의 변환효율(conversion efficiency)은 태양광 발전 시스템에서 가장 중요한 성능 지표 중 하나이다. 변환효율은 태양광 모듈이 받는 태양광 에너지를 얼마나 잘 전기 에너지로 변환할 수 있는지를 나타낸다. 간단히 말해서, 태양광이 태양전지에서 전기로 얼마나 잘 변환되는지를 측정하는 수치이다. 태양전지 모듈의 변환효율(η)은 태양전지 모듈이 생성한 전력(와트, W) $P_{출력}$을 태양광이 태양전지 모듈에 전달된 입력 전력(와트, W) $P_{입력}$으로 나눈 값이다.

$$태양전지\ 모듈의\ 변환효율(\eta) = (P_{출력} / P_{입력}) \times 100$$

즉, 변환효율은 태양광이 모듈에 도달하여 실제로 전기 에너지로 변환된 비율을 나타낸다. 이때 입력 전력(와트, W) $P_{입력}$은 태양광의 입사 광도(단위: W/m^2)와 태양전지 모듈의 면적(단위: m^2)의 곱이다. 출력 전력 $P_{출력}$은 태양전지 모듈이 생성하는 전력이다. 이는 모듈의 효율성을 반영하며, 실제로 전력 변환장치(인버터 등)로 전달된 전력량을 나타낸다. 출력 전력은 일반적으로 단위 면적당 출력 전력으로 제공되며, 보통 W(와트) 단위로 측정된다. 예를 들어, 1 m^2 면적의 태양전지 모듈이 있고, 이 모듈이 받는 태양광의 입사 광도가 1,000 W/m^2일 때, 이 모듈의 출력 전력이 150 W라고 가정한다.

입력 전력(와트, W) $P_{입력} = G \times A = 1000\ W/m^2 \times 1\ m^2 = 1000\ W$

출력 전력 $P_{출력} = 150W$

변환효율$(\eta) = (150W/1000W) \times 100 = 15\%$

또 다른 예로 모듈의 사양이 최대 전류 4.55 A, 최대 전압 17.6 V, 출력 80 W이고, 면적은 가로 $0.53\ m \times 1.19\ m = 0.6307\ m^2$이라면, 먼저 표준조건에서 단위면적(1 m^2)당 입사되는 에너지량을 계산한다.

입력 전력(와트, W) $P_{입력} = 0.6307m^2 \times 1000W/m^2 = 630.7W$

출력 전력 $P_{출력} = 80W$

모듈 변환효율$(\eta, \%) = (80W \div 630.7W) \times 100 = 12.68\%$

따라서 이 태양전지 모듈의 변환효율은 12.68%이다.

QUIZ

✔ **다음 에너지에 대한 설명에서 맞으면 O, 틀리면 X 하시오.**

1) 태양전지란 태양 빛을 받을 때 빛 에너지를 직접 전기 에너지로 변환하는 반도체 소자를 말한다. (　　)

답 O (태양전지는 반도체 셀, 태양전지 모듈, 태양전지 어레이 등의 총칭이다.)

2) 태양전지의 발전 원리는 반도체에 빛을 쏘이면 전자와 정공이 발생하여 +전극과 −전극이 형성되고 그 전극이 외부 회로와 접속되어 있으면 전류가 흐르게 되는 광전 효과이다. (　　)

답 O (광전 효과는 빛(광자)이 물질(주로 금속이나 반도체)에 닿을 때 전자가 방출되는 현상이다.)

3) 광합성 반응 원리를 이용하여 전기를 생산하는 방식이 염료감응 태양전지이다. (　　)

답 O (염료감응 태양전지는 실리콘 타입의 pn 접합을 쓰지 않고 금속 산화물인 산화 타이타늄(TiO_2) 표면에 특수한 염료를 흡착시키고, 흡착된 특수 염료가 태양 빛을 흡수하면 광전기 화학적 반응을 일으켜 전기를 생산하는 방식이다.)

3 태양열 발전

태양 에너지를 사용하는 방법에는 태양광을 전기화학적으로 활용하는 태양전지 외에 태양열을 이용해 전기를 생산하기도 한다. 태양열 발전은 태양빛을 반사 거울이나 렌즈를 사용하여 집중시켜 열에너지를 생산하고, 이 열을 이용해 전기를 생성하는 방식이다. 일반적으로 집광 장치를 사용하여 고온의 열에너지를 생성하고, 이를 통해 증기를 생산하여 터빈을 돌려 전기를 생산한다.

태양열 발전은 대규모 발전소에서 사용되며, 산업용 전력을 생산하는 데 적합하다. 태양열은 고온의 열을 저장할 수 있어, 밤에도 열을 저장하고 필요할 때 사용할 수 있는 장점이 있다. 또 태양광 발전보다 효율성이 높다. 열에너지를 변환하는 과정에서 약 30 ~ 40%의 효율을 자랑한다. 고온의 열을 모을 수 있는 큰 면적을 활용할 수 있는 곳에 적합하다. 주요 태양열 발전 방식으로는 탑형 태양열 발전(solar tower), 접시형 시스템(parabolic dish), 선형 프레넬 시스템, 패러볼릭 트라우프(parabolic trough) 시스템이 있다.

탑형 태양열 발전은 중앙 타워에 햇빛을 집광하여 고온의 열을 발생시키는 방식으로 열저장 시스템(예: 용융염)을 활용해 야간 발전도 가능하다. 이 시스템은 에리오스타트라 불리는 반사경을 이용해 태양 빛을 하나의 수신기에 집중시키는 방식으로 작동한다. 많은 반사경이 태양 빛을 수신기가 위치한 고도의 중앙 타워로 반사한다. 각 반사경은 개별적으로 태양의 위치를 추적하여 최대한 많은 태양 빛을 수신기에 집중시킨다. 수신기는 타워의 상단에 위치하며, 반사경이 집중시킨 태양열을 수집한다. 이 수신기는 높은 온도(최대 600 ~ 1000°C)에 이르며, 보통 용융염이나 물과 같은 열전달 매체가 이곳에서 가열된다. 가열된 매체는 열에너지를 저장할 수 있으며, 이를 이용해 필요할 때 증기를 만들어 발전용 터빈을 돌린다. 이 터빈이 전기를 생산하는데, 태양 빛이 없는 밤이나 구름이 낀 날에도 에너지를 사용할 수 있도록 한다. 에리오스타트는 태양의 위치를 실시간으로 추적하는 자동 추적 시스템을 갖추고 있으며, 이를 통해 태양의 이동에 맞춰 정확하게 반사각을 조정한다.

접시형 시스템은 접시형 반사판으로 태양 빛을 한 점에 집중하여 발전하는 방식으로 효율이 높지만, 소규모 시스템에 적합하다. 파라볼라형 흡수장치는 접시 형태의 반사경을 사용하여 태양 빛을 하나의 초점에 집중시킨다. 이 초점에 태양열 수집 장치가 위치하여 매우 높은 온도를 얻어 이를 전기로 변환한다. 주로 태양열 발전(CSP, concentrated solar power) 시스템에서 사용되며, 높은 열 집중도를 통해 효율성을 크게 향상한다. 파라볼라형 구조는 태양 빛을 집중시켜 효율을 높이는 데 매우 효과적이다. 특히 고온이 필요로 하는 발전시스템에 적합하며, 에너지 변환 효율이 높다. 선형 프레넬 시스템은 평평한 반사경을 사용해 비용을 절감한 방식으로 대규모 발전소에 적합하다.

패러볼릭 트라우프 시스템은 곡선형 거울을 사용하여 유체를 가열한 후 발전하는 방식이다. 태양열 발전 사례로, 미국 모하비사막의 Ivanpah 태양광 발전소가 있다. 이는 세계 최대의 태양열 발전소 중 하나로, 약 392 MW의 전력을 생산한다. 스페인의 Andasol 태양열 발전소는 열저장 시스템을 사용해 야간에도 전력을 생산할 수 있다고 한다.

❹ 태양열 온수 시스템 및 냉방/난방

태양열 이용 산업 중에서 태양열을 이용한 난방 시스템은 건물 난방에 태양열을 활용하는 방식이다. 태양열을 이용해 물을 데우는 시스템으로, 주거용, 상업용, 산업용 건물에서 온수를 공급하는 데 사용된다. 태양열 집열판을 설치해 물을 가열하고, 이를 난방이나 온수 공급에 사용한다. 주로 저온 열에너지가 필요한 지역에서 많이 사용되며, 환경친화적이기 때문에 주택에서 활용도가 높다. 태양열을 이용한 냉방 시스템도 있으며, 흡수식 냉각 기술을 통해 태양열을 사용해 냉방이 가능하다. 이 기술은 주로 온도가 높은 지역에서 에너지 비용을 절감하는 데 효과적이다. 태양열 냉난방은 특히 에너지가 많이 소비되는 상업용 건물에서 유용하다. 태양열을 이용해 농업용 온실을 데우거나 건조기를 운영할 수도 있다. 이를 통해 농산물 생산과 보관에서 에너지 효율을 높일 수 있다. 예를 들어, 태양열을 사용한 농산물 건조는 농산물을 자연 상태에서 말리는 것보다 더 빠르고 위생적인 처리가 가능하여 수익성을 높인다.

❺ 발전 효율 향상 기술

태양광 발전이나 태양열 발전의 효율은 태양광 패널의 재료, 빛의 강도, 설치 각도 및 온도 등 다양한 요인에 따라 달라진다. 태양 추적 시스템(solar tracking system)은 태양의 위치를 실시간으로 추적하는 시스템을 태양광 패널에 적용하면, 패널이 항상 최적의 각도로 태양 빛을 흡수할 수 있어 효율이 크게 향상된다(그림 7-3). 단축 추적기(1-axis tracking system)는 하루 동안 태양의 동쪽에서 서쪽으로 이동을 따라가며, 이축 추적기(2-axis tracking system)는 계절에 따른 태양의 높낮이까지 추적할 수 있어 효율이 더 높다. 태양 추적 시스템은 고정형 패널보다 10 ~ 25%까지 효율을 높일 수 있다.

반사 소재 및 코팅 기술로도 발전 효율을 높일 수 있다. 태양광 패널의 표면에 반사 방지 코팅(ARC, anti-reflective coating)을 적용하여 빛의 반사를 최소화하고 더 많은 빛이 셀로 흡수되도록 할 수 있다. 이는 패널 표면에서 태양광이 반사되어 손실되는 에

그림 7-3 이축 태양 추적 시스템(Adsala, CC BY-SA 4.0, Wikimedia Commons)

너지를 줄여준다. 패널 후면에 반사 층을 추가하여 셀을 통과한 빛이 다시 셀로 반사되어 재활용되도록 하는 기술도 효율 향상에 기여한다.

태양광 패널이 과열되면 효율이 떨어지기 때문에, 패널의 온도를 적정 수준으로 유지하는 것이 중요하다. 패널의 열을 제거하는 냉각시스템이나 자연 환기를 통해 열 관리를 할 수 있으며, 이는 전력 생산 효율을 높여준다. 별도의 전력 소비 없이 자연적인 열 방출을 촉진하는 패시브 냉각 기술이 적용되기도 한다. 예를 들어, 방열 핀이나 열전도 소재를 사용한 냉각시스템을 설치할 수 있다.

태양광 발전은 날씨나 시간에 따라 변동성이 크기 때문에, 생산된 에너지를 저장할 수 있는 시스템이 중요하다. 배터리 저장 시스템을 통해 낮 동안 생산된 전기를 저장해 밤이나 흐린 날에도 사용할 수 있게 하면, 전체 시스템의 활용도가 높아져 실질적인 에너지 효율이 향상된다. 리튬 이온 배터리나 차세대 배터리 기술의 발전이 ESS의 효율을 높여 태양광 발전의 안정적인 전력 공급을 가능하게 한다.

태양광 발전 시스템을 스마트 그리드(smart grid)와 연계하면 에너지 공급과 수요를 효율적으로 관리할 수 있다. 스마트 그리드는 전력망의 수요와 공급을 실시간으로 모니터링하고 조정하여, 태양광 에너지의 활용도를 극대화할 수 있는 시스템이다. 전력망과 연계된 시스템을 통해 에너지 소비 패턴을 분석하고, 전력 수요가 낮은 시간대에 저장한 에너지를 사용하도록 조정하는 등 효율적인 전력 사용, 전력 소비 최적화가 가능하다.

태양광 발전과 태양열 발전을 결합한 하이브리드 시스템을 통해, 낮에는 태양광을 이용해 전력을 생산하고, 태양열 시스템을 통해 저장된 열을 사용하여 밤에도 전력 공급을 할 수도 있다. 이를 통해 일사량이 부족한 시간대에도 안정적으로 전력을 공급할 수 있다.

6 태양광 수소 생산

태양광 발전을 통해 생산된 전기를 이용하여 물을 전기 분해하여 수소를 생산하는 기술을 태양광 수소 생산(solar hydrogen production)이라고 하며, 이는 청정에너지와 수소 경제를 위한 중요한 기술로 주목받고 있다. 이 기술은 재생할 수 있는 에너지와 수소 에너지의 결합으로, 환경친화적인 에너지 생산 방법 중 하나이다.

6-1 태양광 발전을 통한 전력 생산

태양광 발전은 태양의 빛을 태양광 패널(photovoltaic cells)을 통해 전기 에너지로 변환하는 기술이다. 태양광 패널은 광전 효과를 이용하여 태양 빛을 흡수하고, 이를 전기로 변환하여 직류(DC) 전기를 생성한다. 태양광 발전의 특징은 재생 가능하고, 온실가스를 배출하지 않는 점이다. 이 전기는 이후 수소 생산 과정에 필요한 전력으로 사용된다.

6-2 전기분해를 통한 수소 생산

전기분해(electrolysis)는 물(H_2O)을 전기 에너지를 이용해 수소(H_2)와 산소(O_2)로 분해하는 화학적 과정이다. 이 과정은 다음과 같은 기본적인 원리로 작동한다. 물에 전기를 통과시키면, 물 분자가 두 가지 기체로 나뉜다. 수소 이온(H^+)이 음극(cathode)에서 수소 기체(H_2)로 환원되고, 산소 이온(O^{2-})은 양극(anode)에서 산소 기체(O_2)로 산화된다.

$$\text{반응식: } 2H_2O(l) + \text{전기} \rightarrow 2H_2(g) + O_2(g)$$

이때 필요한 전력이 태양광 발전 시스템으로 얻었다면, 청정도가 높은 수소를 생성할 수 있게 되는 것이다.

6-3 수소 생산을 위한 전기분해 과정

수소 생산을 위한 전기분해 과정은 크게 알칼리 전기분해와 고온 가스로 전기분해 방식 등으로 나눌 수 있다. 그러나 일반적으로 태양광 전력으로 물을 전기분해하는 경우는 알칼리 전기분해 방식이 가장 많이 사용된다. 알칼리 전기분해(alkaline electrolysis)는 물에 알칼리 전해질(주로 수산화 포타슘, KOH)을 혼합하여 전기분해를 수행하는 방식이다. 이 방식은 상온에서 작동하며, 상용화가 가장 잘 되어 있는 기술이다. 상대적으로 낮은 비용으로 상용화할 수 있으며, 안정적인 기술로 많은 수소 생산시설에서 사용되고 있다.

고온 가스로 전기분해(high temperature electrolysis)는 고온(약 700 ~ 1,000도)의 열에너지를 사용하여 물을 분해하는 기술로, 고온 가스로 발전소에서 나오는 열을 활용할 수 있다. 이 방식은 효율성이 높고, 발전소와 결합하면 매우 유리할 수 있다. 태양광 전기로 수소를 생산하는 과정은 온실가스 배출이 없으며 탄소 배출을 크게 줄일 수 있다. 이는 청정 수소 생산을 가능하게 하여, 지속 가능한 에너지의 기반을 다질 수 있다.

수소는 에너지를 저장하는 역할을 할 수 있다. 태양광 발전은 날씨와 시간대에 따라 불규칙하게 전기를 생성하는데, 이를 수소로 변환하여 저장하고, 필요할 때 다시 연료전지를 통해 전기로 변환할 수 있다. 이렇게 하면 태양광 에너지의 간헐성 문제를 해결할 수 있다. 태양광에서 발생한 전기를 이용해 물을 전기 분해하여 수소와 산소를 생성하는데, 이때 전기분해기는 전압과 전류를 조절하여 효율적인 수소 생산을 가능하게 한다. 생성된 수소는 고압 저장탱크에 저장되며, 연료전지나 다른 용도로 활용된다. 연료전지 차량(FCVs, fuel cell vehicles)은 수소를 연료로 사용하여 구동할 수 있다. 태양광 전력으로 수소를 생산하고 이를 차량에 사용하는 시스템은 무공해 운송 수단으로 주목받고 있다. 수소는 화학 산업, 금속 산업, 전력 산업 등에서 원료나 에너지원으로 활용될 수 있다. 수소는 연료전지를 통해 전기를 생산하는 데 사용된다. 이 방법은 효율적이고 친환경적인 전력 생산 방법으로 각광받고 있다.

현재 태양광 전기분해를 통한 수소 생산은 아직 상대적으로 비용이 많이 들고, 전기분해 효율이 개선될 필요가 있다. 또한 수소 저장과 운반에 있어 비용과 기술적 문제가 존재한다. 기술 발전에 따라, 태양광 패널의 효율과 수소 전기분해기의 성능이 향상될 경우, 수소 경제가 더욱 활성화될 것이다. 또한 수소 저장 기술이 개선되고, 배터리와 연료전지의 발전이 가속화되면, 청정에너지 전환이 크게 이루어질 수 있다. 태양광 전력을 이용한 수소 생산은 청정에너지와 수소 경제를 위한 중요한 기술이다. 태양광 발전을 통해 얻은 전기를 사용하여 물을 전기 분해함으로써 탄소 배출을 줄이고, 수소를 에너지 저장 및 대체 에너지원으로 활용할 수 있다. 이 기술은 지속 가능한 에너지 시스템의 핵심이 될 수 있으며, 향후 기술 발전에 따라 경제성과 효율성이 개선되면, 청정 수소 생산의 주요 방법으로 성장할 것이다.

QUIZ

다음 에너지에 대한 설명에서 맞으면 O, 틀리면 X 하시오.

1) 태양열 발전은 태양 빛을 반사 거울이나 렌즈를 사용하여 집중시켜 열에너지를 생산하고, 이 열을 이용해 전기를 생성하는 방식이다. (　　)

답 O (집광 장치를 사용하여 고온의 열에너지를 생성하고, 이를 통해 증기를 생산하여 터빈을 돌려 전기를 생산한다.)

2) 미국 모하비사막의 Ivanpah 태양광 발전소는 세계 최대의 태양열 발전소 중 하나이다. (　　)

답 O (Ivanpah 태양광 발전소에서는 약 392 MW의 전력을 생산할 수 있다.)

3) 태양의 위치를 실시간으로 추적하여 패널이 항상 최적의 각도로 태양 빛을 흡수할 수 있는 방법은 태양 추적 시스템이다. (　　)

답 O (패널이 항상 최적의 각도로 태양 빛을 흡수할 수 있어 효율이 크게 향상된다.)

연습문제

01 태양전지에 대한 설명으로 잘못된 것은? (　　) (객관식)

① 반도체에 빛을 쏘이면 전자와 정공이 발생하여 +전극과 -전극이 형성되고 그 전극이 외부 회로와 접속되어 있으면 전류가 흐르게 된다.

② 태양전지에서 셀을 여러 장 직렬시키면 전압이 셀의 숫자의 배수로 증가되며 또 병렬로 연결을 시키면 전류가 배가 된다.

③ 단결정질 실리콘 태양전지는 효율이 좋고 신뢰도도 높으면서 가격도 다결정 실리콘 태양전지보다 싸다.

④ 햇빛을 받을 때 빛 에너지를 직접 전기 에너지로 변환하는 반도체 소자를 solar cell이라고 한다.

02 CIGS계 박막형 태양전지는 변환효율도 19.5%로 매우 높고 광흡수가 매우 뛰어나 얇은 두께로도 빛을 완전히 흡수할 수 있어 차세대 태양전지로 각광을 받고 있다. (　　)

(O, X 문제)

03 금속 판에 일정한 진동수 이상의 빛을 비추면 표면에서 전자가 튀어나오는 현상으로 태양광 패널이 빛 에너지를 흡수하면 전자를 방출하는 현상을 무엇이라 하는가?

(주관식)

8장

재생에너지 (수력, 풍력, 바이오)

1. 수력에너지
2. 풍력에너지
3. 바이오 재생에너지

우리나라에서는 신재생에너지법 개정 시행('19. 10.)으로 신에너지 및 재생에너지의 기술개발 및 이용・보급을 촉진하고, 신에너지 및 재생에너지 산업의 활성화를 통하여 에너지원을 다양화하여, 에너지의 안정적인 공급, 에너지 구조의 환경친화적 전환 및 온실가스 배출의 감소를 추진함으로써 환경의 보전, 국가경제의 건전하고 지속적인 발전 및 국민복지의 증진하고자 하고 있다. 2021년 신재생에너지의 발전량은 50 TWh을 넘어섰으며, 전체 발전량 611 TWh의 8.3%까지 증가하였다. 이중 재생에너지는 7.2%, 신에너지는 1.1% 차지하고 있다. 표 8-1은 신재생에너지 8종의 발전 현황을 보여준다.

표 8-1 신재생에너지 8종의 발전 현황

구분		발전량(GWh)	합계(GWh)	신재생에너지 중 비중(%)
재생에너지	태양광	24,718	43,669	48.8
	풍력	3,180		6.3
	수력	3,057		6.0
	해양	455		0.9
	바이오	11,788		23.3
	재생폐기물	471		0.9
신에너지	연료전지	4,798	6,989	9.5
	IGCC	2,191		4.3
합계		50,657	50,657	100

1 수력에너지

1-1 수력에너지 원리

수력에너지(hydropower)는 물의 위치 에너지와 운동 에너지를 활용하여 전기를 생산하거나 기계적 동력을 얻는 재생 가능 에너지원이다. 중력에 의해 높은 곳에서 낮은 곳으로 흐르는 물의 에너지를 회전하는 터빈으로 변환한 뒤, 이를 통해 발전기를 돌려 전기를 생산하는 방식이 일반적이다. 수력에너지는 기본적으로 물이 높은 위치에서 낮은 위치로 떨어질 때 발생하는 위치 에너지(중력 퍼텐셜 에너지)가 운동 에너지로 전환되는 과정에서 얻는다. 이 에너지를 수력발전소에서 터빈과 발전기를 이용하여 전기 에너지로 바꾸는 방식이다. 저수지의 물에서 전기가 생성되는 수력발전의 에너지 변환 과정은 첫째, 높은 저수지에 저장된 물은 중력에 의해 위치 에너지를 가진다.

$$E_{potential} = mgh$$

($E_{potential}$: 위치 에너지(J), m: 물의 질량(kg), g: 중력가속도(9.81 m s^{-2}), h: 수위 차(낙차, m))

둘째, 물이 아래로 떨어지면서 위치 에너지가 운동 에너지로 전환된다. 이때 질량은 시간당 흐르는 물의 부피로 표현되는 부피 유량 Q($m^3 s^{-1}$)로 제공되므로 물의 밀도를 곱해주어 계산한다.

$$E_{potential} = mgh = \rho Qgh$$

(ρ: 물의 밀도(1,000 kg m^{-3}), Q: 유량(m^3 s^{-1}))

셋째, 떨어지는 물이 터빈을 회전시키면서 운동 에너지를 기계적 에너지로 변환한다. 이때는 터빈의 효율($\eta_{turbine}$)을 감안해 준다.

$$P_{mechenical} = \eta_{turbine} \times \rho Qgh$$

($P_{mechenical}$: 터빈에 의해 생성된 기계적 출력(W), $\eta_{turbine}$: 터빈 효율(%))

넷째, 터빈에 연결된 발전기가 회전하면서 전기 에너지를 생산한다. 이때는 발전기의 효율($\eta_{generator}$)을 감안해 준다.

$$P_{electrical} = P_{mechenical} \times \eta_{generator}$$

($P_{electrical}$: 발전기가 생산하는 전력(W), $\eta_{generator}$: 발전기 효율)

즉 위치 에너지가 운동 에너지가 되고 기계적 에너지로 변했다가 전기 에너지로 변환된다. 예를 들면, 저수지 물이 유량 50 m^3 s^{-1}으로 100 m 낙차할 때, 터빈 효율이 0.9, 발전기 효율이 0.95라면 생산되는 전력은 41.84 MW로 계산된다.

$$P_{mechenical} = 0.9 \times 1{,}000 \times 50 \times 9.81 \times 100 = 44.145 \times 10^6 \text{ W} = 44.145 \text{ MW}$$
$$P_{electrical} = 44.145 \times 0.95 = 41.94 \text{ MW}$$

수력발전의 종류로는 저수지식 수력발전(dam-based hydropower)과 유입식 수력발전(run-of-river hydropower), 양수식 수력발전(pumped-storage hydropower) 등이 있다. 저수지식 수력발전은 댐을 건설하여 물을 높은 위치에 저장한 후 필요할 때 방류하여 전기를 생산하는 가장 일반적인 발전 방식이다. 안정적인 전력 공급이 가능하며, 대규모 발전에 적합하며 미국의 후버댐이나 중국의 샨사댐이 이런 방식이다. 유입식 수력발전은 물의 자연 흐름을 이용하여 터빈을 돌리는 방식으로, 대형 저수지를 필요로 하지 않아 환경에 미치는 영향이 적고, 소규모 발전에 적합한 방식이다. 양수식 수력발전은 전력 수요가 낮을 때 남는 전력으로 물을 높은 위치의 저수지로 다시 올려두고, 전력 수요가 높을 때 방류하여 발전하는 방식으로 전력 수급 조절에 유리하다는 장점이 있다.

수력에너지의 장점으로는 물은 자연적으로 순환하기 때문에 지속적으로 사용할 수 있는 재생 가능 에너지라는 점이 있다. 또 다른 재생 가능 에너지원에 비해 에너지 변환 효율이 약 80 ~ 90%로 매우 높다. 발전 과정에서 화석연료를 사용하지 않아 온실가스 배출이 거의 없고 저수지를 활용한 경우 전력을 안정적으로 공급할 수 있어 전력 수급 안정성이 우수하다. 단점으로는 대규모 댐 건설 시 생태계 파괴, 수질 변화, 수몰로 인한 주민 이주 등의 문제가 발생할 수 있고 초기 건설 비용이 매우 높으며, 건설 기간도 길어 큰 자본이 필요하다. 또 가뭄 등으로 인해 물의 흐름이 줄어들 경우 발전량이 감소할 수 있다. 그래서 일반적으로 수력발전은 전력 생산의 목적뿐만 아니라 농업 및 산업에 물 공급과 함께 기계적 동력 제공하는 복합적 목적으로 추진된다.

1-2 수력발전

전 세계 수력발전량은 약 4,300 TWh이다. 전 세계 전기생산량 28,500 TWh의 약 15% 정도가 수력발전을 통해 생산된다. 세계 주요 국가들의 단위면적당 강우량과 인구 1인당 강우량을 비교하면 각국의 물 자원 분포와 인구 대비 물 공급 상황을 파악할 수 있다. 표 8-2는 주요 국가별 연간 단위 면적당 강우량(m^3/km^2), 인구 1인당 가구량(m^3/년/인), 연간 수력발전량(TWh)과 전 세계 수력발전에 대한 점유율(%)을 보여준다.

브라질, 인도, 노르웨이, 일본, 영국과 대한민국은 연평균 강수량이 풍부한 국가이며 이는 바다와 근접한 국토의 면적이 넓거나 열대 우림지대를 포함하기 때문이다. 연간 수력발전량(TWh)과 전 세계 수력발전에 대한 점유율(%)이 높은 국가는 국토 면적이 크거나 수자원이 풍부한 국가들로 중국, 캐나다, 브라질, 미국, 러시아, 인도 순이었다.

표 8-2 국가별 강우량 및 수력발전량 비교

국가	연평균 강수량 (mm)	국토 면적 (만km^2)	인구(만 명)	단위면적당 강우량 (m^3/km^2)	인구 1인당 강우량 (m^3/인)	수력 발전량 (TWh)	수력발전 점유율 (%)
중국	627	959.7	14억1,177	627,000	4,530	1,300.0	30.4%
캐나다	537	998.5	3,824	537,000	164,595	380.8	8.9%
브라질	1,761	851.6	2억1,104	1,761,000	71,000	362.8	8.5%
미국	715	983.4	3억3,189	715,000	22,741	257.7	6.0%
러시아	460	1,709.8	1억4,617	460,000	53,800	214.5	5.0%
인도	1,083	328.7	13억6,642	1,083,000	2,606	160.3	3.8%
노르웨이	1,480	32.4	537.9	1,480,000	89,100	143.1	3.3%
일본	1,690	37.8	1억2,596	1,690,000	4,993	77.6	1.8%
프랑스	867	55.2	6,527	867,000	7,330	58.0	1.4%
이탈리아	832	30.1	6,030	832,000	4,160	43.1	1.0%
독일	700	35.7	8,378	700,000	2,980	19.1	0.4%
영국	1,220	24.4	6,708	1,220,000	4,907	5.0	0.1%
대한민국	1,277	10.0	5,178	1,277,000	2,629	3.1	0.1%
Total						4,300	100%

1-3 수력발전용 터빈

수력발전에 사용하는 터빈은 물의 낙차(head)와 유량(flow rate)에 따라 적절한 종류가 선택된다. 수력발전 터빈은 크게 반동형(reaction turbine)과 충동형(impulse turbine)으로 나눌 수 있으며, 주요 종류는 펠톤 터빈(pelton turbine), 프란시스 터빈(francis turbine), 캡런 터빈(kaplan turbine) 등이 있다(그림 8-1).

1) 펠톤 터빈

펠톤 터빈은 충동형 터빈으로 300 m 이상의 고낙차에 적합하다. 유량이 적어도 고낙차에서 매우 높은 효율을 보인다. 작동 원리는 물이 고압 상태로 노즐을 통해 분사되면서 강한 제트 흐름을 형성하고, 이 제트가 버킷(컵 모양의 날개)에 부딪혀 터빈을 회전시킨다. 충격에 의해 버킷이 회전하며 기계적 에너지를 발생시키기 때문에 충동형 터빈으로 분류된다. 높은 낙차에서도 안정적으로 작동하며, 구조가 단순해 유지보수가 쉽다. 저유량, 고낙차 환경에서 매우 효과적이다. 그러나 유량이 너무 적을 때는 효율이 급격히 떨어지며, 저낙차에서는 사용할 수 없다.

(a) (b) (c)

그림 8-1 수력발전용 터빈. (a) **펠톤 터빈**, (b) **프란시스 터빈**, (c) **카플란 터빈** ((a): Andy Dingley, CC BY 2.5, Wikimedia Commons, (b): Stahlkocher, CC BY-SA 3.0, Wikimedia Commons, (c): Bene16, CC BY-SA 3.0, Wikimedia Commons)

펠톤 터빈에 의한 수력에너지는 위치 에너지로부터 기인된 것으로 출력 $P_{mechenical} = \eta_{turbine} \times \rho Qgh$로 계산할 수 있다. 물의 위치 에너지를 고속으로 분출하는 물줄기의 운동 에너지로 전환하여 버킷(컵 모양의 날개)에 충격을 줘 회전력을 발생시켜 발전하므로 노즐의 직경과 버킷의 개수, 난차에 의해 터빈 효율이 결정된다. 펠톤 터빈이 고낙차 저유량 조건에서 사용하는 충격형 터빈으로, 물의 운동 에너지를 효율적으로 회전 운동으로 변환하는 것이 핵심이다. 이때, 제트 속도와 버킷 속도는 펠톤 터빈의 효율과 출력에 중요한 영향을 미친다. 제트 속도(V_j)는 노즐을 통해 분출되는 물줄기의 속도로, 물이 가진 위치 에너지(낙차)가 운동 에너지로 변환된 결과이다. 제트 속도(V_j)는 root 2gh이다.

$$V_j = \sqrt{2gh}$$

이 식은 베르누이 방정식과 에너지 보존 법칙을 적용하여 유도할 수 있다. 낙차 h에서 모든 위치 에너지가 손실 없이 운동 에너지로 전환된다고 가정하면, 물줄기의 속도는 위와 같이 계산된다. 낙차 300 m일 때 제트 속도를 계산하면 76.7m/s이다.

$$V_j = \sqrt{2gh} = \sqrt{(2 \times 9.81 \times 300)} = \sqrt{5886} = 76.7 \ \mathrm{m\,s^{-1}}$$

펠톤 터빈은 물줄기가 버킷에 충돌하여 운동 에너지를 전달하고, 충격 후 반대 방향으로 튕겨 나가면서 회전력을 생성한다. 만약 버킷 속도가 너무 느리면, 물줄기가 버킷에 부딪힌 후 빠르게 튕겨 나가면서 에너지를 충분히 전달하지 못해 에너지 손실이 발생한다. 반대로 버킷 속도가 너무 빠르면 물줄기가 충분히 충돌하지 못한 상태에서 날개에 스치듯 지나가버리기 때문에 역시 효율이 떨어진다.

최적 버킷 속도(u)는 버킷(날개)이 회전할 때의 원주 속도로, 제트 속도의 절반 정도로 설정하는 것이 가장 효율적이다. u = 74.7/2 = 37.4 m/s이다. 펠톤 터빈의 최대 이론 효율은 속도비(u/V_j)가 0.5일 때 얻을 수 있으며, 이론적으로는 약 90%에 달한다. 실제 효율은 물의 마찰, 공기 저항, 노즐 및 버킷에서의 손실 등을 고려하여 보통 85 ~ 90% 정도로 설정된다. 이상의 방식으로 유량 1 m^3/s의 수력이 300 m의 낙차에서 효율 0.9일 때 출력을 계산하면 2.65 MW이다.

$$P_{mechenical} = \eta_{turbine} \times \rho Qgh = 0.9 \times 1,000 \times 1 \times 9.81 \times 300 = 2.65 \text{ MW}$$

2) 프란시스 터빈

프란시스 터빈은 반동형 터빈으로, 중간 낙차(30 ~ 300 m)와 중간 유량에 적합한 터빈이다. 다양한 조건에서 높은 효율 유지할 수 있는데, 물이 나선형의 케이싱(casing)을 통해 터빈 내부로 들어오며, 안내 날개(guide vanes)에 의해 방향과 속도가 조절된 뒤 러너(runner)를 회전시킨다. 물의 압력과 속도 변화에 의해 터빈이 회전하는 반동형 방식이다. 나선형 케이싱은 물의 흐름을 고르게 분배하고 러너 날개의 입구와 출구 각도 조정으로 최적의 반동 효과를 얻을 수 있으며 가이드 베인이 물의 흐름을 조절하여 효율 극대화한다. 프란시스 터빈은 물이 터빈의 외부에서 내부로 흐르는 축류 혼합형(혼합 흐름)으로 작동한다. 다양한 낙차와 유량에서 높은 효율을 발휘하며, 대규모 수력발전에 가장 널리 사용된다. 또 구조가 견고하고 중간 규모의 수력발전소에 적합하다. 그러나 설계와 제작이 복잡하며, 초기 비용이 높고 고낙차나 저낙차에서는 효율이 떨어질 수 있다.

수력 출력 $P_{mechenical} = \eta_{turbine} \times \rho Qgh$에서 유량 Q는 러너 입구의 단면적과 물의 상대 속도의 곱으로 구할 수 있고, 속도 삼각형을 활용하여 입구와 출구에서의 물의 절대 속도, 상대 속도, 원주 속도를 계산하여 터빈의 효율을 극대화한다.

$$Q = A \times V_m \text{ (A: 러너 입구의 단면적}(m^2)\text{, } V_m\text{:물의 상대 속도}(m/s))$$

프란시스 터빈으로 100 m 낙차에서 5 m^3/s 유량을 처리하는 경우, 터빈효율이 0.9일 때의 출력은 다음과 같이 계산된다.

$$P = 0.9 \times 1000 \times 9.81 \times 5 \times 100 = 4.4 \text{ MW}$$

3) 카플란 터빈

카플란 터빈은 반동형 터빈으로 저낙차(2 ~ 30 m)의 대유량에 효율적인 터빈 방식이다. 저낙차에서 높은 효율 유지하도록 물이 안내 날개를 통과하면서 방향이 조절된 후 러너(프로펠러 모양의 날개)를 회전시킨다. 러너의 날개 각도(blade angle)를 조절할 수 있어 다양한 유량 조건에서도 높은 효율을 유지할 수 있다. 주로 수평으로 설치되며, 물의 흐름 방향과 같은 방향으로 회전하는 축류형 터빈이다. 러너 날개 수는 일반적으로 3 ~ 6개이며, 가변 각도 시스템을 통해 날개 각도를 최적의 효율을 발휘하도록 유지할 수 있다. 허브 직경과 외경 비율이 유량과 출력에 직접적인 영향을 미치게 된다.

카플란 터빈의 장점은 유량이 큰 강에서 저낙차 조건에서도 효율적으로 사용할 수 있고 안내 날개와 러너 날개의 각도를 조정하여 유량 변화에 대응할 수 있다는 점이다. 그러나 설계와 제어가 복잡하며, 설치와 유지보수에 많은 비용이 들고 유량이 적은 환경에서는 적합하지 않다. 수력 출력 $P_{mechenical} = \eta_{turbine} \times \rho Qgh$에서 유량 Q는 날개 속도 관계되어

$$Q = \pi D^2 V_m \text{ (D: 날개의 직경(m), } V_m\text{: 물의 상대 속도(m/s))}$$

으로 구한다.

카플란 터빈에서 날개의 각도는 유량에 따라 자동으로 조정되어 최대 효율을 유지한다. 프로펠러 터빈(propeller turbine)은 카플란 터빈과 유사하지만, 러너 날개의 각도가 고정되어 있다. 저낙차, 대유량에 적합하며, 구조가 단순하여 설치와 유지보수가 용이하다. 또 유량 변화가 크지 않은 일정한 조건에서 사용된다.

수력발전 터빈은 발전소의 입지 조건에 따라 적합한 종류가 선택된다. 펠톤 터빈은 고낙차 환경에서, 프란시스 터빈은 중간 낙차 환경에서, 캡런 터빈은 저낙차 환경에서 각각 최고의 효율을 발휘한다. 이러한 터빈의 설계와 효율 개선은 수력발전의 경제성과 환경 영향을 줄이는 데 중요한 역할을 한다. 발전 용량이 큰 대규모 발전소에는 프란시스 터빈이나 캡런 터빈을 고낙차가 가능한 산악 지역에는 펠톤 터빈을, 유량이 큰 하천에서 저낙차 활용 시에는 캡런 터빈과 프로펠러 터빈을 주로 사용한다. 펠톤 터빈은 구조가 단순하여 유지보수가 쉬운 반면, 프란시스와 캡런 터빈은 복잡한 설계로 인해 유지보수 비용이 높다.

2 풍력에너지

풍력에너지 발전은 바람의 운동 에너지를 전기 에너지로 변환하는 기술이다. 바람의 운동 에너지를 회전 운동으로 전환한 후, 회전 운동을 발전기를 통해 전기 에너지로 바꾸는 방식으로 작동한다. 육상에 설치된 풍력발전기를 육상풍력발전기, 해상에 설치된 풍력발전기를 해상풍력발전기라 분류하며 해상풍력발전기는 설치 형식에 따라 고정식과 부유식으로 분류된다. 풍력발전은 대표적인 재생 가능 에너지로, 화석연료에 비해 온실가스 배출이 거의 없어 친환경 에너지로 주목받고 있다.

2-1 풍력발전의 원리

바람은 대기 중의 기압 차이와 태양열의 불균등한 흡수로 인해 발생한다. 바람이 터빈의 블레이드에 부딪혀 운동 에너지를 전달하면 블레이드가 회전하게 된다. 이 과정은 바람의 운동 에너지에서 블레이드의 회전 에너지로 에너지 변환 과정을 거치고 회전 에너지가 발전기의 전기 에너지로 변환하는 과정을 거친다. 증속기는 기어를 이용해 초기의 저속 회전을 발전용 고속 회전으로 전환하여 회전 운동 에너지를 증폭시키고, 증폭된 회전 운동 에너지는 발전기를 거쳐 전기 에너지로 변환된다. 이 과정에서 발전기 내부의 자석과 코일 사이에서 유도 전류가 발생하여 전기 에너지가 생성된다.

1) 바람의 운동 에너지(E_{wind})

바람의 운동 에너지는 질량과 속도의 제곱에 비례하며, 단위 시간당 바람이 가진 에너지는 다음과 같이 계산된다.

$$P = \frac{1}{2}\rho A V^3$$

(P: 터빈으로부터 얻는 전력(W), ρ: 공기의 밀도(1.225 kg/m^3),
A: 로터가 회전하는 면적(m^2), $A = \pi R^2$, R: 블레이드 길이, V: 바람의 속도(m/s))

예를 들면, 블레이드 길이 R = 50 m, 바람 속도 V = 10 m/s, 공기 밀도 $\rho = 1.225$ kg/m^3일 때 $A = \pi R^2 = \pi(50)^2 = 7{,}854\ m^2$이고 P는 다음과 같다.

$$P = \frac{1}{2}\rho A V^3 = \frac{1}{2} \times 1.225 \times 7854 \times 10^3 = 4.8\ \text{MW}$$

2) 풍력발전 출력(P)

실제로 터빈이 얻을 수 있는 출력은 바람 에너지에 베츠 한계(Betz Limit, 최대 효율 59.3%)와 효율 계수를 곱하여 계산한다.

$$P = \frac{1}{2}\rho AV^3 C_p \eta$$

(P: 발전 출력(W), C_p: 파워 계수(블레이드 효율, 보통 0.3 ~ 0.5이고 최대 0.593(베츠 한계)), η: 발전기와 기어박스의 기계적 효율)

바람 속도에 출력은 세제곱으로 증가하기 때문에, 바람 속도가 두 배가 되면 발전 출력은 8배가 된다. 이 관계 때문에 바람 속도가 조금만 증가해도 발전 출력은 급격히 증가하며, 반대로 바람 속도가 약간만 줄어들어도 출력이 크게 감소한다. 터빈이 작동을 시작하는 최소 바람 속도를 시작 속도라고하며, 일반적으로 3 ~ 5 m/s이다. 터빈이 최대 출력에 도달하기 위한 바람 속도는 정격 속도라고 하며, 일반적으로 12 ~ 15 m/s이다. 바람이 일정 속도가 터빈의 보호를 위해 작동을 멈추게 하며, 이 속도가 최대 차단 속도가 된다. 일반적으로 25 ~ 30 m/s이다.

2-2 주요 구성 요소

풍력발전기의 주요 구성 요소는 블레이드, 허브, 풍력 전달 장치, 발전기 및 각종 안전장치의 제어 장치, 유압 브레이크 장치와 전력 제어 장치가 있다. 회전 날개가 바람의 운동 에너지를 기계적 회전력으로 변환시키고, 동력전달장치는 입력된 회전력을 증폭시킨다.

블레이드(blade)는 바람의 에너지를 받아서 회전하는 날개이다. 일반적으로 3개의 블레이드를 사용하며, 공기역학적으로 설계되어 효율적으로 바람을 받는다. 블레이드 길이가 길수록 더 많은 바람 에너지를 수집할 수 있다.

허브(hub)는 블레이드가 연결된 중심부로, 회전 운동을 메인 샤프트로 전달한다.

축(shaft)은 블레이드의 회전력을 증속기와 발전기에 전달한다.

기어박스(gearbox, 증속기)는 일반적으로 느린 블레이드의 회전 속도를 발전기에 필요한 높은 회전 속도로 변환하는 역할을 한다.

발전기(generator)는 회전 운동을 전기 에너지로 변환한다. 주로 유도 발전기

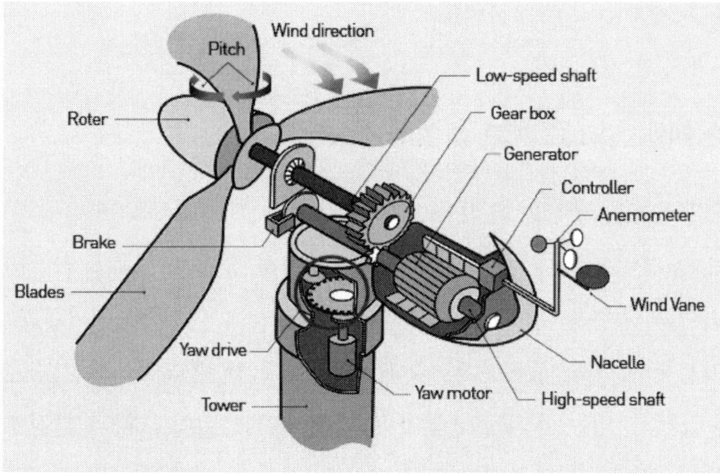

그림 8-2 풍력발전기 시스템 (https://www.knrec.or.kr/biz/korea/intro/kor_wind.do)

(induction generator)가 사용된다.

타워(tower)는 터빈을 지지하는 구조물로, 바람이 강한 고도를 확보하기 위해 높게 설계된다. 높이가 높을수록 강하고 안정적인 바람을 받을 수 있다.

나셀(nacelle)은 터빈 내부 구성품인 블레이드, 기어박스, 발전기 등이 포함된 상부 구조물로, 타워 위에 설치된다.

요잉 시스템(yaw drive, motor)은 블레이드를 바람의 방향에 맞추기 위해 나셀을 회전시키는 설비이다.

피치 시스템(pitch)은 풍속에 따라 블레이드 각도를 조절하는 설비를 말한다.

브레이크(brake)는 터빈의 제동을 위한 설비이다.

컨트롤러(controller)는 무인 운전을 설정하고, 운영하기 위한 설비이다.

2-3 풍력발전의 종류

풍력발전의 종류로는 풍력발전소가 설치된 위치에 따라 육상풍력발전과 해상풍력발전으로 나눌 수 있다. 육상풍력발전(onshore wind power)은 육지에 설치된 풍력발전소로 설치 및 유지 보수가 용이하지만, 소음과 경관 문제가 발생할 수 있다. 해상풍력발전(offshore wind power)은 바다에 설치된 풍력발전소로, 바람이 더 강하고 일정하여 효율이 높고, 소음 및 경관 문제가 적다. 하지만 설치와 유지 보수 비용이 높고, 기술적으로 더 복잡하다는 단점이 있다.

2-4 풍력발전의 효율을 결정하는 요인

풍력발전의 효율은 다양한 요인에 의해 결정된다. 대표적으로는 바람의 속도, 블레이드의 길이, 공기의 밀도를 들수 있다. 먼저, 발전 출력은 바람 속도의 세제곱에 비례하므로, 바람이 빠를수록 출력이 크게 증가한다. 일반적으로 풍속이 4 ~ 25m/s 사이에서 발전이 가능하며, 최적 풍속은 약 12 ~ 15m/s이다. 또 블레이드 길이가 길수록 바람으로부터 수집할 수 있는 에너지가 많아진다. 블레이드 길이에 따라 발전량이 제곱 비례로 증가한다. 마지막으로 공기 밀도는 온도와 고도에 따라 변하며, 밀도가 높을수록 더 많은 에너지를 수집할 수 있다. 고도가 높거나 추운 지역에서는 공기 밀도가 높아 효율이 증가한다.

2-5 풍력발전의 장단점

풍력발전은 이산화 탄소, 미세먼지 등 오염 물질을 거의 배출하지 않아 친환경적이고 고갈되지 않는 자원인 바람을 사용한다는 점이 큰 장점이다. 초기 설치 비용은 높지만, 유지 보수 비용과 운영 비용도 낮다. 그러나 바람이 불지 않거나 너무 강하게 불면 발전할 수 없는데 이를 간헐성 문제라 한다. 설치에 많은 비용이 들며, 터빈이 회전할 때 소음발생이 심하여 적절한 장소 선정이 중요하다.

2-6 세계 주요 풍력발전 국가

중국은 세계 최대의 풍력발전국으로, 육상과 해상풍력을 모두 적극적으로 개발하고 있다. 미국도 광대한 평야 지역을 활용한 대규모 육상풍력발전이 많이 진행되고 있다. 브라질과 인도는 국토 면적이 넓어 바람이 강한 지역을 중심으로 대규모 풍력발전 단지를 운영하고 있다. 유럽의 대부분의 국가에서 풍력발전이 크게 진행되고 있으며 독일은 유럽 내 풍력발전 선두 주자로, 해상풍력발전에 집중하고 있다.

전 세계 풍력발전량은 2021년 약 1,862 TWh이다. 전 세계 전기생산량 28,500 TWh의 약 6.5% 정도가 풍력발전을 통해 생산된다.

표 8-3 국가별 풍력발전량과 점유율

국가	풍력발전량 (TWh)	풍력발전 점유율 (%)
중국	655.6	35.2%
미국	383.6	20.6%
독일	117.7	6.3%
브라질	72.3	3.9%
인도	68.1	3.7%
영국	64.5	3.5%
스페인	62.4	3.3%
프랑스	37.0	2.0%
캐나다	35.1	1.9%
튀르키에	31.1	1.7%
스웨덴	27.3	1.5%
호주	26.8	1.4%
멕시코	20.9	1.1%
이탈리아	20.6	1.1%
네덜란드	17.9	1.0%
대한민국	3.2	0.2%
total	1,861.9	100%

2-7 우리나라 풍력발전 현황

풍력발전기는 바람의 에너지를 전기 에너지로 바꿔주는 장치로 바람이 날개를 회전시켜 이때 생긴 날개의 회전력으로 전기를 생산한다. 풍력발전기의 날개는 3 m/s 이상의 바람만 불면 자동으로 돌아간다. 바람의 크기를 우리 생활에 적용하면 2 m/s는 바람을 느낄 정도이며 4 m/s는 나뭇가지가 흔들리는 정도이므로 작은 나뭇가지가 흔들릴 정도면 풍력발전기는 가동된다고 볼 수 있다. 우리나라에서는 2021년도에 72.5 GW가 신규로 설치되어 2020년(88.4 GW) 대비 18% 감소한 데 반해, 해상풍력은 21.1 GW가 신규로 설치되어 2020년(6.9 GW) 대비 206% 증가하였다. 우리나라의 대표적인 풍력발전 단지로는 영덕 풍력발전단지와 제주 탐라해상풍력 단지가 있다(표 8-4).

표 8-4 영덕 풍력발전 단지와 제주 탐라해상풍력 단지 비교

	영덕 풍력발전 단지	제주 탐라해상풍력 단지
풍력발전 방식	육상풍력	고정식 해상풍력
발전용량	39.6 MW(1.65 MW 24기 설치)	30 MW(3 MW급 10기 설치)
설치연도	2005년	2017년

QUIZ

✔ **다음 에너지에 대한 설명에서 맞으면 O, 틀리면 X 하시오.**

1) 우리나라는 수자원이 풍부해 수력발전이 태양광 발전에 비해 높은 발전량을 보인다. (　)

답 X (재생에너지의 절반이 태양광 발전이고 수력발전량은 태양광 발전의 1/8 수준으로 전기생산량이 작다.)

2) 펠톤 터빈은 충동형 터빈으로 300 m 이상의 고낙차에 적합하며, 비록 유량이 적어도 고낙차에서 매우 높은 효율을 보인다. (　)

답 O (물이 고압 상태로 노즐을 통해 분사되면서 강한 제트 흐름을 형성하고, 이 제트가 버킷(컵 모양의 날개)에 부딪혀 터빈을 회전하여 전기를 생산하며 저유량, 고낙차 환경에서 매우 효과적이다.)

3) 풍력발전은 바람이 빠를수록 출력이 크게 증가하므로 태풍이 많이 불면 전력 생산이 급증한다. (　)

답 X (풍력발전은 바람이 너무 강하게 불면 발전할 수 없는데 이를 간헐성 문제라 한다. 풍속이 약 12 ~ 15m/s일 때 최적의 효율을 보인다.)

❸ 바이오 재생에너지

3-1 바이오 재생에너지의 원리

바이오 재생에너지(bioenergy)는 생물체(바이오매스)로부터 에너지를 생산하는 기술로 바이오매스를 직접 또는 생・화학적, 물리적 변환과정을 통해 액체, 가스, 고체연료나 전기・열에너지 형태로 이용하는 화학, 생물, 연소공학 등의 기술을 일컫는다. 바이오매스(biomass)는 태양 에너지를 받은 식물과 미생물의 광합성에 의해 생성되는 식물체, 균체와 이를 먹고 살아가는 동물체를 포함하는 생물유기체를 의미하며, 식물, 동물의 부산물, 농업・산업 폐기물 등 다양한 생물 유기물을 포함한다. 이를 연료로 활용하여 전기, 열, 연료 등을 생산할 수 있다.

바이오 재생에너지는 탄소 중립적 에너지로 간주되는데, 이는 생물이 성장하는 동안 이산화 탄소를 흡수하기 때문에 연소 과정에서 배출된 이산화 탄소가 순환될 수 있기 때문이다. 에너지원별 기후 변화에 관한 정부 간 협의체(IPCC) 가이드라인에서 제시하고 있는 용도별 연소율 적용 시 바이오매스는 CO_2 배출량을 계산할 때 일부 zero로 처리되기도 한다. 바이오 재생에너지는 바이오매스를 다음과 같은 방식으로 변환하여 에너지를 생성한다.

- **직접 연소(direct combustion)**

바이오매스를 직접 연소하여 열에너지를 얻고, 이 열에너지를 통해 증기를 발생시켜 터빈을 돌려 전기를 생산한다. 직접 연소에는 주로 목재, 농업 폐기물, 도시 쓰레기 등이 연료로 사용된다.

- **열화학적 변환(thermochemical conversion)**

열을 이용하여 바이오매스를 분해하고 가스 또는 액체 연료로 변환하는 방식이다. 크게 가스화와 열분해가 있다. 가스화(gasification)는 바이오매스를 고온(800 ~ 1000°C)과 산소 공급이 제한된 환경에서 부분적으로 연소시켜 합성가스를 생성한다. 합성가스는 주로 수소, 일산화 탄소, 메테인으로 구성되며, 연료로 사용되거나 화학 제품의 원료로 활용된다.

열분해(pyrolysis)는 바이오매스를 산소 없이 400 ~ 600°C로 가열하여 바이오오일, 가스, 고형 잔재물(바이오차)을 생성한다. 바이오오일은 난방용 연료 또는 디젤 대체 연료로 사용될 수 있다.

- **생물학적 변환(biochemical conversion)**

미생물의 활동을 통해 바이오매스를 에너지로 변환하는 방식으로, 발효와 혐기성 소화, 바이오디젤 생산 등으로 나눌 수 있다. 발효(fermentation)는 당분이 많은 바이오매스를 미생물(주로 효모)을 이용해 발효시켜 바이오에탄올을 생산하는 것이다. 바이오에탄올은 휘발유에 혼합하여 연료로 사용할 수 있다.

혐기성 소화(anaerobic digestion)에서는 산소가 없는 환경에서 미생물이 유기물을 분해하여 바이오가스(주로 메테인과 이산화 탄소)를 생성한다. 바이오가스는 연료로 사용하거나 전기를 생산할 수 있다.

또 동식물성 기름(주로 식물성 기름)은 에스터화 반응을 통해 바이오디젤(biodiesel)로 변환된다. 바이오디젤은 기존의 디젤 엔진에서 사용할 수 있다.

3-2 바이오 재생에너지의 장점과 단점

바이오 재생에너지는 바이오매스가 성장하는 동안 흡수한 이산화 탄소가 연소 시 배출되므로, 이론적으로 탄소 중립이 가능하다는 것이 큰 장점이다. 또 농업 폐기물, 산림 부산물, 음식물 쓰레기, 가축 분뇨 등 다양한 바이오매스를 원료로 활용할 수 있다. 바이오 연료는 화석연료처럼 저장과 운반이 용이하여, 간헐적인 에너지원(태양광, 풍력)의 보완 수단으로 사용될 수 있다. 음식물 쓰레기, 가축 분뇨 등 폐기물을 에너지원으로 활용하여 폐기물 문제를 해결할 수 있다는 장점도 있다.

그러나 에너지 작물을 대규모로 재배하면 식량 작물 재배에 영향을 줄 수 있으며, 삼림 벌채로 인한 환경 문제가 발생할 수 있다. 또한 이론적으로 탄소 중립이 가능한 것이지, 바이오매스를 수확, 운반, 가공하는 과정에서 여전히 에너지 소비와 탄소 배출이 발생할 수 있다. 무엇보다 바이오매스의 에너지 밀도는 화석연료보다 낮아, 동일한 에너지를 얻기 위해 더 많은 양이 필요하다.

3-3 바이오 재생에너지의 주요 활용 분야

바이오 재생에너지는 발전, 연료, 난방 등의 분야에서 주로 활용되고 있다. 바이오 발전(bio-power generation)은 바이오매스를 연료로 사용하는 발전소에서 전기와 열을 생산하는 것을 의미한다. 이때 열병합 발전(CHP, combined heat and power) 시스템에 활용하여 효율을 높인다.

바이오 연료(biofuels)의 예로는 바이오에탄올, 바이오디젤, 바이오가스를 들 수 있다. 바이오에탄올은 휘발유의 대체 연료로, 자동차에 사용할 수 있으며, 바이오디젤 역시 디젤의 대체 연료로 차량 혹은 산업용 엔진에 활용된다. 바이오가스는 가정용 난방이나 전력 생산에 사용할 수 있다.

3-4 바이오 재생에너지의 경제적, 환경적 효과

1) 경제적 효과

바이오 재생에너지는 경제적 효과도 있다. 먼저 바이오매스를 재배하고, 수확하고,

운송하고, 가공하고, 발전하는 전 과정에서 많은 일자리를 창출할 수 있다. 또한 수입에만 의존하는 화석연료 사용도를 줄이고, 국내 자원을 활용함으로써 에너지 자립도를 높일 수 있다.

2) 환경적 효과

바이오 재생에너지의 환경적 효과는 명확하다. 음식물 쓰레기, 농업 폐기물 등을 활용하여 에너지로 사용하는 것이기 때문에 유기 폐기물을 줄일 수 있다는 점이다. 또한 화석연료 대신 바이오 연료를 사용함으로써 이산화 탄소 배출을 줄이는 데에도 일조한다.

3-5 세계 주요 국가의 바이오매스 재생에너지 발전 현황

전 세계 바이오매스에 의한 발전량은 762.8 TWh로 전 세계 전기생산량 28,500 TWh의 약 2.7% 정도가 바이오 재생에너지 발전을 통해 생산된다(표 8-5). 2018년 기준으로 전 세계 바이오에너지 시장 규모는 3,449억 달러였으며, 2032년까지 연평균 성장률 8.34%로 성장하여 9,786억 7,000만 달러에 이를 것으로 예상된다.

표 8-5 국가별 바이오매스에 의한 발전량(2021년)

국가	바이오매스에 의한 발전량(TWh)	점유율 (%)
중국	169.9	22.3
미국	75.5	9.9
브라질	55.0	7.2
독일	50.9	6.7
영국	40.0	5.2
일본	35.8	4.7
인도	35.5	4.7
인도네시아	30.9	4.0
이탈리아	25.8	3.4
튀르키예	18.7	2.5
대한민국	15.2	2.0
합계	762.8	100

1) 국가별 바이오연료 생산

미국은 바이오에탄올 생산 세계 1위로 주로 옥수수에서 에탄올을 생산하며, 휘발유에 혼합하여 사용하고 있다. 바이오연료 생산하는 공정은 옥수수로부터 전분을 추출하는 전처리(pre-treatment) 공정과 전분을 효소(α-아밀레이스, 글루코아밀레이스)를 이용해 포도당으로 전환하는 당화(saccharification) 공정을 거친 후 효모(사카로마이세스 세레비시아)를 이용해 포도당을 에탄올로 전환하는 발효(fermentation) 공정을 거치게 된다. 발효 후 에탄올-물 혼합물을 증류하여 순도 95%의 에탄올을 얻고, 탈수를 통해 순도 99% 이상의 무수 에탄올을 생산하는 증류 및 탈수(distillation and dehydration) 공정을 거친다.

이렇게 생산된 에탄올은 휘발유에 혼합(blending)하여 E10(에탄올 10% 혼합 휘발유) 또는 E85(에탄올 85% 혼합 연료)로 판매하고 있다. 미국에서는 에탄올을 10% 혼합한 휘발유를 가소홀(gasohol)이라고 하는데 에탄올을 혼합하면 그만큼 가솔린을 절약할 수 있고 옥테인값도 향상된다. 대표 생산 기업으로는 Poet, Archer Daniels Midland(ADM)이 있다. 바이오디젤은 폐식용유, 동물성 지방, 대두유를 주요 원료로 사용하여 원료 정제, 트라이글리세라이드를 메탄올과 반응시켜 메틸에스터(바이오디젤)와 글리세롤을 생성하는 에스터화 반응(esterification)을 진행한다. 생성된 글리세롤을 분리하고, 바이오디젤을 정제하여 차량용 원료로 사용할 수 있다.

미국의 대표적인 바이오디젤인 Renewable Energy Group(REG)는 대두유 기반 바이오디젤로 트럭, 버스, 농업 기계의 연료로 활용되고 있다.

브라질에서는 설탕과 에탄올 생산을 위해 사탕수수를 사용한다. 태양의 에너지를 사탕수수가 바이오매스로 변환하였는데 사탕수수에는 변환에너지의 30%가 그리고 잎과 줄기 및 사탕수수껍질에 70%의 에너지가 저장되어 있다. 이 버려지는 70%의 일부는 현재 공장에서 연소되어 기계를 작동시키기 위해 증류 및 전기를 위한 열을 공급한다. 이것은 에탄올 공장이 에너지적으로 자급자족 할 수 있게 하고 심지어 잉여 전기를 전력 사업자들에게 팔기도 한다. 버려지는 70%의 일부분과 사탕수수에서 얻은 알코올을 활용하여 바이오가솔린이나 바이오디젤이 생산된다.

자동차 연료로 바이오에탄올을 널리 사용되고 있다. 현재 사탕수수 1톤의 잔여물에서 약 288 MJ의 전기를 추출하는 것이 경제적으로 실용적이며 그 중 약 180 MJ이 식물 자체에서 사용된다고 한다. 따라서 연간 100만 톤(98만 이상 110만 톤 이하)의 사탕수수를 처리할 수 있는 중형 증류소는 약 5 MW(6,700마력)의 잉여 전기를 팔 수 있다. 현재의 가격으로 설탕과 에탄올 판매에서 약 1800만 달러, 잉여 전기 판매에서 약 100만 달러를 벌어들일 것이므로 경제성도 확보한 것으로 보고되고 있다.

유럽에서는 밀, 사탕무, 곡물을 원료로 한 바이오에탄올 생산이 주를 이룬다. 곡물로부터 전분을 추출하고 당화 과정을 거쳐 포도당을 생성하는 전처리 및 당화 공정, 발효 후 증류를 통해 고순도의 에탄올을 얻는 발효 및 증류 공정으로 바이오에탄올을 생산한다. 이 에탄올을 5% 또는 10% 혼합하여 E5, E10 연료로 판매하고 있다. 유럽의 바이오가솔린 생산 기업으로는 Abengoa Bioenergy, Nordzucker가 있다. 유럽에서 바이오 디젤은 식물성 기름 유채유(래프시드 오일)와 폐식용유를 주요 원료로 사용하여 생산한다. 유채유나 폐식용유를 메탄올과 반응시켜 메틸에스터(바이오디젤)를 생성하고 생성된 바이오디젤을 정제하고, 품질 기준에 맞추어 공급하고 있다. 유럽의 대표 바이오디젤 브랜드로는 Neste, ADM가 있으며 대형 운송 수단이나 난방 연료에 활용하고 있다. 표 8-7은 전 세계 주요 국가의 바이오가솔린과 바이오디젤 생산량과 점유율을 보여주고 있다.

표 8-6 미국, 브라질, 유럽의 바이오 연료 제품, 기업 비교

구분	미국	브라질	유럽
주요 바이오 연료	옥수수 기반 바이오에탄올	사탕수수 기반 바이오에탄올	곡물, 유채유 기반 바이오 연료
대표 제품	E85, 바이오디젤	E100, 바이오디젤	E10, 유채유 기반 바이오디젤
주요 기업	Poet, ADM, REG	Raízen, Petrobras Biocombustível	Neste, Abengoa Bioenergy
특징	대규모 옥수수 재배로 에탄올 생산	100% 에탄올 연료 사용 가능	유럽연합 차원의 강력한 정책 지원

표 8-7 국가별 바이오 가솔린과 바이오디젤 생산량과 점유율 비교

국가	바이오 가솔린(Toe/d)	점유율(%)	바이오디젤(Toe/d)	점유율(%)
미국	79,403	53.5	14,797	13.8%
브라질	40,434	27.3	14,650	13.5%
EU	7,911	5.4	36,332	33.7%
캐나다&멕시코	2,491	1.7	733	0.6%
아시아&호주	14,504	9.7	35,014	32.6%
기타 중남미	3,223	2.2	6,153	5.7%
합계	152,653	100	107,531	1.4%

우리나라에서의 바이오매스는 음식물 쓰레기와 가축 분뇨를 이용한 바이오가스 생산, 목재나 폐목재, 폐기물 재활용과 바이오 발전을 통해 에너지 자립도 향상, 바이오 기반 화학 산업이나 고효율 바이오 연료 개발 등이 다각적으로 진행되고 있다. 바이오 발전소에 탄소 포집 및 저장 기술을 도입하면 음의 탄소 배출(net negative emission)이 가능할 수 있을 것으로 예상하고 있다. 표 8-8은 우리나라에서의 바이오 에너지 분류, 생산량 및 발전량을 보여주고 있다.

표 8–8 우리나라 바이오매스에 의한 에너지 생산량 및 발전량

바이오 에너지 분류	구분	2021년 에너지 생산량(Toe) 및 발전량(MWh)
바이오가스	에너지생산량(Toe)	114,343
	발전량(MWh)	191,081
매립지가스	에너지생산량(Toe)	81,226
	발전량(MWh)	187,485
바이오디젤	에너지생산량(Toe)	597,068
우드칩	에너지생산량(Toe)	231,309
	발전량(MWh)	222,248
성형탄	에너지생산량(Toe)	10,598
임산연료	에너지생산량(Toe)	96,770
목재펠릿	에너지생산량(Toe)	1,787,454
	발전량(MWh)	6,794,232
폐목재	에너지생산량(Toe)	66,622
흑액	에너지생산량(Toe)	212,208
	발전량(MWh)	261,970
하수슬러지 고형연료	에너지생산량(Toe)	152,762
	발전량(MWh)	406,146
Bio SRF	에너지생산량(Toe)	522,913
	발전량(MWh)	1,892,499
바이오중유	에너지생산량(Toe)	309,302
	발전량(MWh)	1,832,406
산업폐기물	에너지생산량(Toe)	308,638
	발전량(MWh)	108,574
생활폐기물	에너지생산량(Toe)	420,039
	발전량(MWh)	222,835
폐기물에너지 –시멘트킬른보조연료	에너지생산량(Toe)	272,998
	보급용량(톤/년)	2,025,596
폐기물에너지 - SRF	에너지생산량(Toe)	196,517
	발전량(MWh)	139,211

Quiz

✓ **다음 에너지에 대한 설명에서 맞으면 O, 틀리면 X 하시오.**

1) 바이오 재생에너지(bioenergy)는 석유를 바이오 효소를 이용하여 분해한 연료를 일컫는다. ( )

답 X (바이오 재생에너지는 생물체(바이오매스)로부터 에너지를 생산하는 기술로 바이오매스를 직접 또는 생・화학적, 물리적 변환 과정을 통해 액체, 가스, 고체 연료나 전기・열에너지 형태로 이용하는 화학, 생물, 연소공학 등의 기술을 일컫는다.)

2) 바이오 재생에너지는 생물체 전환에 의해 이산화 탄소가 발생하므로, 친환경 에너지라 할 수 없다. ( )

답 X (IPCC에서 바이오 재생에너지는 생물이 성장하는 동안 이산화 탄소를 흡수하기 때문에 연소 과정에서 배출된 이산화 탄소가 순환하는 것으로 본다. 즉, 탄소 중립적 에너지로 간주한다.)

3) 바이오매스는 생물 유기물을 활용하여 재생에너지를 만들므로, 에너지 밀도가 화석연료보다 높다. ( )

답 X (바이오매스의 에너지 밀도는 화석연료보다 낮아, 동일한 에너지를 얻기 위해 더 많은 양이 필요하다.)

연습문제

01 **수력발전에 사용하는 터빈에 대한 설명이 잘못된 것은? (　　)** (객관식)

① 프란시스 터빈은 물줄기가 버킷에 충돌하여 운동 에너지를 전달하고, 충격 후 반대 방향으로 튕겨 나가면서 회전력을 생성한다.

② 펠톤 터빈은 충동형 터빈으로 300 m 이상의 고낙차에 적합한 터빈으로 비록 유량이 적어도 고낙차에서 효율이 높다.

③ 프란시스 터빈은 반동형 터빈으로 물의 압력과 속도 변화에 의해 터빈이 회전하는 반동형 방식이다.

④ 카플란 터빈은 반동형 터빈으로 저낙차(2m~30m)의 대유량에 효율적인 터빈 방식이다.

02 **미국은 바이오에탄올 생산 세계 1위로 주로 옥수수에서 에탄올을 생산하며, 휘발유에 혼합하여 사용하고 있다. (　　)** (O, X 문제)

03 **저수지 물이 유량 100 m^3s^{-1}으로 100 m 낙하할 때, 터빈 효율이 0.9, 발전기 효율이 0.95라면 생산되는 전력을 계산하여라.** (주관식)

9장

수소 에너지

1. 수소는 무엇인가?
2. 수소 에너지의 물리화학
3. 수소 에너지의 제조
4. 수소 에너지 저장 기술
5. 수소의 활용: 자동차 및 항공 분야
6. 기타 산업 분야에서의 수소 연료의 사용

1 수소는 무엇인가?

수소는 어디서 어떻게 만들어졌을까? 138억 년 전 빅뱅이 일어난 후 수소 원자가 탄생하는 과정을 시간 연대별로 이해할 필요가 있다. 빅뱅 이론에 따르면 우주는 약 138억 년 전 빅뱅이라는 대폭발로 급격히 팽창하며 시간과 공간이 탄생했다고 한다. 빅뱅 후 약 1초가 지나면서 온도가 약 십억 도(10^9 K)까지 내려갔으며, 양성자와 중성자가 결합하여 수소, 헬륨, 리튬과 같은 가벼운 원자핵이 형성되었다. 빅뱅 후 약 3분이 지나자 온도가 더 낮아져 추가적인 핵합성이 중단되었고, 수소 원자핵(양성자)과 헬륨 원자핵이 주로 남게 되었다. 이때 우주 물질의 약 75%는 수소, 약 25%는 헬륨으로 구성되었다. 우주가 계속 팽창하며 빅뱅 개시 후 약 38만 년 이후 온도가 약 3,000 K로 떨어지자, 전자들이 양성자와 결합해 수소 원자가 처음으로 형성되었고 이후 별과 은하가 만들어지며 오늘날 우리가 아는 우주의 모습이 형성되기 시작했다. 결과적으로 우주의 탄생 시 빅뱅 과정에서 중성자와 양성자의 결합으로 초기 수소가 탄생하였고, 질량 기준으로 우주의 75%를 구성하는, 우주에서 가장 흔한 원소인 셈이다.

수소 분자는 두 개의 수소 원자가 전자를 공유하여 결합함으로써 형성된다. 각 수소 원자는 하나의 전자를 가지고 있어, 결합을 통해 두 전자가 서로 공유되면서 안정적인 전자쌍을 이룬다. 두 수소 원자의 전자가 공유궤도에 존재함으로써 결합에 필요한 에너지가 낮아지고, 화학적으로 매우 안정한 상태를 가진다. 이로 인해 수소 분자는 높은 열과 압력을 가하지 않으면 분해되지 않고 안정적으로 유지된다. 수소 분자는 약한 분자간 인력(분산력) 때문에 끓는점과 녹는점이 매우 낮아, 액화가 어려운 특성을 지닌다. 대기압에서 −252.8°C에서 액체가 되고, −259.2°C에서 고체가 된다.

단독으로 존재하는 수소(H_2)는 산소(O_2)와 반응해 물(H_2O)을 형성하며, 이 과정에서 큰 에너지를 방출한다. 수소 1 kg이 연소할 때 발생하는 에너지는 약 142메가줄(MJ)이다. 즉, 수소 1 g은 연소 시 약 34 kcal의 에너지를 발생시킨다. 이러한 성질은 연료로서 수소의 효용성을 높이며, 청정 에너지원으로 사용 가능성을 제시하고 있다.

$$2H_2(g) + O_2(g) \rightarrow 2H_2O(l)$$

$$(572\ kJ/2\ mol = 286\ kJ/mol = 1.42 \times 10^8\ J/kg = 142\ MJ/kg)$$

수소가 연소할 때에는 폭발음과 함께 무색의 불꽃을 내며 타는데, 이때 수소와 산소가 반응하여 물 분자가 형성된다. 수소는 공기보다 가볍기 때문에 비행선을 띄우는 데 적합한 재료로 사용되었지만, 1937년 연료 탱크에서 누출된 수소 가스가 폭발하여 발생한 힌덴부르크 참사 이후로 현재 많은 나라에서 풍선이나 비행선에 수소를 채우는 것을 법적으로 금지하고 있다. 최근에는 수소를 안전하게 활용하는 방법과 함께 청정 원료로써 수송체에 활용하는 방안이 지속적으로 연구되면서 이차전지와 에너지 저장 장치로 해결하지 못하는 발전, 선박, 대형 수송체와 같은 대용량 설비에 매력적인 원료로 떠오르고 있다.

2 수소 에너지의 물리화학

화학 반응에서는 전자가 다른 물질의 전자와 결합하여 새로운 형태의 물질로 변화를 수반한다. 그래서 화학 반응에서의 에너지 변환을 이해하려면 먼저 수소의 에너지를 이해하여야 한다. 수소 원자의 에너지(E)는 전자가 가진 역학적 에너지인 전자의 운동 에너지(K)와 전자–핵 계에서의 전기 위치 에너지(U)의 합과 같다.

$$E = K + U$$

(K: 전자의 운동 에너지, U: 전자–핵 계에서 전기 퍼텐셜 에너지)

1) 전기 퍼텐셜 에너지

중력 퍼텐셜 에너지는 "중력장 내에서 물체가 기준 배열 a에서 특정 위치 b로 움직일 때 중력이 한 일"로 정의할 수 있다. 그렇다면 전기 퍼텐셜 에너지는 "전기장 내에서 전하를 띤 입자가 기준 배열 a에서 특정 위치 b로 움직일 때 전기력이 한 일"이라고 정의할 수 있다. 따라서 전기력이 한 일을 구하면 전기 퍼텐셜 에너지를 구할 수가 있다. 전기력은 쿨롱의 법칙을 이용하여 구할 수 있다.

$$\vec{F} = \frac{q_1 q_2}{4\pi\epsilon_0 r^2}\hat{r}$$

전기력이 한 일(W)은 전기력(힘)과 a에서 특정위치 b로 움직인 이동 거리를 곱하면

구해진다. 전하가 q_1인 입자가 q_2인 물체 쪽으로 기준 배열 a에서 b까지 이동한 거리를 구하는 방법은 적분을 활용하면 된다. 여기서 q_2인 입자는 고정되어 있다고 가정한다. 쿨롱의 법칙으로 구한 전기력을 거리에 대하여 적분하면 아래와 같이 된다.

$$W = \int_a^b -\frac{q_1 q_2}{4\pi\varepsilon_0 r^2} dr = -\frac{q_1 q_2}{4\pi\varepsilon_0}\int_a^b \frac{1}{r^2} dr = -\frac{q_1 q_2}{4\pi\varepsilon_0}\left[-\frac{1}{r}\right]_a^b = \frac{q_1 q_2}{4\pi\varepsilon_0}\left(\frac{1}{b} - \frac{1}{a}\right)$$

위 식에서 힘의 방향은 (−)가 된다. 입자 q_1이 q_2로부터 받는 힘의 방향은 r 방향이지만, 입자 q_1을 거리 R 지점까지 가져오는 힘의 방향은 r의 반대 방향이기 때문에 (−) 방향이 된다.

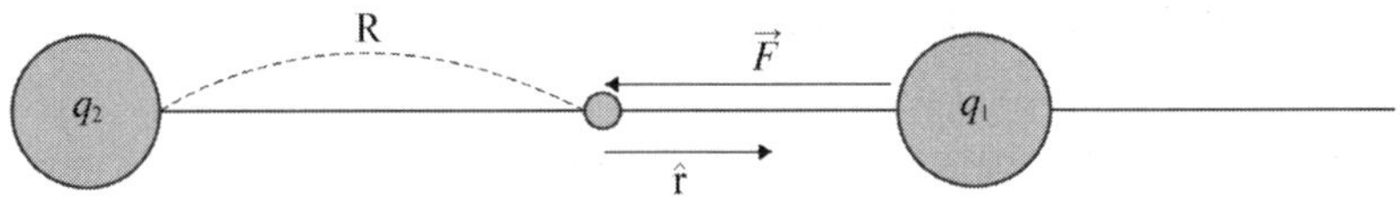

여기에 값을 대입해 보면, 수소 원자에서 전자의 전하는 −e 양성자의 전하는 e이다. 그리고 기준 배열(퍼텐셜 에너지가 0인 지점)을 무한히 먼 곳으로 잡고 특정 위치를 R로 하면 1/a = 0이 된다. 따라서 위 식을 정리하면 전기력이 한 일(W), 즉 전자−핵 계에서 전기 퍼텐셜 에너지(U)를 구하는 식이 완성된다.

$$W = -\frac{1}{4\pi\epsilon_0}\frac{e^2}{R}, \quad \therefore U = -\frac{1}{4\pi\epsilon_0}\frac{e^2}{R}$$

2) 전자의 운동 에너지

전자의 운동 에너지(K)는 물체의 질량과 속도와 연관이 있다.

$$K = \frac{1}{2}mv^2$$

전자의 운동 에너지를 알기 위해서는 전자의 속도(v)를 알아야 한다. 속도를 알아내기 위해서는 전자가 어떻게 운동하는지를 알아야 한다. 보어의 수소 원자 모형을 가지고 전자의 운동 에너지(K)를 구한다. 보어의 가정은 수소 원자의 전자는 핵 주위를 원형 궤도를 따라 공전한다는 것이다.

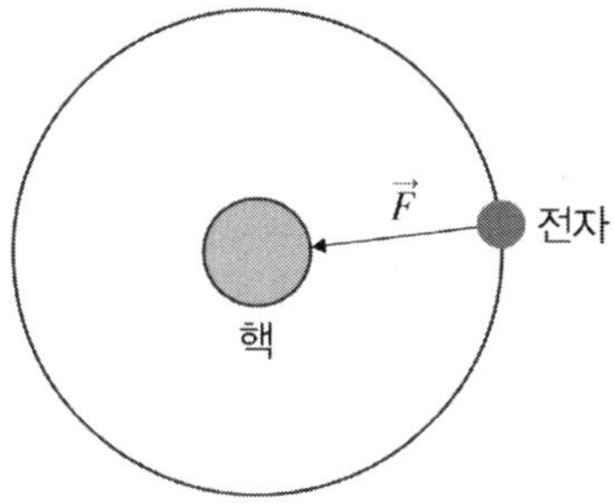

이때 공전하는 전자의 각운동량(L)은 n$\hbar$로 구한다(n은 주양자수, $\hbar$=h/2π).

$$L = n\hbar \ (n = 1,2,3,4......)$$

전자는 반지름이 R인 원형 궤도를 따라 등속 원운동을 하므로 구심 가속도($a = v^2/R$)를 가진 구심력이 작용한다. 이 힘은 양성자와 전자 사이의 전기력이기도 하다. 따라서 뉴턴의 제2 법칙을 활용해서 식을 정리할 수 있다. 전자의 전하가 (−)이므로 힘의 방향이 (−)를 띠게 된다. F = ma에서 힘의 방향은 가속도의 방향과 같기 때문에 전기력의 방향과 구심력의 방향을 같게 하기 위해서 가속도에 (−)를 붙였다.

$$-\frac{1}{4\pi\epsilon_0}\frac{|q_1||q_2|}{R^2} = m\left(-\frac{v^2}{R}\right)$$

위 식에 양성자, 전자의 전하를 대입하고 운동 에너지 공식으로 정리하면

$$\frac{1}{2}mv^2 = \frac{1}{8\pi\epsilon_0}\frac{e^2}{R}$$

이를 역학적 에너지 E에 대입하고 정리하면 다음과 같다.

$$E = \frac{1}{8\pi\epsilon_0}\frac{e^2}{R} - \frac{1}{4\pi\epsilon_0}\frac{e^2}{R} = -\frac{1}{8\pi\epsilon_0}\frac{e^2}{R}$$

위 식에서 이제 R에 대한 정보만 알면 에너지를 구할 수 있다. R은 보어의 가정 2번을 활용해서 구할 수 있다. 전자는 핵 주위를 반지름 R, 속력 v로 돌고 있으므로 각운동량은 Rmv가 된다. 따라서

$$Rmv = n\hbar,\ v = n\hbar/Rm,\quad n = 1,2,3...$$

$$R = \frac{h^2\epsilon_0}{\pi m e^2}n^2,\quad n = 1,2,3...$$

$$E_n = -\frac{me^4}{8\epsilon_0^2 h^2}\frac{1}{n^2},\ n = 1,2,3...$$

$$E_n = -\frac{2.180\times 10^{-18}J}{n^2} = -\frac{13.61\,eV}{n^2},\ n = 1,2,3...$$

여기서 각 기호는 다음을 의미한다.

ϵ_0 (유전율 상수) = $8.85 \times 10^{-12}\ C^2/N \cdot m$

m (전자의 질량) = 9.1094×10^{-31} kg

e (전자의 전하량) = 1.602×10^{-19} C

h (플랭크 상수) = $6.626 \times 10^{-34}\ m^2 \cdot kg/s$

주양자수 n = 1인 수소 원자의 에너지는 수소 원자가 바닥 상태에 있을 때의 에너지로 −13.61 eV가 된다. 이는 전자가 핵에 가장 가까운 궤도에 위치해 있을 때의 에너지를 나타내며, 수소 원자의 전자를 이온화(핵에서 무한히 멀리 떼어내는 것)시키려면 13.61 eV의 에너지가 필요하다는 의미이기도 하다.

수소 원자의 다른 에너지 준위에서의 에너지는 주양자수 n에 따라 바뀐다. 예를 들어, n = 2일 때는 E_2 = −3.4 eV, n = 3일 때는 E_3 = −1.51 eV 이다. 이렇게 에너지 준위가 높아질수록 전자가 핵에서 멀어지고, 그에 따라 수소 원자의 에너지가 증가(절댓값 감소)한다. 수소 원자의 기본 상태(바닥 상태) 에너지 −13.6 eV는 약 2.18×10^{-18} J이다. (1 eV= 1.602×10^{-19} J = 3.83×10^{-23} cal).

수소 분자(H_2)는 두 개의 수소 원자가 결합하여 형성된다. 수소 원자 두 개가 결합하여 수소 분자를 형성할 때, 에너지 수준이 낮아지며 결합 에너지가 발생한다. 수소 분자 1 mol의 결합 에너지는 약 −4.52 eV이다. 수소 분자 1 mol의 분자 수는 6.02×10^{23} 개이므로 수소 분자 1 mol의 총 결합 에너지는 E_{1mol} = −4.52 eV × 6.02×10^{23}개로 −273 kJ이다. 이 에너지는 두 수소 원자를 결합하여 수소 분자를 형성할 때 방출되는 에너지를 의미한다. 결합 에너지는 수소 분자를 해리하여 원자 단위로 분리하는 데 필요한 에너지이므로, 실제로는 H_2 분자에서 두 수소 원자를 분리할 때 273 kJ/mol의 에너지를 흡수해야 한다. 수소 분자 1mol을 산소와 반응시키면 물을 생성하며 에너지를 방출한다. 이 반응은 연소 반응으로, 수소와 산소가 결합하여 새로운 물 분자를 형성하는 과정에서 에너지가 방출된다.

$$2H_2(g) + O_2(g) \rightarrow 2H_2O(l)$$
$$(572\ kJ/2\ mol = 286\ kJ/mol)$$

수소 2 mol이 연소할 때 572 kJ의 열이 방출된다. 따라서 수소 1 mol이 연소할 때는 약 286 kJ의 에너지가 방출된다. 이 에너지는 수소와 산소가 결합하여 물을 생성할 때 방출되는 에너지이다. 이 과정에서 방출되는 에너지는 연소 시 열로 변환되어, 연료로서의 수소의 에너지원 역할을 하게 된다.

QUIZ

✓ **다음 에너지에 대한 설명에서 맞으면 O, 틀리면 X 하시오.**

1) 수소 분자 1 mol의 결합 에너지는 약 -4.52 eV로 수소 분자 1 mol의 총 결합 에너지는 -273 kJ이다. ( )

답 O (총 결합 에너지 $E_{1mol} = -4.52\ eV \times 6.02 \times 10^{23}$로 -273 kJ이다.)

2) 수소 원자의 전자를 이온화(핵에서 무한히 멀리 떼어내는 것)시키려면 13.61 eV의 에너지가 필요하다. ( )

답 O ($E_n = -\frac{2.180\,X10^{-18}J}{n^2} = -\frac{13.61\,eV}{n^2}$, $n = 1,2,3...$ 으로 주양자수 n = 1인 수소 원자의 에너지는 수소 원자가 바닥 상태에 있을 때의 에너지로 -13.61 eV가 된다.)

3) 수소는 우주의 탄생 시 빅뱅 과정에서 중성자와 양성자의 결합으로 탄생하였고, 질량 기준으로 우주의 75%를 구성하고 있다. ( )

답 O (현재까지 빅뱅이 약 138억 년 전에 발생했고, 이 과정에서 수소가 만들어졌다는 것이 과학계의 정론이다.)

3 수소 에너지의 제조

수소는 재생 가능 에너지원으로 주목받으며, 다양한 생성과 저장 기술을 통해 그 활용성을 높이고 있다. 인류는 석유화학 연료를 통해 큰 발전과 윤택한 삶을 이룩했지만 환경오염과 온실가스(이산화 탄소 등) 배출로 미세먼지, 지구 온난화, 기후 문제 등이 발생했다. 수소는 전기를 만들 때 오직 물만 배출하는 친환경 에너지로 수소와 산소가 결합하면 온실가스 배출 없이 전기와 열, 물이 만들어지고 물로부터 다시 수소를 생산할 수 있기 때문에 무한한 친환경 에너지이다. 탄소 중립이란, 우리가 배출한 탄소를 저감 또는 제거해서 순배출량을 0으로 만드는 것이다. 풍력, 태양광 등의 남는 전기를 수소로 바꾸어서 저장하면 지역별/국가별 에너지 이동도 가능해서 수소 경제를 통한 글로벌 탄소 중립 실현이 가능하다.

1) 수소 에너지의 제조

수소는 생산 방식 및 탄소 배출 여부에 따라 색을 호칭하여 붙이기도 한다. 그린 수소란 탄소를 배출하지 않으며 만든 수소 또는 재생에너지 전기로 만든 수소를 말한다. 그린 수소를 더 세분화하여 상용 전력으로 전기분해로 만든 수소는 옐로 수소(황색, yellow), 원자력 전기분해로 만든 수소는 핑크 수소(분홍, pink), 원자력 고온+전기로 만든 수소는 퍼플 수소(자색, purple), 원자력 고온분해로 만든 수소는 레드 수소(홍색, red), 수소전(지하 수소 매장지)에 이산화 탄소를 밀어 넣어, 탄소를 매장하면서 만든 수소를 오렌지 수소(주황색, orange)라고 칭한다.

탄소를 포집하면서 만드는 수소를 블루수소(청색, blue)라고 하며, 그 중 터퀴즈 수소(청록, turquoise)는 메테인(CH_4)을 열분해하여 탄소(C)와 수소(H_2)로 분해시켜 얻어지고, 아쿠아 수소(물빛, aqua)는 오일 샌드에 수압 파쇄법을 이용해 이산화 탄소는 지하에 둔 채 수소만 지상 추출한 수소를 말한다.

그레이 수소(회색, gray)란 탄소를 배출하며 만든 수소를 말한다. 그레이 수소는 화석연료(주로 천연가스)를 원료로 하여 스팀 메테인 개질(SMR, steam methane reforming)을 통해 생산되는 수소로 현재 전 세계 수소 생산의 약 95%가 이 방식에 의존하고 있다. 자연적 수소 매장층에서 직접 수소를 분리한 것을 화이트 수소(백색, white), 석탄(갈탄)을 이용해 석탄가스화 방식으로 만든 것을 브라운 수소(갈색, brown)라고 한다.

2) 수전해

먼저 물의 전기분해 방식에 의한 수소 제조인 수전해(water electrolysis)를 살펴보

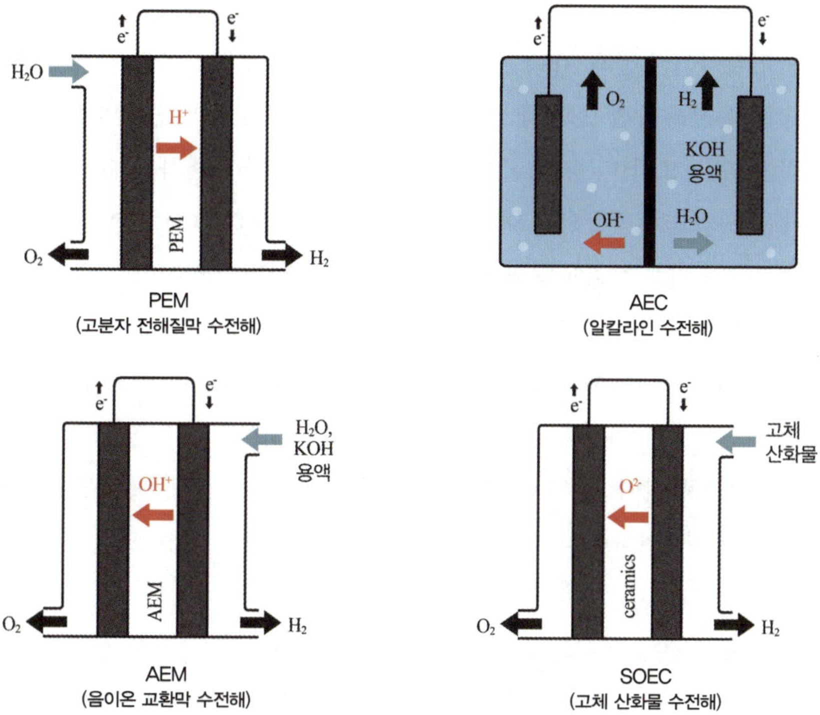

그림 9–1 수소 제조용 수전해 방식

자. 수전해는 물(H_2O)을 전기 분해하여 수소(H_2)와 산소(O_2)로 나누는 방식이다. 수전해 유형에는 전통적인 방식인 알칼리 수전해가 있는데, 알칼리성 전해질을 사용하여 물의 전기분해를 수행하여, 기술이 성숙하고 상대적으로 비용이 저렴하지만, 효율은 고분자 전해질 막(PEM, polymer electrolyte membrane) 수전해에 비해 낮다. 고분자 전해질 막 수전해는 PEM을 사용해 높은 효율을 제공한다. 반응이 빠르고 변동하는 재생에너지 전원과 쉽게 통합될 수 있다. 고체 산화물 수전해(SOEC)는 고온에서 전기 분해를 통해 수소를 생성한다. 높은 온도(약 700 ~ 1,000°C)에서 전기분해 효율이 높아지지만, 고온을 유지하는 데 많은 에너지가 필요하다. 이 방식은 재생에너지를 이용할 경우, 탄소 배출이 없는 그린 수소를 생산할 수 있다.

PEM 수전해는 주로 수소 이온이 이동할 수 있는 나피온(nafion) 등의 양이온 교환막을 전해질로 이용해 높은 전류 밀도로 운전할 수 있고 에너지 효율이 높아 장치의 소형화가 가능하다. 그린 수소 생산에 가장 적합한 수전해 방식으로 화합물 없이 물만을 원료로 사용해 생산한 수소의 순도가 매우 높다는 특징이 있다. 백금 촉매와 양이온 교환막의 단위 가격이 높은 것이 단점이지만 기술 개발로 PEM의 가격이 낮아지고 있는 추세이다. 알칼라인 수전해(AEC)는 알칼리 전해액을 이용해 물을 전기분해 하는 방식이다. AEC는 수전해 방법 중 가장 상용화된 기술로 연구가 오래 진행된 만큼 안정적이라는 장점이 있다. 또한 비(非)귀금속 촉매를 써서 단가가 저렴하고 수소 생산 구조가 단순해 대용량 생산에 적합하며 내구성이 높다. 다만, 35%에 이르는 알칼리 전해액의 농도를 유지하기 위해 전해액을 계속 보충해야 하고, 알칼리 성분으로 인한 부식 문제 및 낮은 전류밀도 효율, 고압 운전의 어려움 등은 해결해야 할 단점으로 꼽힌다.

음이온 교환막 수전해(AEM)는 음이온 교환막을 전해질로 이용하는 방식이다. AEM은 AEC와 마찬가지로 저가의 촉매를 사용하여 수소 생산 비용을 낮출 수 있고, 낮은 전력에서도 잘 작동하며 압축기 없이도 고압에서 작동이 가능해 효율 및 순도가 높다는 장점이 있다. 단, 기술력의 한계로 촉매와 음이온 교환막의 성능 및 신뢰도가 높지 않다는 단점이 있다.

고체 산화물 수전해(SOEC, solid oxide electrolysis cell)는 고체 산화물 전해질을 이용해 800°C 이상의 고온 수증기를 전기분해 해 수소를 생산하는 기술이다. 고체 산화물 전해질을 사용하기 때문에 부식에 강하고, 전해액을 보충할 필요가 없어 유지 보수가 쉽다는 장점이 있다. 하지만 수증기를 가열하기 위해 추가적인 열에너지가 필요하고 800°C 이상의 고온을 견딜 충분한 내구성을 지닌 고체 전해질에 대한 연구가 아직은 부족하다는 한계를 지닌다.

3) 열화학적 방법

이탈리아 이스프라 수소 연구소(EURATOM-JRC, Joint Research Center)는 수소 생산과 관련된 다양한 열화학적 방법을 연구해왔다. 그중 마크-1(Mark-1) 및 마크-9(Mark-9) 열화학 사이클은 상대적으로 낮은 온도에서 물을 분해해 수소를 생산하는 방법을 제시하였다.

마크-1 화학 반응은 아이오딘-황(I-S) 열화학 사이클을 변형한 반응으로, 낮은 온도에서도 물 분해를 가능하게 한다. 이 과정은 황(S)과 아이오딘(I)을 이용한 열화학적 물 분해의 주요 반응 단계를 포함한다. 1단계, 황산 분해 반응은 황산이 고온에서 분해되어 이산화 황(SO_2), 물(H_2O), 산소(O_2)를 생성한다.

$$H_2SO_4 \rightarrow SO_2 + H_2O + \frac{1}{2}O_2 \text{ (약 850°C)}$$

2단계, 아이오딘 화합물 생성 반응에는 아이오딘화 수소(HI)가 분해되어 수소(H_2)와 아이오딘(I_2)이 생성된다.

$$2HI \rightarrow H_2 + I_2 \text{ (약 300 °C)}$$

3단계, 반응 물질의 재생과정에서는 이산화 황(SO_2), 아이오딘(I_2), 물이 반응하여 황산(H_2SO_4)과 아이오딘화 수소(HI)가 재생된다.

$$SO_2 + I_2 + 2H_2O \rightarrow H_2SO_4 + 2HI$$

이 반응은 반응 온도가 기존 I-S 사이클보다 낮아(300 ~ 850°C) 고온용 소재 요구 사항이 완화되고 고효율 수소 생산이 가능하며, 화학적 폐기물이 거의 남지 않는다.

마크-1(Mark-1) 열화학 사이클은 $CaBr_2$(브로민화 칼슘)를 사용해서도 진행할 수 있으며, 이 사이클은 I-S 사이클과 유사한 기본 원리를 따르지만, 브로민화 칼슘을 사용해 특정 온도 범위에서의 반응 효율을 높이고, 반응 온도를 낮추는 방향으로 설계된 것이다. 이 반응에서는 브로민화 칼슘이 반응에 사용되므로, 열분해 과정에서 브로민(Br_2)과 관련된 화합물을 생성한다.

$$CaBr_2 + H_2O \rightarrow CaO + 2HBr$$

이 반응은 약 500 ~ 600°C의 중간 온도에서 이루어질 수 있다. 온도 하락은 공정 효율성을 유지하면서 고온 소재의 요구 조건을 줄이는 데 기여한다. 생성된 HBr(브로민화수소산)은 추가적인 열화학적 반응을 통해 수소(H_2)와 브로민(Br_2)으로 분해된다.

$$2HBr \rightarrow H_2 + Br_2$$

마크-9 화학 반응은 마크-1 반응을 더욱 효율적으로 설계한 고급 열화학 반응 체계이다. 반응 온도를 추가로 낮추고, 복잡한 반응 과정을 간소화하며 재료 및 에너지 효율성을 극대화했다. 1단계, 황산 분해 반응은 온도를 600 ~ 800°C 범위로 낮추어 고온 환경에 적합한 재료를 사용하지 않아도 된다.

$$H_2SO_4 \rightarrow SO_2 + H_2O + \frac{1}{2}O_2 \text{ (약 600 ~ 800°C)}$$

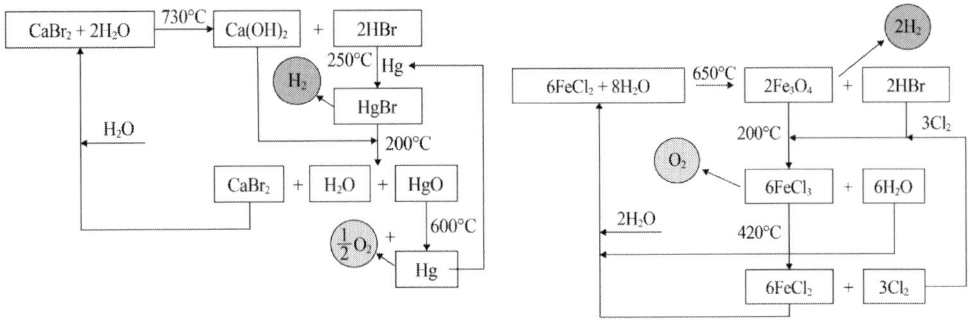

(a) (b)

그림 9-2 수소 제조용 열화학 반응 방식. 마크-1 열화학 반응(a)과 마크-9 열화학 반응(b)의 반응식

2단계, 아이오딘 화합물 생성 반응에는 추가적인 촉매 기술을 통해 분해 온도를 250°C까지 낮췄다.

$$2HI \rightarrow H_2 + I_2 \text{ (약 250°C)}$$

3단계, 재생반응 과정에서도 반응을 최적화하여 생산속도를 높이고 열손실을 줄였다.

마크-9 열화학 사이클은 $FeCl_2$(염화 철(II))를 사용해서도 진행할 수 있으며, 이 사이클은 I-S 사이클과 유사한 기본 원리를 따르지만, 염화 철을 사용해 특정 온도 범위에서의 반응 효율을 높이고, 반응 온도를 낮추는 방향으로 설계된 것이다. 이 반응에서 염화 철(II)는 산화 환원 반응에서 중요한 역할을 한다. 이 과정에서 물과 반응해 Fe_3O_4(자철석)과 염산(HCl)을 생성한다.

$$FeCl_2 + H_2O \rightarrow FeO + 2HCl$$

생성된 HCl은 고온에서 분해되어 수소(H_2)와 염소(Cl_2)를 방출한다.

$$2HCl \rightarrow H_2 + Cl_2$$

4) 화석연료 개질

화석연료를 개질(reforming)하여 수소를 생산하기도 한다. 천연가스(CH_4)와 같은 화석연료를 고온의 수증기와 반응시키면 수소가 생성된다. 스팀 메테인 개질법(SMR)으로 알려진 이 방법은 천연가스와 수증기를 반응시켜 수소와 이산화 탄소를 생성한다. 효율이 높아 현재 산업적으로 가장 널리 사용되지만, 탄소 배출이 발생한다. 산소와 수증기를 함께 사용해 개질하는 자동 열개질(auto thermal reforming) 방식은 효율이 높고 안정적인 수소 공급이 가능하다. 이 방식은 탄소 포집 및 저장(CCS) 기술과 결합할 경우 블루 수소를 생산할 수 있다.

다음 반응과 같이 석탄 코크스로 수성가스를 만들고 수소를 분리할 수 있다.

$$C + H_2O \rightarrow CO + H_2$$

$$CO + H_2O \rightarrow CO_2 + H_2$$

혹은 탄화수소를 고온에서 수증기와 반응시켜 수소를 분리한다.

$$CH_4 + H_2O \rightarrow CO + 3H_2$$

$$C_nH_{2n+2} + nH_2O \rightarrow nCO + 2(2n+1)H_2$$

$$CO + H_2O \rightarrow CO_2 + H_2$$

5) 바이오매스의 열분해와 가스화

규모의 유기물 바이오매스를 열분해하거나 가스화해서도 수소를 생성할 수 있다. 바이오매스를 활용하면 탄소 중립적인 방식으로 수소를 생산할 수 있으며, 바이오가스와 같은 다양한 유기성 폐기물을 원료로 사용할 수 있다.

바이오매스에서 수소를 제조하는 기술은 주로 재생 가능하고 유기물 함량이 높은 물질을 사용한다. 나무, 톱밥, 목재 폐기물 등과 같은 목질계 바이오매스, 볏짚, 옥수수대, 밀짚, 사탕수수 찌꺼기 등의 농업 폐기물을 가스화나 열분해 또는 생물학적 처리하여 수소를 생산한다.

가스화는 바이오매스를 700 ~ 1000°C의 고온에서 산소나 증기의 제한된 환경에서 분해하여 합성가스를 생성한 후 수성가스 변환반응으로 추가 처리해 수소를 농축한다. 열분해는 바이오매스를 400 ~ 600°C에서 분해하여 가스, 액체, 고체 형태의 부산물을 생성하고 생성된 가스(주로 메테인, 수소)를 추가 처리하여 수소를 추출하는 방식이다.

식물계 이외의 바이오매스로 음식물 쓰레기나 하수 슬러지, 가축분뇨, 해조류 등에서 수소를 생산하는 연구가 진행되고 있으며 실증 사례로 충주 바이오그린수소충전소는 바이오메테인을 개질하여 하루 500 kg의 수소를 생산하는 수소추출기를 운영 중이다. 이러한 방식은 음식물 폐기물, 가축분뇨, 하수찌꺼기 등 유기성 폐자원을 처리하여 발생하는 바이오가스를 활용하므로 경제적이며, 생산 과정에서 이산화 탄소 배출이 적어 친환경적이다.

한국생산기술연구원은 1톤/일급 바이오매스 가스화기를 개발하여 바이오매스를 가스화한 후 수소를 생산하는 기술을 실증하였다. 또한, 2018년부터 2022년까지 8 MWth급 상용 목질계 바이오매스 가스화기 기술 개발 및 실증 프로젝트를 통해 50톤/일급 미이용 바이오매스를 이용한 가스화기를 개발하였다. 이러한 기술은 미이용 산림 바이오매스와 폐기물을 활용하여 연간 최대 182만 톤의 수소 생산이 가능할 것으로 보고하였다.

6) 광전해 및 광전기 화학

광분해 및 광전기 화학에 의해서도 수소를 생성할 수 있다. 이는 아직 미래 기술로 연구개발이 진행되고 있다. 생체 촉매인 효소의 구조를 본뜬 새로운 물 분해 광촉매를 개발하여 태양광 에너지를 이용하여 물을 분해하는 기술로 태양광이 물을 직접 분해하여 수소를 생성한다. 연구 초기 단계에 있지만, 성공적으로 상용화된다면 재생에너지를 활용한 수소 생산에서 혁신적인 역할을 할 수 있다.

동경대학의 혼다, 후지시마 교수팀은 반도체를 사용하여 물을 태양광으로 수소로 분해하는 촉매를 개발하여 인공광합성이라 칭하였고 하버드 대학의 Daniel Nocera 교수팀도 태양광을 이용하여 물로부터 수소를 발생시키는 인공광합성(artificial leaf 금속 산화물 촉매) 반응시스템 프로토콜을 소개한 바 있다.

7) 부생수소의 활용

수소는 다양한 화학 산업의 부산물로 얻어질 수 있다. 이를 부생수소라 하는데 석유화학 공정 등에서 부산물로 생성되는 수소를 의미하며, 국내 수소 생산에서 중요한 비중을 차지하고 있다. 2017년 기준, 국내 수소 생산 능력은 연간 약 192만 톤이며, 실제 생산량은 약 164만 톤이다. 이 중 약 141만 톤은 정유공장과 석유화학업체에서 자체 소비되고, 약 23만 톤이 외부에 공급된다. 제철산업 앞단에서 생산하는 석탄 코크스의 제조과정에서 코크스로 가스(COG)에는 H_2 기체가 50 ~ 60%, CH_4 기체가 22 ~ 28%, CO 기체가 5 ~ 9% 들어있어 수소를 분리 정제하면 된다.

Vinyl chloride(염화비닐)는 폴리염화비닐(PVC) 생산의 주요 원료로, 합성 과정에서 부생 수소가 부산물로 발생한다. 이 부생 수소는 산업적으로 활용 가치가 높다. Vinyl chloride는 주로 에틸렌(C_2H_4)과 염화 수소(HCl)를 반응시키는 옥시클로로화(oxychlorination) 및 열분해 반응을 통해 생산된다. 합성된 에틸렌 다이클로라이드(EDC)가 열분해 반응을 통해 Vinyl chloride와 염화 수소로 분해된다. 이 과정에서 부생 수소가 생성된다.

이 외에도 다양한 화학 산업에서 부산물로 부생수소가 생산된다. 2018년 기준, 부생수소의 생산 단가는 kg당 2,000원 미만으로, 국내에서 가장 효율적이고 경제적인 수소 제조 방식으로 평가받고 있다. 국내에서 생산되는 부생수소의 93%는 파이프라인을 통해 제강 산업, 반도체 제조, 용접 · 절단, 광섬유, 유리 제조, 식품 산업 등에 공급되고 있는데, 국내 수소 파이프라인이 약 193 km에 이르며 울산, 여수, 대산 등 석유화학 단지 내에서 각 산업체에 부생 수소가 공급되고 있다.

4 수소 에너지 저장 기술

수소는 가장 가벼운 원소로 대기 중에서는 쉽게 날아가기 때문에 안전하고 효율적으로 저장하여 필요 시 사용하는 것이 중요하다. 수소를 기체 상태로 저장할 때 대기압보다 약간 높은 압력으로 저장하는 저압 저장 방식은 경제적이지만 부피가 커 대규모 저장에는 비효율적이다. 고압 저장 방식은 350 ~ 700 bar의 고압 용기에 수소를 저장하는 방식으로, 주로 차량 연료 탱크나 소규모 이동형 수소 저장 시스템에 사용된다. 가압 시스템이 필요해 초기 설치 비용이 높을 수 있다.

수소를 액체 수소로 저장하는 것은 수소를 −253°C 이하로 냉각하여 액체 상태로 저장하는 방식이다. 액체 수소는 기체 수소에 비해 부피가 약 1/800 수준으로 압축되어 대용량 수송에 유리하지만, 액화에 드는 에너지 비용이 크고 극저온을 유지해야 한다.

수소를 가장 안정하게 저장하는 방법은 화학적 저장 방법인 메탈 하이드라이드 저장법이다. 이 방식은 금속 합금과 수소를 반응시켜 고체 상태로 저장하는 방식이다.

MgH_2(마그네슘 수소화물), Mg_2NiH_4(마그네슘-니켈 수소화물), $LaNi_5H_6$(란타넘-니켈 합금)와 같은 금속 수소화물(metal hydrides)은 안정적인 수소 저장이 가능하고, 저장 밀도가 높으면서, 열을 가해 수소를 방출할 수 있어 재사용이 용이하다(표 9-1 참고).

암모니아(NH_3) 및 메탄올(CH_3OH) 등 화합물에 화학적 화합물 형태로 저장해 수송할 수도 있다. 이 방법은 화합물 형태로 쉽게 액화되어 저장 및 수송이 용이하고, 필요한 곳에서 수소를 추출하여 사용할 수 있다. 암모니아법은 수소와 질소를 산화 철과 알루미나 혼합촉매를 사용하여 200 ~ 1000기압의 높은 압력, 400 ~ 700°C의 높은 온도에서 암모니아를 합성해서 저장하는 것이다. 암모니아 합성은 공정에너지가 절약되어야 가격이 낮아져 액체 수소 대비 경쟁력이 생긴다고 한다. 예를 들면 600만 m^3의 수소를 운반하는 매체로 암모니아 액체를 사용한다면 3000톤(431만 리터)의 양에 상당해 수송 시 유리하다고 한다.

최근 탄소 나노튜브, 그래핀 등의 나노소재나 Metal-Organic Frameworks(MOF)와 같은 신소재를 이용한 수소 저장도 효율적이라는 연구 결과가 보고되고 있다(그림 9-3). 탄소 나노튜브, 그래핀 등의 나노 구조체는 높은 표면적을 활용하여 수소를 흡착하기 때문에 경량화와 높은 저장 밀도 가능성으로 저장 효율이 대폭 향상된다. 금속 이온과 유기 분자가 결합된 다공성 구조체(MOF)에 수소를 흡착하는 방법은 저장 밀도와 흡착 속도가 우수하고 낮은 압력에서도 수소 저장 가능하다는 장점이 있다. 이러한 금속 수소화물, MOF, 나노소재 등 신소재 기반 저장 기술이 발전하면서 안전성, 경제성, 효율성을 향상시킨 새로운 방식이 점차 상용화될 것으로 기대된다.

수소 활용의 목적에 따라서도 저장 방법이 달라질 수 있기 때문에 저장 방법의 다양

표 9-1 수소 저장 매체의 비교

구분	밀도(g/cm^3)	수소의 wt%	원자 수 H/cm^3 (10^{22})
H_2(liquid)	0.07	100	4.2
H_2(gas, 150atm, 20)	0.012	100	0.38
NH_3(liquid)	0.6	17.7	6.5
MgH_2	1.4	7.6	6.7
TiH_2	3.8	4.0	9.1
VH_2	2.9	2.08	11.37
Mg_2NiH_4	2.6	3.6	5.6
$FeTiH_{1.74}$-$FeTiH_{0.14}$	6.1	1.52	5.5
$LaNi_5H_6$	8.25	1.37	6.76

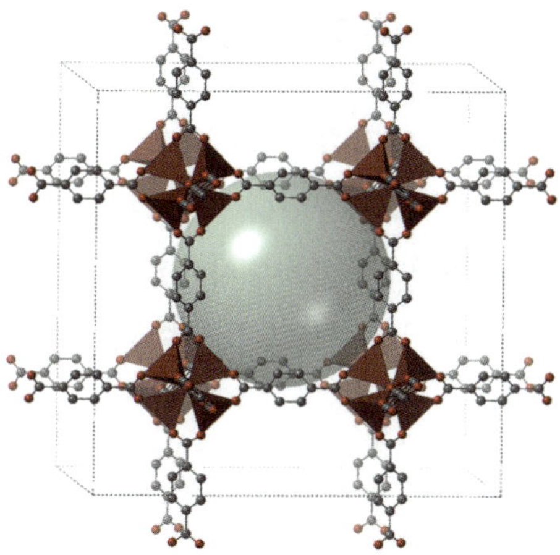

그림 9-3 MOF-5에 의한 수소 저장(Wang, H., Qu, *et al.*, (2015). "Effective Thermal Conductivity of MOF-5 Powder under a Hydrogen Atmosphere". *Computation*, 3(**4**))

화는 계속해서 연구될 예정이다. 수소를 연료전지에 사용할 때에는 액체 수소의 저온 냉열을 이용할 수 없기 때문에 암모니아법과 금속수소 산화물이 좋다고 한다. 항공기 연료로는 액체 수소 활용이 유리한 반면, 자동차 연료로는 금속수소 산화물이 유리하다.

QUIZ

✓ 다음 에너지에 대한 설명에서 맞으면 O, 틀리면 X 하시오.

1) 탄소를 배출하지 않거나 재생에너지 전기로 만든 수소를 그린 수소라 한다. (　　)

답 O(수소 생산 방식에 따라 색을 호칭할 때 그린 수소는 재생에너지 전기로 물을 전기분해하여 만든다.)

2) 수전해는 물(H_2O)을 전기분해하여 수소(H_2)와 산소(O_2)로 나누는 방식이다. (　　)

답 O (수소는 물의 전기분해 방식인 수전해하면 생산된다.)

3) 부생수소는 생산단가가 높아 경제성이 떨어져 수전해 방식이 수소 생산에 가장 많이 적용되고 있다. (　　)

답 X (부생수소는 국내 화학 및 철강산업의 부산물로 얻어지는 수소로 가장 효율적이고 경제적인 수소 제조 방식으로 평가받고 있다.)

5 수소의 활용: 자동차 및 항공 분야

수소는 아폴로 11호를 달 착륙으로 이끈 에너지로 연료전지를 통해 전기를 만들고, 나온 물은 식수 등으로 활용했다. 수소는 단순 승용차뿐만 아니라 트럭, 선박, 버스, 기차, 드론, 비행기 등 수송체(모빌리티) 전반에 사용할 수 있다. 풍력, 태양광 등의 남는 전기를 수소로 바꾸어 대용량 장기간 저장할 수 있으며, 전기가 필요할 때 저장한 수소를 이용해서 발전할 수 있다.

5-1 수소 내연기관 엔진

일부 자동차 제조사들은 수소를 직접 연소하는 내연기관을 개발하고 있다. 수소 내연기관은 배출가스가 거의 없으며, 기존의 내연기관 기술을 활용해 수소 연료를 사용하는 방식을 채택할 수 있다. 항공 산업에서도 수소를 연료로 사용하는 터빈 엔진을 개발하고 있으며, 이를 통해 이산화 탄소 배출이 없는 항공기를 연구하고 있다. 일본의 토요타는 수소 연소 엔진을 탑재한 자동차를 개발해 테스트 중이며, 에어버스는 수소 연소를 통해 비행 가능한 항공기 모델을 2035년까지 출시하는 목표를 세우고 있다. 수소를 직접 연소하는 내연기관 자동차나 항공기는 수소를 연료로 사용하면서 내연기관의 기존 구조를 유지해 구동하는 방식이다. 이는 수소를 연소해 동력을 얻는 반면, 기존의 수소연료전지차와는 달리 연소 엔진을 이용해 구조가 단순하고 생산비가 낮은 장점이 있다.

일본의 토요타 자동차는 GR 야리스 H2(GR Yaris H2) 모델을 기반으로 한 수소 내연기관 차량을 개발하고 테스트 중이다. 이 차량은 기존 내연기관의 구조를 최대한 유지하면서, 수소를 연료로 사용하는 방식으로 개조되었다. 토요타는 이 차량을 다양한 경주에 참여시키며 수소 내연기관의 성능과 내구성을 실험하고 있더, 수소를 연소하는 과정에서는 수증기만 배출되므로, 탄소 배출이 없는 청정 엔진으로 주목받고 있다. 또 다른 수소자동차인 코롤라(Corolla) 수소 레이싱 자동차(H2 Race Car)는 코롤라 모델을 기반으로 한 수소 내연기관 레이스카이다. 토요타는 이 코롤라 수소 레이스카를 개발해 슈퍼 타이큐(Super Taikyu) 레이싱 시리즈에 출전시켜 테스트 중이다. 토요타의 수소 내연기관 차량은 기존 휘발유 내연기관과 유사한 구조이지만, 연료 인젝터와 연소 시스템을 수소에 맞게 최적화하여 고출력과 높은 주행 성능을 유지할 수 있도록 설계되었다.

마쓰다(Mazda) 자동차의 RX−8 하이드로젠 RE(Hydrogen RE) 수소자동차는 RX−8 모델을 기반으로 한 로터리 엔진 수소 내연기관 차량이다. RX−8 하이드로젠 RE는 휘발유와 수소 연료를 모두 사용할 수 있는 듀얼 연료 시스템으로, 수소 내연기관의 가능성을 테스트하기 위해 제작되었다. 로터리 엔진은 특유의 구조 덕분에 수소 연소에 적합하다고 평가되며, 특히 부드러운 주행과 높은 회전수를 자랑한다.

BMW에서 2006년에 출시한 Hydrogen 7 모델은 기존 7시리즈 기반의 세단으로, 수소와 휘발유를 모두 연료로 사용할 수 있는 양연료 차량이다. 이 BMW Hydrogen 7 차량은 V12 엔진을 기반으로 하며, 수소를 연료로 사용했을 때 이산화 탄소를 배출하지 않지만, 내연기관의 특성상 질소 산화물(NOx)을 소량 배출할 수 있다.

이러한 수소 내연기관 차량들은 수소를 연소하여 탄소 배출을 줄이는 동시에 내연기관의 고출력 주행 성능을 유지하는 특징이 있다. 다만, 수소 연소 과정에서 소량의 질소 산화물(NO_x)이 발생할 수 있기 때문에, 이를 줄이기 위한 후처리 장치 개발이 추가로 필요하다.

5-2 수소 연료전지와 수소 연료전지 자동차

물을 전기분해 하게 되면 수소와 산소로 나눠진다. 연료전지는 전기분해와 반대되는 원리로 수소와 산소를 전기화학적으로 반응시켜 나오는 전기를 사용하게 된다. 개질된 수소는 연료극에, 대기 중에 있는 공기는 공기극에 공급하여 공기극 쪽에서 물을 만들어 외부로 배출한다.

연료극(음극): $H_2 \rightarrow 2H^+ + 2e^-$ $\quad E^0 = 0\ V$

공기극(양극): $\frac{1}{2}O_2 + 2H^+ + 2e^- \rightarrow H_2O$ $\quad E^0 = 1.23\ V$

전체 반응: $H_2 + \frac{1}{2}O_2 \rightarrow H_2O$ + 전기 $\quad E_{cell} = 1.23\ V$

먼저, 수소 연료 전지에 공급된 수소(H_2)는 음극(−)에서 수소 이온(H^+)과 전자(e^-)로 분리된다. 이후 분리된 전자(e^-)는 음극(−)에서 양극(+)으로 흐르며 전기를 생산한다. 전해질을 통과한 수소 이온(H^+)은 산소(O_2)와 만나 물(H_2O)이 되어 배출된다.

일어나는 반응으로만 보면 하나의 cell당 1.23 V의 전압이 발생하지만 산소 전극과 수소 전극의 과전압을 빼야 하므로 0.8 V의 이론 전압을 예상할 수 있다. 실제 연료전지를 구동해 보면 이보다 작은 0.6 ~ 0.7 V의 작동전압을 띤다.

수소와 산소의 화학 반응을 통해 전기를 생성하는 연료전지 스택(fuel cell stack)은 단위전지(unit cell)가 여러 개 적층된 것을 말하는데, 차량의 구동에 필요한 전기를 생산하는 핵심부품으로 전해질막과 촉매로 구성된 막전극접합체(MEA, membrane electrode assembly), 탄소섬유로 구성된 가스확산층, 전자와 가스를 공급해주는 분리판, 가스밀폐를 위한 개스킷, 적층된 분리판을 압축시켜주는 체결판(end plate) 등으로 구성되어 있다. 최근 상용 수소 연료전지 차량의 스택은 약 400개의 셀이 직렬 연결돼 240 ~ 450 V의 전압을 생성한다.

연료전지 전기자동차(FCEV, fuel cell electric vehicle) 또는 연료전지 자동차(FCV, fuel cell vehicle)는 연료전지로 전기 모터에 전력을 공급하여 주행하는 자동차를 말한다. 대표적으로 수소 연료전지 자동차 혹은 수소전기차는 수소 자동차의 일종으로 연료전지 스택에서 수소와 산소의 화학 반응을 통해 전기를 발생시키는 원리로 작동된다.

그래서 연료전지 자동차에는 내연기관 자동차와는 전혀 다른 부품들이 채택되어 사용된다. 연료전지 스택 이외에 수소를 고압 상태(700바 수준)로 저장하여 연료전지에 공급하는 고강도 복합재료를 사용하여 높은 안전성과 경량화를 달성한 고압 수소탱크가 필요하다. 연료전지를 사용해 전기모터로 자동차가 구동되며 전기모터는 내연기관보다 효율이 좋고, 정지 상태에서도 높은 토크를 제공한다. 연료전지에서 생성된 전기 중 남는 에너지를 저장하거나, 가속 시 추가적인 전력을 공급하기 위해 리튬이온 배터리도 추가로 사용된다. 예를 들어 현대자동차 넥쏘의 출력은 연료전지 스택 95 kW, 배터리 40 kW로 총 113 kW의 이중 시스템으로 되어 있다.

연료전지에서 생성된 직류 전기를 교류로 변환하여 전기모터를 구동하거나, 배터리 충·방전 관리를 수행하는 장치를 전력 변환 장치(power electronics unit)라 하는데 인버터, 컨버터 등이 이에 해당한다. 연료전지와 전기모터, 배터리의 온도를 최적 상태로 유지하여 효율성과 수명을 보장하기 위해 열 관리 시스템이 채택되어 냉각수, 열교환기 등을 사용하여 열을 효과적으로 관리한다.

FCEV의 대표 격인 수소전기차는 유럽, 미국, 일본, 중국, 한국 등에서 트럭, 승용차,

표 9-2 한국과 일본에서 생산되는 수소 자동차 비교

구분	현대 넥쏘	토요타 미라이	혼다 클래리티
최대 항속거리 (Km) – 미국 인증:복합 연비	611	502	579
최고속도	177km/h	178km/h	169km/h
가속성능 (0→100km/h)	9.2초	9.0초	8.1초
모터 최대토크 (N · m)	395	335	300
모터 최대출력 (bhp)	154	151	174

※ 독일 BMW는 도요타하고 공동개발, 2020년 출시 예정
※ 미국 GM은 혼다하고 공동개발 중
※ 아우디는 현대차와 공동개발 MOU를 맺고 2022년경 출시 예정

버스로 출시되어 보급 및 실증이 진행되고 있다. 수소전기차를 판매하고 있는 기업은 약 20여 개로 미국, 유럽, 일본 등의 실증기업까지 포함하면 30개 이상으로 추정된다. 승용차의 경우 한국의 현대자동차, 일본의 도요타/혼다에서 양산 중이며(표 9-2), 선도업체와 후발업체 간의 제휴가 활발하게 이루어지고 있다. 현재 전 세계에서 한-일 두 나라에서만 생산되고 있다.

상용차의 경우 유럽, 미국, 일본, 중국, 한국 등에서 보급 및 실증이 진행되고 있다. 2022년 FCEV는 2만 3000여 대가 판매되었는데 현대-기아 자동차가 57%의 점유율을 보이고 미국, 일본, 중국, 유럽차 순으로 점유율의 차이가 나타났다. 중국은 전기차에 이어 수소자동차 시장에서도 글로벌 주도권을 잡겠다는 목표('30년 100만대) 아래 이미 둥펑 자동차, 포톤, 상하이 자동차, 포산페이츠 등 40여 업체에서 56종의 수소버스·트럭 모델을 개발했고 매년 100% 이상씩의 성장이 진행 중이다. 수소 연료전지 자동차의 특징은 배출가스가 없이 물만 배출하여 저공해이며, 긴 주행거리와 빠른 연료 충전 시간, 높은 에너지 효율이 장점이다.

5-3 항공분야 수소 활용

수소 연료는 가벼우면서 에너지 밀도가 높고 친환경적인 특성으로 인해 드론과 UMT(도시 모빌리티 및 운송) 및 항공 분야에서 주목받고 있다. 액화수소는 기체 수소보다 에너지 밀도가 높아 기존 리튬이온 배터리 드론 대비 최대 26배, 기체 수소 드론 대비 6배 이상의 비행 시간을 제공한다. 또한, 저장 압력이 대기압 수준이라 안정성도

높다. 최근 SK E&S의 액화수소 드론이나 메타비스타(MetaVista) 액체수소 기반의 드론은 초경량 액체수소 저장 탱크를 개발하여 드론의 에너지 밀도를 높였고 비행 시간을 기존 배터리 기반 드론에 비해 크게 향상시켰다. 수소는 단위 무게당 에너지 밀도가 높아 장시간 비행이 요구되는 드론과 항공기에 적합하다. 수소 연료의 사용은 탄소 배출이 없으며, 물만 배출하여 환경에 미치는 영향이 적다. 또 배터리 충전에 비해 연료 보급 시간이 짧아 운영 효율성을 높일 수 있다. 수소 연료를 활용한 드론과 항공기 기술은 현재 활발히 개발 중이며, 향후 물류, 재난 구조, 감시 등 다양한 분야에서 활용될 전망이다.

6 기타 산업 분야에서의 수소 연료의 사용

수소의 직접 연소는 고온을 필요로 하는 산업 분야에서 활용되고 있으며, 특히 수소가 연소 시 오염 물질을 거의 배출하지 않기 때문에 청정 연료로 주목받고 있다. 수소의 직접 연소를 산업에 활용한 주요 사례는 다음과 같다.

6-1 철강 산업에서의 수소 연료 사용

철강 산업에서는 고로 공정에 수소가 이용되고 있다. 철강 제조에 필요한 고온을 얻기 위해 전통적으로 석탄이 사용되어 왔으나, 최근 수소를 연료로 사용하는 직접 환원철(DRI) 공정이 연구되고 있다. 수소를 연료로 사용할 경우, 철광석에서 산소를 제거할 때 물(H_2O)만이 배출되며 이산화 탄소(CO_2) 배출이 없다.

대표적으로 스웨덴의 SSAB는 수소 기반 철강 제조 공정인 HYBRIT 프로젝트를 통해 수소를 직접 연소하여 철을 생산하는 기술을 도입했다. 이로써 철강 생산에서의 탄소 배출을 크게 줄이고 있다.

6-2 유리 및 세라믹 제조

유리 제조 공정에서 유리 원료를 녹이는 유리 용해로는, 고온을 얻기 위해 보통 천연가스가 사용된다. 여기에도 수소를 연료로 사용하는 방법이 도입되고 있다. 수소 연소를 통해 유리 용해로의 온도를 높이고, 이산화 탄소 배출을 줄이는 효과를 얻을 수 있다.

대표적으로 독일의 유리 제조업체인 슈톨츠(Stolz)는 수소를 연소하여 유리 용해로에서 고온을 유지하는 실험을 성공적으로 마치고, 산업 공정에 수소 사용을 확대할 계획을 가지고 있다.

6-3 시멘트 산업

시멘트 생산 공정에서 석회석을 소성하여 고온의 화합물로 만드는 과정(시멘트 소성로)에서 연료로 수소가 사용된다. 기존에는 석탄이나 천연가스를 사용했지만, 수소를 연소 연료로 사용할 경우 탄소 배출을 최소화할 수 있다. 예를 들어 영국의 시멘트 업체인 한슨(Hanson)은 시멘트 생산 시 소성로에서 수소 연료를 시험적으로 사용하여 온실가스 배출량을 줄이는 연구를 진행하고 있다.

6-4 발전 산업

수소 연료를 이용해 전기를 생산하는 방식도 연구되고 있다. 기존 천연가스 터빈 발전소에서 수소를 혼합 연료로 직접 연소하는 방법이 도입되고 있다. 수소-천연가스 혼합 연소를 통해 기존 화력발전소에서도 탄소 배출을 줄이고 청정 에너지원으로 전환할 수 있다. 미국의 GE는 천연가스와 수소를 혼합해 발전하는 터빈을 개발하였으며, 탄소 배출을 줄이면서 안정적인 전력 생산이 가능한 시스템을 구축하고 있다.

QUIZ

✓ 다음 에너지에 대한 설명에서 맞으면 O, 틀리면 X 하시오.

1) 아폴로 11호에서는 수소 연료전지를 통해 전기를 만들고, 반응 후 생성된 물은 식수 등으로 활용했다. (   )

   답 O (수소 연료전지가 우주선에 사용된 사례이다.)

2) 물을 전기분해 하게 되면 수소와 산소로 분해되지만, 연료전지는 반대 원리로 수소와 산소를 전기화학적으로 반응시켜 물이 생성되는 과정에서 나오는 전기를 사용한다. (   )

   답 O (연료전지는 반대 원리로 수소와 산소를 전기화학적으로 반응시켜 물이 생성되는 과정에서 나오는 전기를 활용한다.)

3) 수소는 가벼우면서 에너지 밀도가 낮아 드론과 UMT 및 항공 분야의 원료로 부적절하다. (　　)

답 X (비행체는 경량 원료 사용이 중요한데 수소는 가장 가볍고 에너지 밀도가 높아 수송체 연료로 적합하다.)

연습문제

01 **수소에 대한 설명이 잘못된 것은? (   )** (객관식)

① 우주의 75%를 구성하는 우주에서 가장 흔한 원소.

② 수소 원자의 전자를 이온화시키려면 13.61eV의 에너지가 필요하다.

③ 그린수소란 탄소를 배출하지 않으며 만들거나 재생에너지 전기로 만든 수소이다.

④ 수소를 전기분해 하면 물이 된다.

02 **천연가스 스팀 메테인 개질법(SMR)으로 천연가스와 수증기를 반응시키면 수소와 이산화 탄소가 생성된다. (   )** (O, X 문제)

03 **전기분해와 반대되는 원리로 수소와 산소를 전기화학적으로 반응시켜 나오는 전기를 사용하여 구동하는 자동차를 무엇이라 하는가?** (주관식)

10장

에너지의 수송

1. 에너지의 수송
2. 에너지 수송에서 손실을 줄이는 기술

1 에너지의 수송

에너지는 생산한 곳에서 사용처로 운반해 와야 사용할 수 있다. 에너지의 형태가 다양한 만큼 운반 기술도 다양하다. 에너지는 인간이 생명 활동을 하는 근원이 되는 힘으로 정의하였듯이 생명 활동을 하는 인간이 에너지를 사용하는 방식과 조달하는 수송 방식도 다양할 수 밖에 없다. 에너지 수송 방식을 크게 분류하면 배, 철도, 자동차와 같은 운송수단을 통한 수송 방식, 전기 에너지의 전선을 이용한 수송 방식, 가스나 액체류 연료의 파이프 수송 방식이 있다(표 10-1).

석유의 경우 원유 1 kL을 100 km 수송하기 위해 유조선을 이용했을 경우의 수송 원가를 1로 하고, 정해진 원가이지만 석유 이외인 것에 관해서는 이와 등가의 열량(약 1,000만 kcal)을 같은 거리 수송하는 데 들어가는 상대적 비용으로 비교한다(표 10-2). 일반적으로 탱커가 가장 저렴하고 다음이 파이프라인이다. 원유 유조선 1 kL를 100 km 수송하는 비용은 배럴당 $20 ~ 25 정도이다. 파이프라인을 통한 원유 수송은 매우 효율적이며, 대략 배럴당 $5 정도로 비용이 소요된다. 이는 유조선 수송에 비해 4배 정도 저렴하다.

육상에서 석유를 탱크로리로 운송할 경우, 단거리에서는 효율적일 수 있으나 장거리에서는 비용이 증가한다. 도로 운송의 경우 연료비, 인건비, 차량 유지비 등이 추가되기 때문에 약 2 ~ 4배의 수송 원가가 든다.

석탄도 대량으로 화물선으로 운송할 때, 대규모 운송이 가능해 단위당 비용은 비교적 낮다. 석탄은 부피가 크기 때문에, 운송 효율이 연료 밀도에 따라 다를 수 있어서 수송 원가는 기준 비용에 비해 약 0.8 ~ 1.5배 정도이다. 석탄을 육상에서 트럭으로 운송

표 10-1 에너지별 수송 기술

수송 방식	1차 에너지				2차 에너지		
	석유	천연가스	석탄	원자력	전기	열 에너지	수소 에너지
배, 철도, 자동차	원유 또는 정제유	LNG	광석	산화 우라늄	–	–	압축 또는 액화
전선					전선주 또는 지하케이블		
파이프		가스 또는 LNG	가스 또는 슬러리			증기 (단거리)	가스

표 10-2 에너지별 수송 수단의 상대적 에너지 소비량

에너지 구분	수송 수단	상대적 에너지 소비량
1차 에너지	석유 유조선	1(기준 원가)
	석유 탱크로리	2 ~ 4배
	석탄 화물선	0.8 ~ 1.5배
	석탄 트럭	3 ~ 5배
	LNG 선박	1.5 ~ 2.5배
	LNG 파이프라인	0.5 ~ 1.2배
2차 에너지	전기 송전망	0.1 ~ 0.3배
	열에너지(단거리 파이프)	0.25배
	수소 고압 탱크	3 ~ 6배
	수소 파이프라인	1.5 ~ 3배

할 경우, 부피가 크고 무거워서 운송 효율이 낮다. 수송 원가는 약 3 ~ 5배 정도인데 운반 시 연료 소비량이 많아지고, 도로에서의 이동이 비효율적일 수 있다.

천연가스는 선박 수송 시 부피를 줄이기 위해 액화 상태로 운송되며, 냉각 및 저장 비용이 추가된다. 수송 원가는 액화 및 재기화 과정에서 추가 비용 발생하여 약 1.5 ~ 2.5배 정도인데 장거리 해상 운송 시에는 수송비용이 낮아지면서 효율적이 된다. 육상 파이프라인을 통한 액화천연가스(LNG) 수송은 열량 기준으로 보면 상대적으로 효율적이나, 파이프라인 구축 비용이 크다. 수송 원가는 초기 투자 비용이 많이 들지만, 지속적 수송에서는 비용이 줄어들어 기준 수송비 대비 약 0.5 ~ 1.2배 정도가 된다.

원자력 에너지는 1차 에너지 이송 비용은 많지 않으나 전기 에너지로 변환되었을 때는 다른 에너지원으로 생산된 전력 수송과 같아진다. 전기 에너지는 송전망을 통해 이송되는데, 수송 원가가 약 0.1 ~ 0.3배로 저렴하다. 그러나 장거리 송전 시 송전 손실이 증가할 수 있다.

수소 에너지는 파이프라인으로 운송하는 경우 초기 구축 비용은 많이 들지만, 장기적으로는 효율적일 수 있다. 수송 원가는 약 1.5 ~ 3배 정도이며, 수소의 누출 방지 및 안전 관리가 중요하고 장거리 운송에서는 비용 효율이 향상된다.

열에너지는 단거리 파이프라인으로 운송하는 경우 초기 구축 비용은 비싸지만, 장기적으로는 효율적일 수 있다.

이런 비교는 대략적인 값이며, 실제 수송 원가는 거리, 수송 조건, 인프라 구축 비용 등 다양한 요인에 따라 달라질 수 있다. 에너지원별 수송 방식과 운송 비용에 대한 비교는 한국조세재정연구원의 보고서, 에너지경제연구원의 연구 자료와 통계 자료에서 확인할 수 있다.

1-1 대규모 파이프라인을 통한 에너지 수송

1) 러시아의 에너지 공급 파이프라인

러시아는 세계 최대의 천연가스 및 원유 생산국 중 하나로, 다양한 파이프라인을 통해 유럽과 아시아에 천연가스와 원유를 공급하고 있다. 주요 천연가스 수송라인으로 노르트스트림(Nord stream) 1은 러시아 비보르크(Vyborg)에서 발트해 해저를 거쳐 독일 루브민(Lubmin)까지 연결된 길이 약 1,222km의 천연가스 수송라인이다(그림 10-1). 이 라인은 연간 550억 m^3의 천연가스를 유럽에 공급할 수 있는 해저 파이프라인으로, 유럽 에너지 수급에 중요한 역할을 한다. 노르트스트림 2는 러시아 우스트-루가(Ust-Luga)에서 발트해 해저를 거쳐 독일 루브민(Lubmin)까지 연결된 길이 약 1,230km의 수송라인이다. 이 천연가스 수송라인도 연간 550억 m^3의 용량을 수송한다. 두 노르트스트림 파이프라인의 총 연간 수송량은 약 1,100억 m^3로, 이는 유럽 천연가

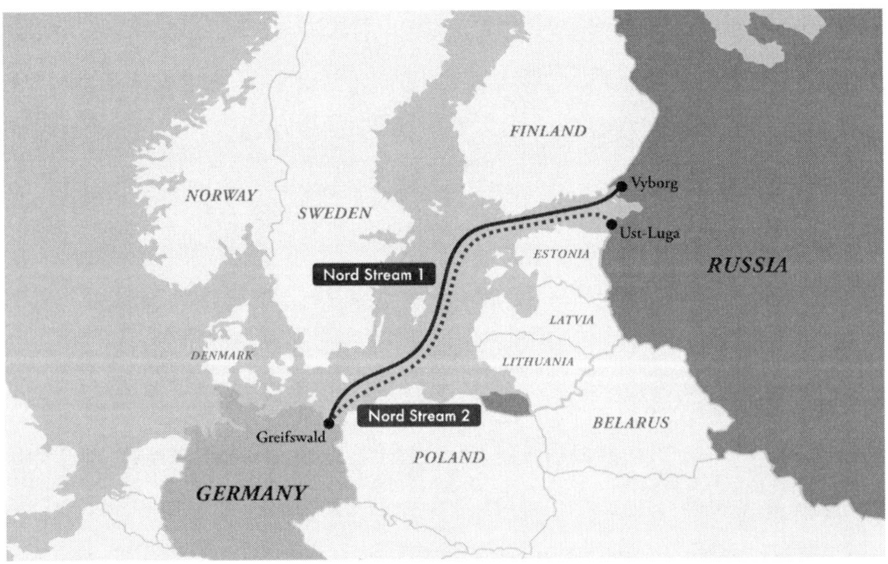

그림 10-1 노르드스트림 1과 노르드스트림 2 지도 (Dimitrios Karamitros/Shutterstock)

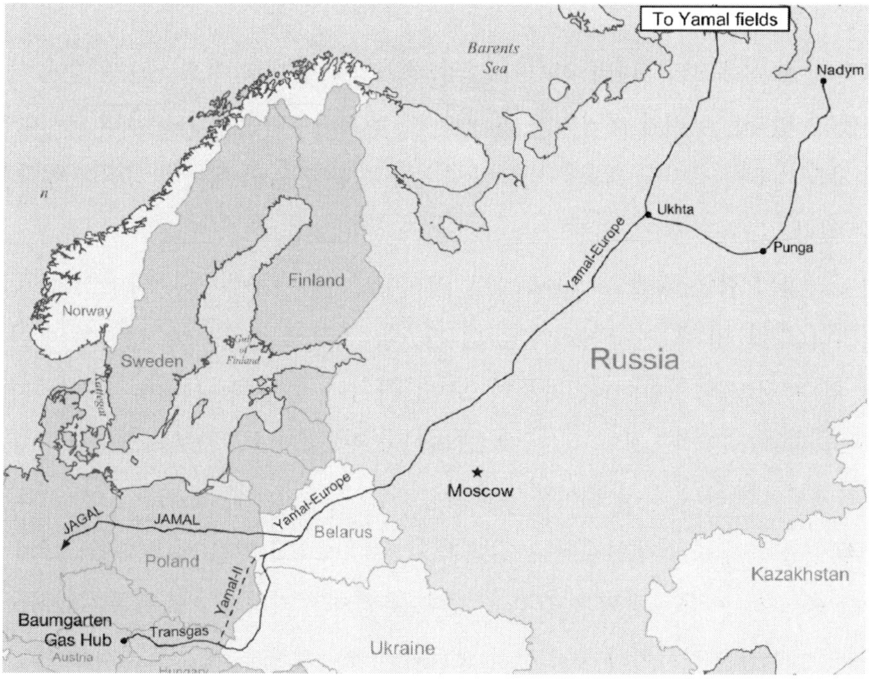

그림 10-2 야말-유럽 파이프라인 지도 (Samuel Bailey, CC BY-SA 3.0, Wikimedia Commons)

스 수요의 상당 부분을 충족시킬 수 있는 규모이다. 노르트스트림 1은 2011년에 완공되어 운영 중이며, 노르트스트림 2는 2021년에 건설이 완료되었으나, 정치적 요인으로 인해 가동이 지연되고 있다.

야말-유럽 파이프라인(Yamal-Europe pipeline)은 러시아의 야말반도에서 서유럽으로 천연가스를 공급하는 주요 육상 파이프라인이다(그림 10-2). 출발지는 러시아 야말반도 노보 예르엔고이(Novy Urengoy)이고 벨라루스 브레스트(Brest) 지역을 통해 폴란드로 이어진다. 폴란드 말로비체(Malowice)를 지나 최종 독일 프랑크푸르트 안데어오데르(Frankfurt an der Oder)로 이어진다. 이 파이프라인은 연간 약 330억 m^3의 러시아 가스를 서유럽 국가들에 안정적으로 공급하기 위한 핵심 인프라 중 하나이다.

우크라이나 경유 드루즈바 파이프라인은 러시아 남서부의 알메티예프스크(Almetyevsk)의 석유를 러시아에서 우크라이나를 통과하여 유럽 여러 국가로 연결된다. 벨라루스, 우크라이나, 폴란드, 체코, 슬로바키아, 헝가리를 거쳐 독일, 이탈리아로 연간 약 1억 2,000만 톤의 석유를 공급하는 역사적으로 가장 오래된 수송 경로이다. 드루즈바 파이프라인은 러시아의 석유를 유럽 남부와 중부에 안정적으로 공급하는 데 중요한 역할을 하고 있다.

그러나 최근 우크라이나와 러시아 간의 갈등으로 인해 파이프라인 운영에 차질이 발생할 수 있다는 우려가 제기되고 있다. 특히, 우크라이나는 2025년부터 러시아산 석유의 자국 경유를 중단할 계획을 발표하였으며, 이는 유럽의 에너지 공급에 영향을 미칠 수 있다.

시베리아의 힘(Power of Siberia)은 러시아 동부 야쿠티아 지역에서 중국으로 연결된다(그림 10-3). 연간 380억 m^3의 가스를 중국에 공급하며, 러시아의 아시아 시장 확대 전략의 일환이다. 자세히 보면, 러시아 동부 야쿠티아 지역의 차얀다(Chayandinskoye) 가스전과 이르쿠츠크(러시아 중부) 지역의 코빅타(Kovyktinskoye) 가스전에서 시작하여, 중국 헤이룽장성(흑룡강성) 블라고베셴스크(Blagoveshchensk) 인근 국경을 통해 중국에 연결된다. 길이가 약 3,000 km로 연간 최대 380억 m^3의 천연가스를 공급할 수 있는 용량을 갖추고 있다. 운영사는 러시아 가스프롬(Gazprom)이다. 이 공급라인은 러시아와 중국 간의 장기적인 에너지 협력 계약에 따라 2019년부터 천연가스 공급이 시작되었고 러시아의 동아시아지역 가스 자원을 활용해 중국의 동북 지역에 안정적인 에너지 공급을 보장한다. 러시아는 이 파이프라인을 통해 극동지역

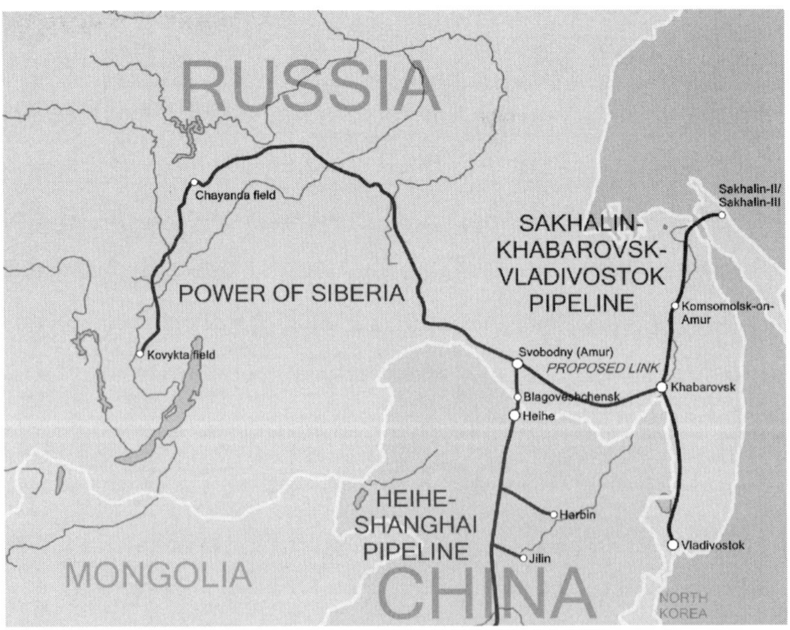

그림 10-3 시베리아의 힘 파이프라인 지도 (Khu'hamgaba Kitap, CC BY-SA 4.0, Wikimedia Commons)

의 경제를 활성화하고, 아시아 시장으로의 천연가스 수출을 확대하고 있다.

기타 극동지역 수송 프로젝트로는 사할린-하바롭스크-블라디보스토크 가스파이프라인과 사할린 LNG 프로젝트가 있다. 사할린-하바롭스크-블라디보스토크 가스파이프라인은 러시아 사할린섬에서 하바롭스크와 블라디보스토크까지 연결되어 있다. 가스프롬사의 이 수송라인은 러시아의 극동지역에서 천연가스를 채취하여 지역 내 소비 및 액화천연가스(LNG)로 변환해 수출하는 데 사용된다. 이 파이프라인은 극동지역 내 산업 발전과 에너지 수요를 충족시키기 위해 중요한 역할을 한다. 사할린 LNG 프로젝트는 사할린에서 채굴된 천연가스는 LNG 형태로 액화되어 일본, 한국 등 아시아 국가로 수출된다. 파이프라인을 통해 사할린 내 주요 처리 시설로 운송한 후, LNG로 변환해 해상 수송된다. 러시아는 중국뿐만 아니라 일본, 한국 등 아시아 시장으로의 천연가스 수출을 더욱 확대할 계획이다. 극동지역의 천연가스 자원을 활용해 아시아 시장의 에너지 수요를 충족시키려는 전략을 지속해서 추진하고 있다.

러시아는 시베리아의 힘 2라는 몽골을 거쳐 중국 서부에 가스를 공급하는 파이프라인의 프로젝트도 계획 중에 있으며, 이는 러시아의 극동 및 동부 시베리아 자원을 추가로 개발하고 수출하는 방안이다. 이러한 수송라인은 러시아와 아시아 국가 간의 에너지 협력에서 중요한 역할을 하며, 러시아가 유럽뿐만 아니라 아시아로도 천연가스 수출을 다변화하고 있음을 보여준다.

2) 캐나다와 미국의 에너지 공급 파이프라인

키스톤 파이프라인(Keystone Pipeline)은 캐나다와 미국을 연결하는 총 3,456 km에 걸쳐 있는 대규모 송유관 시스템으로, 원유를 안전하고 효율적으로 운송하기 위해 설계되었다(그림 10-4). 주요 경로는 캐나다 앨버타주의 오일 샌드 지역에서 출발하여 미국 중서부 및 남부 지역의 여러 단말기에 도달한다. 키스톤 파이프라인의 출발지는 캐나다 앨버타주 하딘(Alberta, Hardisty)이다. 앨버타주는 오일 샌드로 유명한 지역으로, 대규모 원유 생산이 이루어진다. 원유가 채굴 및 정제된 후 파이프라인에 적재된다. 하딘에는 대규모 저장시설과 펌프 스테이션이 있어 원유를 높은 압력으로 송유관을 통해 이동시킨다.

키스톤 파이프라인은 쿠싱 터미널(Cushing, Oklahoma)로 연결되어 있다. 쿠싱은

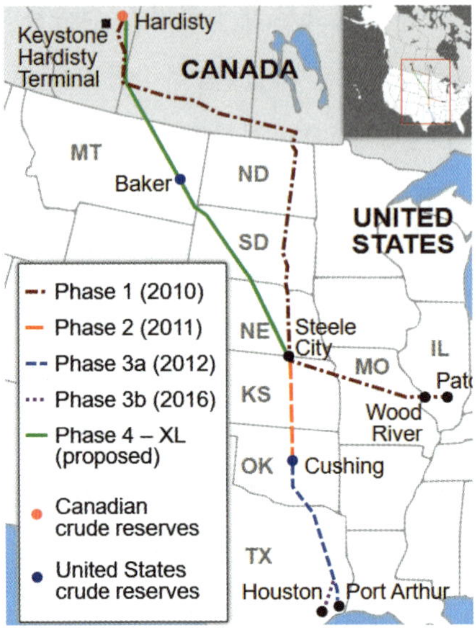

그림 10-4 키스톤 파이프라인 (cmglee, Meclee, Flappiefh, Lokal_Profil et al., CC BY-SA 4.0, via Wikimedia Commons)

미국 내 원유 거래의 중심지이자 주요 저장 및 분배 허브이다. 쿠싱은 미국의 원유 가격 기준인 WTI(서부텍사스 중질유) 선물 거래의 핵심 위치로, 미국 석유 산업에서 중요한 역할을 한다. 키스톤 파이프라인은 텍사스주의 주요 정제 단지인 패터슨 및 포트 아서 단말기(Port Arthur, Texas)까지 이송된다. 원유는 여기에서 다양한 정유사로 전달되어 정제 과정을 거친 후, 석유 제품(예: 휘발유, 디젤 등)으로 가공된다. 패터슨과 포트 아서 지역은 멕시코만에 자리 잡고 있으며, 이곳에서 정제된 제품은 국내 및 국제 시장으로 공급된다.

키스톤 파이프라인의 최종 도착지는 텍사스주의 휴스턴 단말기(Houston, Texas)이다. 휴스턴은 북미의 석유 및 가스 산업 중심지로, 키스톤 파이프라인의 원유가 이곳으로 운송되어 다양한 석유 및 석유 화학 제품으로 가공된다. 휴스턴 단말기는 멕시코만과 인접해 있어 해양 수출도 쉽다. 따라서 원유 및 정제 제품이 전 세계 시장으로 쉽게 수출될 수 있다.

이 파이프라인은 2005년에 처음 제안되었다. 프로젝트의 목적은 캐나다 앨버타주의 타르샌드 오일(모래에 포함된 중질유)을 미국 내 주요 정유 시설로 운송해, 양국의 원유 거래와 에너지 자급을 강화하는 데 있었다. 1단계(Phase 1) Keystone Mainline은 캐나다 앨버타주 하디스티에서 미국 일리노이주 우드리버와 패턴까지로 하루 약 59만 배럴의 오일을 운송하며, 2010년에 개시하였다. 2단계는 Keystone Cushing Extension으로 네브래스카주 스틸시티에서 오클라호마주 쿠싱까지 기존 메인라인을 연장한 것이다. 쿠싱 허브까지 연결되어 2011년 운송이 시작되었다.

3단계는 Gulf Coast Pipeline으로 오클라호마주 쿠싱에서 텍사스주 포트워스와 네덜란드까지 하루 약 83만 배럴이 2014년 운송 시작되어 운영 중이다. 4단계는 Keystone XL Pipeline(KXL)으로 아직 미완공인 제안 단계의 라인이다. 앨버타주 하디스티에서 네브래스카주 스틸시티까지의 직선 구간 추가로 기존 경로를 단축해 더 많은 원유를 빠르게 운송하고자 하였으나 키스톤 파이프라인이 통과하는 경로에 주요 오갈랄라 대수층이 문제가 되었다. 만약 원유가 유출되면 심각한 환경오염을 초래할 수 있다는 우려가 있었으며, 토착민 권리문제와 환경 문제를 이유로 버락 오바마 행정부에서 2015년에 허가를 취소하였다. 2017년 도널드 트럼프 행정부에서 다시 승인, 건설 재개하였으나, 이후 2021년 조 바이든 행정부에서 다시 승인 취소되었다. 트럼프 2기 행정부에서는 자원 개발을 통해 미국이 에너지 자급자족 상태에 이르도록 하는 '에너지 독립'을 강조하므로 인프라 확장을 더욱 촉진할 것으로 예상되며, 특히 주 정부의 허가와 협력 없이도 빠르게 추진할 수 있는 연방 차원의 승인을 강화할 가능성이 크다.

또 다른 원유 수송라인으로는 다코타 액세스 파이프라인(Dakota Access Pipeline)이 있는데, 이 라인은 미국 북부 노스다코타주에서 일리노이주까지 약 1,900 km의 거리를 연결하며, 하루 약 57만 배럴의 원유를 운송한다. 이 파이프라인은 미국 내에서 셰일 오일을 더 효율적으로 수송해 에너지 비용 절감과 경제적 이익을 기대하게 했다. 다코타 액세스 파이프라인은 스탠딩 록 수족(Sioux) 인디언 보호구역을 관통하는데, 이 지역은 역사적, 문화적, 종교적 중요성이 큰 지역이다. 스탠딩 록 수족은 이 파이프라인이 조상의 땅을 침범하며, 환경을 오염시킬 우려가 있다며 강력히 반대하였다. 다코타 액세스 파이프라인은 미주리강을 관통하는데, 원유가 누출될 경우 강과 인근 지역의 물이 오염될 위험이 커 원주민뿐만 아니라 지역 주민들에게도 큰 위협이 될 수 있다는 비판도 있다. 다코타 액세스 파이프라인은 2017년에 가동을 시작했지만, 법원에서 환경 영향 평가를 더 수행하라는 명령이 내려졌다. 2020년 이후로 파이프라인의 미래와 관련한 법적 분쟁이 지속되고 있다. 트럼프 행정부는 다코타 액세스 파이프라인 건설을 허가하며 화석연료의 운송 인프라를 확장해 왔었기에 트럼프 2기 행정부에서도 이 인프라 확장을 더욱 촉진할 것으로 예상된다.

3) 미국의 슬러리 수송 방식

슬러리 수송(slurry transport)은 고체 물질(주로 광물, 석탄, 철광석 등)과 액체(주로 물)를 혼합하여 파이프라인을 통해 운송하는 방식이다. 미국에서는 슬러리 수송이 광업 및 에너지 산업에서 중요한 역할을 한다. 특히 대규모 광산 개발 지역에서 광물 자원을 효율적으로 운송하는 데 사용된다. 슬러리(slurry)란 고체 입자가 액체에 떠 있는 형태의 혼합물이다. 슬러리 형태로 운송하면 고체 입자가 액체에 의해 운반되면서 긴 거리를 효율적으로 이동할 수 있다. 석탄 슬러리 수송에서는 석탄을 미세한 입자로 분쇄한 후 물을 혼합해 진흙처럼 흐르는 슬러리 형태로 만든다.

슬러리로 만들어진 석탄은 고압 펌프를 통해 파이프라인을 따라 흐르게 된다. 이 과정에서 일정한 압력과 유량을 유지하여 석탄과 물이 혼합된 상태를 지속시킨다. 슬러리는 고체 입자를 포함하고 있어 파이프라인 내부를 마모시킬 가능성이 있다. 이를 방지하기 위해 내마모성이 뛰어난 재질(예: 강철, 고밀도 폴리에틸렌)을 사용한 파이프라인이 설치된다. 슬러리가 목적지에 도달하면 물을 제거하여 석탄을 분리하여 발전소에서 사용할 수 있도록 한다. 물은 재활용하거나 폐수시설로 보내진다.

블랙메사 파이프라인은 미국 피바디 에너지(Peabody Energy)사가 애리조나주의 블랙 메사 광산에서 네바다주의 모하비 발전소까지 석탄을 슬러리 형태로 수송하는 파이프라인이다. 1970년대에 설계되어 약 440 km 길이로 건설된 이 파이프라인은 세계 최초의 상업용 석탄 슬러리 파이프라인 중 하나로, 고효율 장거리 석탄 수송의 대표 사례이다. 파이프라인을 통해 광산에서 발전소까지 2005년까지 매년 약 500만 톤의 석탄을 수송할 수 있었다. 이 파이프라인은 애리조나주 나바호와 호피 원주민 보호구역 내의 블랙 메사 지역에서 채굴된 석탄을 네바다주의 모하비 화력발전소로 운송하기 위해 개발되었다.

석탄 슬러리 수송의 장점은 경제성이다. 대량의 석탄을 한 번에 운송할 수 있어 트럭이나 철도로 운송하는 것보다 비용이 저렴하다. 대규모 수송을 지속적으로 가능하게 하여 경제적인 이점을 제공하였다. 슬러리 수송은 도로 교통을 줄이고, 대기 오염을 감소시키는 데 이바지할 수 있다. 또한, 파이프라인을 통해 운송하므로 소음이나 먼지가 발생하지 않는다. 전통적인 석탄 운송 방식에 비해 화재나 폭발 위험이 낮다. 또 블랙메사 파이프라인은 약 99% 가동률을 보여 신뢰성 높은 수송을 가능하게 했다. 이렇게 연속적인 석탄 공급은 발전소의 전력 생산을 안정적으로 유지하는 데 큰 도움이 된다.

석탄 슬러리 수송의 단점으로, 파이프라인과 관련 장비를 설치하는 데 상당한 초기 투자 비용이 필요하다. 또한, 슬러리 수송에 사용된 물을 처리하거나 재사용할 수 있는 시스템이 필요하며, 물의 사용과 처리 과정에서 환경 관련 문제가 발생할 수 있다. 실제로 블랙메사 파이프라인은 나바호 샌드스톤 지층에서 매일 약 4,400만 리터(약 1,160만 갤런)의 물을 추출하여 석탄과 혼합해 슬러리 형태로 만들었다. 이 지층은 나바호와 호피 원주민이 사용하는 주요 수자원으로, 가뭄이 잦은 애리조나 사막 지역에서 특히 중요한 물 공급원이다. 나바호 샌드스톤 지층은 수천 년에 걸쳐 형성된 고갈성 지하수층으로, 한번 사용된 물은 빠르게 재충전되지 않는다. 따라서 이 지층의 물을 대량으로 사용하는 것은 원주민 지역 사회에 직접적인 영향을 미치며, 특히 가뭄 시기에는 지하수 고갈과 생태계 파괴의 우려를 불러일으켰다. 결국, 블랙메사 파이프라인은 2005년 지역의 지하수 자원 남용 문제와 환경 문제로 인해 운영이 중단되었다.

블랙메사 사례는 산업적 개발이 지역 사회에 미치는 영향을 고려해야 한다는 중요한 교훈을 남겼다. 블랙메사 파이프라인이 보여준 수자원 남용 문제는 원주민 공동체의 삶과 문화, 생태계 전반에 영향을 미쳤으며, 이후 환경적 책임과 원주민 권리 보호의 중요성을 강조하는 계기가 되었다.

미국에서는 석탄을 슬러리 형태로 수송하는 파이프라인 프로젝트가 검토되고 실제로 일부 구축된 또 다른 석탄 슬러리 파이프라인 사례가 있다. 미국의 석탄 슬러리 파이프라인은 주로 애팔래치아산맥 지역의 석탄 광산에서 채굴된 석탄을 발전소나 항구로 수송하는 데 사용되었다. 오하이오 슬러리 파이프라인은 1957년부터 1964년까지 운영되었으며, 미국 최초의 상업용 석탄 슬러리 파이프라인으로 자리 잡았다. 이 파이프라인은 오하이오주 카디즈(Cadiz)에서 클리블랜드(Cleveland)까지 110마일(약 177 km)을 연결하는 10인치 지름의 파이프라인이었다. 연간 약 150만 톤의 석탄을 수송하며 성공적인 운영을 보였으나, 철도 회사들이 운임 경쟁을 벌이면서 운영이 중단되었다. 버지니아 슬러리 프로젝트는 비슷한 시기에 계획되었으나 여러 정치적, 물리적 문제로 인해 오하이오 파이프라인처럼 상업적 성공을 거두지 못했다.

슬러리 수송 방식은 고체 물질을 트럭이나 기차로 운송하는 것보다 비용이 저렴하고 특히 장거리 수송에 효과적이다. 또 도로 교통량과 관련된 오염을 줄일 수 있으며,

특정 환경 조건에서는 더 적은 탄소 배출을 보일 수 있다. 파이프라인은 24시간 내내 작동할 수 있어 안정적인 공급이 가능하다. 그러나 파이프라인 건설 및 펌프 시스템 설치에 많은 초기 자본 투자가 필요하다. 물을 사용하기 때문에 슬러리 처리를 위해 물을 정화하거나 재사용하는 수질 관리 시스템도 요구된다. 유속이 적절하지 않으면 고체 입자가 파이프라인 내부에 침전될 수 있어 막힘 현상이 발생할 수도 있다. 미국 내 슬러리 수송은 환경 규제와 경제성 문제에 따라 그 중요성이 변화하고 있다. 탄소 배출 저감 및 에너지 효율 향상이 요구되는 상황에서, 슬러리 수송 기술은 더 친환경적이고 지속 가능한 형태로 발전하고 있다.

1-2 대규모 파이프라인을 통한 에너지 수송 사고와 대응

러시아 가스 라인의 누출 사고로는 첫째, 2022년 9월 발생한 노르트스트림 가스관 폭발 사건이 있다. 이 사고는 덴마크 보른홀름섬 인근 발트해 해저에서 노르트스트림 1과 2의 총 3곳에서 약 50만 톤의 메테인 가스가 방출된 것이다. 이는 고의적인 파괴 공작으로 추정된다. 이 사고로 유럽으로의 가스 공급에 차질이 발생하였으며, 에너지 안보에 대한 우려가 증대되었다.

둘째, 우크라이나 경유 파이프라인 폭발 사고는 2022년 12월 러시아 상트페테르부르크 인근에서 발생하였는데, 우크라이나를 경유하여 유럽으로 가스를 공급하는 파이프라인에서 폭발이 발생하였으며, 이는 노후화된 시설로 인한 사고로 추정된다. 이 사고로 일시적인 가스 공급 중단이 있었으나, 신속한 복구 작업으로 피해는 적었다고 보고되었다.

셋째, 야말-유럽 파이프라인 공급 중단이 2021년 12월 발생하였다. 러시아의 가스프롬이 야말-유럽 파이프라인을 통한 가스 공급을 감축하여 12월 21일부로 중단하였다. 이 사고로 유럽의 가스 가격이 급등하였으며, 에너지 공급에 대한 불안감이 증대되었다. 이러한 사례들은 러시아의 천연가스 수송라인이 유럽과 아시아의 에너지 안보에 얼마나 중요한 역할을 하는지를 보여준다. 또한, 파이프라인의 안전성과 정치적 요인에 따른 공급 변동이 각국의 에너지 정책에 큰 영향을 미칠 수 있음을 시사한다.

미국에서도 천연가스 사용이 증가하면서 다양한 사고가 발생하고 있다. 첫째, 2015년 10월, LA 북부 포터랜치(Porter Ranch) 지역의 알리소 캐니언(Aliso Canyon) 저장

시설에서 대규모 가스 누출 사고가 발생했다. 이 사고는 약 4개월 동안 지속되며, 미국 역사상 최악의 가스 누출 사고 중 하나로 기록되었다. 누출된 메테인 가스는 약 9만~10만 톤으로 환경에 심각한 영향을 미쳤으며, 인근 주민들은 대규모 대피를 하였고 건강 문제와 불편을 겪었다. 이 사고의 주요 원인은 노후화된 지하 저장시설의 파이프라인 부식과 관리 소홀로 인해 발생한 것으로 조사되었다.

둘째, 2018년 2월, 미국 오하이오주 벨몬트 카운티의 가스정에서 폭발 사고가 발생하여 대규모 메테인 가스가 누출되었다. 사고 직후 20일간 시간당 약 120톤의 메테인 가스가 분출되었으며, 이는 알리소 캐니언 사고의 일일 배출량의 두 배에 이르다. 이 사고로 환경오염과 지역 주민들의 건강에 악영향을 미쳤다.

미국에서의 천연가스 송유관 사고나 가스정 폭발은 노후화된 인프라와 관리 소홀로 인해 발생하며, 환경과 인류 건강에 심각한 영향을 미친다. 따라서 가스 저장시설의 정기적인 점검과 유지보수가 필수적이다.

미국에서의 석탄 슬러리 대량 수송의 문제는 지하수 고갈과 생태계 파괴의 발생이다. 대규모 파이프라인을 통한 에너지 수송에는 경제성 측면에서 초기 투자비에 대한 원금 회수가 완료되면 수송비 절감 효과는 우수하다. 그러나 파이프라인 수송에 따른 원가계산에는 누출과 폭발과 같은 리스크와 환경파괴와 같은 2차, 3차 비용이 추가로 고려되어야 할 것이다.

1-3 파이프라인 이송의 효율 향상 기술

실시간 누출 감지 시스템(RT-LDS, real-time leak detection system)은 파이프라인 내부의 압력, 유속, 온도 등을 실시간으로 모니터링하여 비정상적인 변화가 발생할 경우 누출 가능성을 감지하는 시스템이다. 파이프라인의 압력을 지속해서 측정하여, 압력 강하가 감지되면 경고를 보낸다. 유량 균형 모니터링 시스템이 작동하여 입력과 출력 유량을 비교하여 차이가 발생하면 누출로 간주한다. RT-LDS로 빠른 누출 탐지가 가능하여 사고 발생 시 신속한 대응이 가능하다.

파이프라인은 내식성 및 내마모성이 우수한 재료를 사용하여 제작하고, 특수 코팅을 적용해 외부 환경으로 인한 부식을 방지한다. 파이프라인 외부에 방수 및 방부 폴리머 코팅을 적용해 외부로부터의 손상을 방지한다. 그리고 파이프라인에 내식성이 강한 합금 강철을 사용하여 내부로부터의 부식을 최소화한다. RT-LDS에는 지리정보시스템(GIS) 및 위성 모니터링이 연결되어 있다. GIS와 위성을 활용하여 파이프라인의 상태를 원격으로 감시하고, 침식 위험 지역을 사전에 식별한다. 파이프라인이 위치한 지형 정보를 고려해 위험 요소를 미리 파악하고 관리할 수 있다.

누출 회수 기술에는 자동 차단 밸브 시스템(automatic shutoff valves), 회수 웰 및 집수 시스템(recovery wells and containment systems) 등이 있다. 자동 차단 밸브 시스템은 누출이 감지되면 파이프라인의 특정 구간을 자동으로 차단하여 원유나 가스의 흐름을 멈춰 세워 추가적인 손실을 방지하는 시스템이다. 회수 웰 및 집수 시스템은 지하에 누출된 원유를 회수하기 위해 지하수층 근처에 회수 웰을 설치하거나, 지표면에서 유출된 액체를 모으기 위한 집수 장치로 누출된 액체를 펌핑하여 회수한다. 지표면에서 유출된 액체가 주변 환경으로 확산하지 않도록 집수 트레이나 물리적 바리케이드를 설치하고 흡착제를 사용하여 유출된 원유를 흡수하거나, 오염된 토양 및 수질을 정화하는 방법도 중요한 누출 회수 기술이다. 최근에는 드론과 무인 감시 장치를 이용해 광범위한 지역을 감시하고, 유출 사고가 발생한 위치를 신속히 파악하고 사람의 접근이 어려운 지역에서도 신속하게 정보를 수집할 수 있다.

음향 감지 기술(acoustic detection)은 파이프라인 내에서 발생하는 비정상적인 소음을 탐지해 누출을 감지한다. 피그 시스템은 파이프라인 내부를 청소하고 검사하는 장치로, 누출 가능성을 사전에 파악한다. 자율 로봇 점검 기술로 파이프라인 상태를 지속해서 모니터링하며, 누출이 예상되는 곳을 사전 점검한다. 이러한 기술들은 파이프라인 수송의 안전성을 높이고, 누출로 인한 환경 피해를 최소화하기 위해 지속해서 발전하고 있다.

1-4 RT-LDS로 피해 예방 사례

RT-LDS가 실제로 누출을 감지하여 큰 피해를 막았던 사례는 여러 에너지 기업과 파이프라인 운영 회사에서 보고되었다. 그 중 대표적인 사례는 Keystone Pipeline 누출 감지 사례이다. Keystone Pipeline은 캐나다 앨버타에서 미국 중서부로 원유를 운송하는 주요 파이프라인으로, 3,456 km에 걸쳐 북미 지역을 가로지른다. 이 파이프라인은 원유를 안전하고 효율적으로 운송하기 위해 실시간 누출 감지 시스템을 포함한 첨단

모니터링 기술을 사용한다. 운영사는 TC Energy(구 Trans Canada)이다.

2019년 10월 미국 노스다코타주 에디(Edie) 카운티 인근에서 약 9,120배럴의 원유가 누출되었다. 이는 상당히 많은 양으로, 환경에 큰 영향을 미칠 수 있는 규모이다. Keystone Pipeline에 설치된 RT-LDS는 압력 변화와 유량 차이를 모니터링하여 누출을 탐지할 수 있었다. 압력 센서가 비정상적인 압력 강하를 감지하여 파이프라인 입구와 출구에서 측정된 유량의 차이를 분석하여 누출 가능성을 파악했다. 시스템이 압력 강하와 유량 불일치를 감지한 후, 자동으로 경고 신호를 전송하여 운영팀에 즉시 알려졌고 해당 구간이 자동으로 차단되었다. 이를 통해 추가적인 원유 누출을 방지할 수 있었다. TC Energy의 비상 대응팀이 현장에 신속히 도착하여 상황을 평가하고 오염 확산을 방지하는 조치가 취해졌다. 누출된 원유를 회수하고, 오염된 토양을 복구하기 위한 작업이 즉각적으로 시작되었다. 이 과정에서 흡착제와 중장비가 사용되었다.

Keystone Pipeline 사건은 감지 시스템의 신뢰성과 정확성을 입증했으며, 이후 다른 파이프라인에도 유사한 기술이 확산하는 계기가 되었다. 이 사례는 RT-LDS가 어떻게 운용되는지를 실증적으로 보여주며, 향후 대형 파이프라인 프로젝트에서 환경과 안전을 보장하기 위해 이러한 기술이 필수적임을 강조한다.

QUIZ

✓ 다음 에너지에 대한 설명에서 맞으면 O, 틀리면 X 하시오.

1) 러시아는 세계 최대의 천연가스와 원유 생산국 중 하나로, 다양한 파이프라인을 통해 유럽과 아시아에 천연가스와 원유를 공급하고 있다. (   )

답 O (천연가스 수송라인으로 노르트스트림 1과 2, 시베리아의 힘 1과 2는 러시아의 파이프라인을 통한 에너지 수송방법이다.)

2) Keystone Pipeline은 캐나다와 미국을 연결하는 LNG 파이프라인이다. (   )

답 X (송유관 시스템으로 원유를 안전하고 효율적으로 운송하기 위해 설계되었다.)

3) 미국 다코타 액세스 파이프라인은 환경오염과 수자원고갈에 대한 우려가 있어 가동이 중단된 바 있다. (   )

답 O (수족(Sioux) 인디언 보호구역을 관통하는데 환경오염과 하천오염에 대한 우려로 법원에서 환경 영향 평가를 더 수행하라는 명령이 내려졌다.)

2 에너지 수송에서 손실을 줄이는 기술

2-1 전력 송전 시 송전 원가를 낮추는 기술

전력 송전에서 초고압(EHV, extra high voltage)이 사용될 때, 송전 원가가 낮아지는 이유는 주로 전력 손실의 감소와 경제적 효율성의 증가 때문이다. 이를 이해하기 위해 송전의 기본 개념은 전력 손실의 원리와 전류와 전압과의 관계를 이해하여야 한다. 첫째, 전력 손실의 원리를 살펴보면, 전력 송전 중에 발생하는 손실은 주로 저항에 의한 전력 손실(줄 열 손실, P_{loss})이다. 이 손실은 다음과 같은 관계식으로 표현된다:

$$P_{loss} = I^2 \times R$$

(P_{loss}는 송전 손실, I는 송전 전류, R은 송전선의 저항)

여기서 송전 손실은 전류의 제곱에 비례한다. 즉, 전류가 높을수록 손실이 기하급수적으로 증가한다.

둘째, 전압과 전류의 관계를 이해하면 고전압 송전일수록 전력 손실이 급감함을 이해할 수 있다. 전력 P는 전압 V와 전류 I의 곱으로 정의된다.

$$P = V \times I$$

일정한 전력을 송전하려면, 전압을 높이면 전류를 줄일 수 있다. 예를 들어, 같은 전력을 전달할 때 전압이 두 배로 증가하면 전류는 절반으로 감소한다.

초고압 송전의 장점은 송전 손실이 감소하고, 경제적 손실이 좋아지고, 인프라 비용이 절감된다. 송전 손실 감소의 장점은 전압을 높여 전류를 줄이면, I^2에 비례하는 줄 열손실이 크게 줄어든다. 따라서 송전 손실이 감소하여 전력 송전 효율이 높아진다. 예를 들어, 전압을 두 배로 올리면 전류가 절반으로 줄어들어 송전 손실이 원래의 1/4로 감소한다. 경제적 효율성 측면에서는 송전 손실이 줄어들면, 같은 양의 전력을 전송하는 데 드는 연료 비용과 전력 생산 비용이 감소한다. 즉, 에너지의 낭비가 줄어들어 전체 송전 원가가 낮아진다.

그래서 초고압 송전은 대규모 전력을 장거리로 전달할 때 더 경제적이다. 송전선의 설치 비용은 많이 들지만, 장기적으로 송전 손실이 감소하면서 비용 절감 효과가 나타나기 때문이다. 인프라 비용 절감 측면에서는 초고압 송전을 사용하면 전류가 줄어들기 때문에, 같은 양의 전력을 전달하기 위해 더 가는 전선을 사용할 수 있다. 이에 따라 송전선과 송전탑의 건설 비용이 절감된다. 또한, 더 적은 수의 송전선을 설치해도 동일한 전력 전송이 가능하므로, 대규모 송전 프로젝트에서 인프라 비용을 절감할 수 있다.

초고압 송전이 송전 손실 측면에서는 유리하지만, 한계가 있어 우리나라는 최고 송전압이 765 kV이다. 초고압 송전 인프라(변압기, 송전선 등)를 설치하는 데 초기 비용이 많이 든다. 초고압 송전은 전자파 방출과 같은 환경적, 안전 관련 문제가 발생할 수 있다. 또 초고압 전력을 낮은 전압으로 변환하기 위해 변전소가 필요하며, 이 과정에서 일부 손실이 발생할 수 있다. 결론적으로 초고압 송전은 전압을 높여 전류를 낮추는 방식으로 송전 손실을 줄여, 전력 송전 효율을 크게 개선한다. 이에 따라 에너지 낭비가 감소하고, 장기적으로 송전 원가가 낮아진다. 초기 설치 비용은 비싸지만, 대규모 전력 송전에서는 경제적 이점이 크기 때문에 많이 활용된다.

2-2 전기 에너지의 송전 및 분배 손실을 줄이는 기술

전기 에너지의 송전 및 분배 손실을 줄이는 기술은 전력 전달 효율성을 높이고, 에너지를 보다 경제적이고 안정적으로 공급하기 위해 중요한 역할을 한다. 대표적인 기술을 살펴보면 다음과 같다.

1) 고압 직류 송전

고압 직류 송전(HVDC, high voltage direct current)은 교류 대신 직류를 사용하여 송전하는 방식이다. 교류 송전에 비해 전력 손실이 적으며, 장거리 송전이나 대륙 간 전력 연결에 효과적이다. 교류는 장거리로 송전할수록 리액턴스에 의해 손실이 커지지만, 직류는 리액턴스가 없어 장거리 송전에서 에너지 효율이 더 높다. 교류 전력을 직류로 변환하여 송전한 후, 수신지에서 다시 교류로 변환한다. 직류는 교류보다 저항 손실이 적어 송전 효율이 높다. 그래서 교류 송전에 비해서 경제적이다. 또한, 다른 전력망 간의 연결도 쉽다. 단거리 송전, 전압 변환이 빈번한 경우에는 고압 교류(HVAC)가 유리하지만 대륙 간 전력 연결, 해상풍력발전 송전 등에서는 교류보다 고압 직류 송전방식이 유리하여 이 방식이 적용되었다.

카포라 바싸 투 요하네스버그(Capora Bassa to Johannesburg)는 아프리카에서 가장 긴 HVDC 시스템 중 하나로, 1,410 km의 거리에서 1,920 MW의 전력을 송전한다. 이 시스템은 1979년에 가동되었으며, 전환 전압은 ±533 kV로 당시 세계에서 가장 높은 전압이었다.

북해의 여러 풍력발전소를 연결하여 유럽 대륙으로 전력을 송전하기 위한 North Sea Wind Power Hub도 HVDC 기술을 활용하여 대규모 재생에너지의 효율적인 전송을 목표로 한다. 이 시스템은 북해의 풍력 자원을 효과적으로 활용하는 데 중점을 두고 있다. 초기 목표는 110기가와트(GW)의 풍력발전 용량을 개발하는 것으로 덴마크, 네덜란드, 독일, 영국, 노르웨이의 전력망을 연결하는 허브로 계획되었다. 이 허브의 첫 번째 인공 섬은 6 km^{2}의 면적을 가지며, 주변에 수천 개의 풍력 터빈이 배치될 예정이다. 전환기를 통해 생산된 전기는 해저 케이블을 통해 육지로 송전하는데 2050년까지 완공하는 것을 목표로 하고 있으며, 이를 통해 유럽의 에너지 전환 및 파리 기후 협정 목표 달성에 기여할 것이다.

Skagerrak 링크는 노르웨이와 덴마크를 연결하는 HVDC 시스템으로, 총 1,700 MW의 전력 용량을 제공한다. 이 시스템은 1970년대에 처음 설치되었으며 이후 여러 차례 확장되었다. Skagerrak 링크는 노르웨이의 수력발전 기반 전력망과 덴마크의 풍력 및 화력발전 혼합 전력망 간에 전력 거래를 가능하게 하여 두 나라의 전력 수요를 안정적으로 조정한다. 가장 최근에 추가된 Skagerrak 4 링크는 ABB가 개발한 HVDC 라이트 기술을 활용하여 전력 흐름 제어가 용이하고, 블랙 스타트 기능(정전 후 빠른 전력 복구 기능)이 추가되어 전력망의 신뢰성을 높인다.

Baltic Cable은 스웨덴과 독일을 연결하는 약 250 km 길이의 HVDC 케이블로, 발트해를 가로질러 600 MW의 전력을 전송할 수 있다. 이 케이블은 스웨덴의 전력망을 독일의 전력망과 연결하여 스웨덴이 잉여 전력을 수출하거나, 특히 재생 가능 에너지 생산이 증가할 때 독일의 전력 수요를 충족하는 데 도움을 준다. 이를 통해 스웨덴의 재생 가능 자원을 더욱 효율적으로 활용하고 독일의 높은 전력 수요를 안정적으로 지원할 수 있다. 이들 시스템은 HVDC 기술을 활용해 국가 간 전력 거래를 효율적으로 수행함으로써 에너지 안보를 강화하고 재생에너지 통합을 지원하는 데 중요한 역할을 하고 있다.

뉴질랜드의 Inter-Island HVDC Link는 뉴질랜드의 북섬과 남섬을 연결한다. 이 시스템은 두 섬 간의 전력 거래를 원활하게 하여 전력망의 안정성을 높인다. 1965년에 처음으로 가동되었으며, 당시에는 600 MW의 용량으로, ±250 kV로 운영되었다. 이 시스템은 약 610 km에 이르는 송전선을 통해 남섬의 Benmore 변전소에서 북섬의 Haywards 변전소까지 연결된다. 1992년에는 설비가 확장되어 1,240 MW 용량으로 업그레이드되었다. 특히, 초기의 수은 아크 밸브 시스템을 최신의 사이리스터 컨버터와 결합하여 하이브리드 형태로 운영하고 있다. 이는 뉴질랜드 전력망의 안정성과 효율성을 높이고, 각 섬의 전력 수급 상황에 맞추어 전력 분배를 최적화하는 데 큰 역할을 하고 있다.

2) 초전도 송전 기술

초전도체는 특정 온도 이하에서 전기 저항이 0이 되는 물질을 사용하여 송전 손실을 완전히 없앨 수 있는 기술이다. 초전도체를 극저온으로 냉각하여 전력 손실 없이 전류를 전달한다. 그러나 극저온을 유지하기 위해 냉각 비용이 발생한다. 이 방식은 매우 높은 전력 밀도로 송전할 수 있으며, 전력 손실이 거의 없다. 그러나 냉각을 위한 비용과 기술적 제약이 존재한다. 일본의 도쿄에서 초전도 케이블이 2006년에 처음으로 도입되었으며, 도시 전력망의 안정성을 높이기 위한 파일럿 프로그램으로 시작되었다. 초전도 케이블을 통해 송전 도중에 발생하는 열손실을 크게 줄이고, 도시의 전력 밀도를 높일 수 있다는 가능성을 입증했다. 현재는 더 큰 규모의 프로젝트로 발전 중이다.

한국전력공사는 2019년 경기도 용인에서 세계 최초로 상용화된 초전도 송전 시스템을 설치했다. 이 시스템은 기존 송전 케이블 대비 전력 손실을 크게 줄이며, 최대 10배 이상의 전력을 송전할 수 있었다. 용인 초전도 케이블 프로젝트는 상업적으로 초전도 기술을 적용한 최초의 사례로 주목받았다. 이외에도 미국(뉴욕)과 중국(상하이) 송전망도 초전도 케이블로 파일럿 프로그램이 진행되었고 향후 확장될 가능성이 높다.

3) 전력 계통 자동화 및 장비 효율화

전력 계통 자동화 기술은 실시간으로 전력 흐름을 모니터링하고 제어하여 송전 및 분배 손실을 최소화한다. 전력 공급자와 소비자 간의 양방향 통신을 통해 전력 사용 패턴을 최적화하고, 송전 효율을 높인다. 전력 계통 자동화와 스마트 그리드에는 고성능 센서, AI 기반 예측 시스템, 분산형 에너지 자원 관리 등이 적용되어 전력 사용량을 예측하고 조정하여 불필요한 전력 손실을 줄일 수 있다. 변압기와 같은 전력 장비의 효율성을 높이면 송전 손실을 줄일 수 있다. 최신 변압기는 손실이 적은 재료를 사용하고, 더 효율적인 설계를 채택한다. 신소재 아몰퍼스 합금 철심을 사용하는 변압기는 기존 변압기에 비해 손실이 적다. 전력망의 전압을 최적화하여 송전 손실을 줄이는 장비인 자동 전압 조정기(AVR)를 적용하면 불필요한 전력 손실을 줄일 수 있다.

4) 위상 조정 장치

위상 조정 장치(FACTS, Flexible AC transmission systems)는 전력 시스템의 효율과 안정성을 높이기 위해 전압, 위상각, 임피던스 등을 실시간으로 조정할 수 있는 전력전자 장치이다. 이를 통해 송전 및 분배 과정에서 발생하는 전력 손실을 줄이고, 송전 시스템의 안정성을 향상하며, 전력 흐름을 최적화할 수 있다. FACTS 기술은 주파수 안정성, 전압 제어, 유연한 송전 경로 설정 등 다양한 측면에서 전력 시스템을 개선하는 데 크게 이바지한다. FACTS는 여러 종류의 장비들로 구성되며, 각 장비는 특정 전력 문제를 해결하는 데 사용된다.

SVC(static var compensator)는 전력 시스템의 무효 전력(reactive power)을 실시간으로 조정해 전압 변동을 제어하는 장치이다. 이 기술은 전압 변동이 큰 산업이나 고전력 소비 지역에서 주로 사용된다.

STATCOM(static synchronous compensator)은 SVC의 진화된 형태로, 높은 효율로 무효 전력을 보상하고 전압 제어를 강화한다. 변동이 심한 부하에서도 빠르고 안정적인 전력 조정을 가능하게 해준다.

TCSC(thyristor controlled series capacitor)라는 장비는 송전 선로의 임피던스를 제어하여 전력 흐름을 조정한다. 송전 선로의 병목 현상을 완화해 전력 분배 효율을 높이고, 송전 용량을 극대화하는 데 유용하다.

UPFC(unified power flow controller)는 가장 종합적인 FACTS 장비로, 전압, 위상각, 임피던스까지 제어할 수 있다. 이를 통해 전력 흐름을 효율적으로 조정할 수 있어, 복잡한 송전 네트워크에서 전력 분배의 유연성을 높이는 데 탁월하다.

FACTS 기술은 풍력발전 단지, 대규모 태양광 발전소 등에 적용되고 있다. 미국의 동부 연안에서 대규모 전력 수요를 감당하기 위해 FACTS 시스템을 설치하여 전압 제어와 주파수 안정성을 개선하였다. 인도와 중국에서도 적용된 사례가 있다.

5) 에너지 저장 시스템 및 고온 초전도 케이블 활용

에너지 저장 시스템(ESS, energy storage systems)은 전력 수요가 낮을 때 에너지를 저장하고, 수요가 높을 때 방출하여 송전망의 부하를 균등하게 유지한다. 전력망의 효율성을 높이고, 송전 및 분배 손실을 줄이는 데 이바지한다. ESS는 별도로 자세히 공부하도록 하겠다. 기존의 구리 또는 알루미늄 케이블 대신 고온 초전도체를 사용하는 송전 기술이다. 고온 초전도 케이블을 사용하면 높은 전류 용량과 낮은 손실을 제공한다. 도심과 같은 제한된 공간에서 효율적인 전력 송전이 가능하며, 송전 손실을 최소화할 수 있다.

Quiz

✓ 다음 에너지에 대한 설명에서 맞으면 O, 틀리면 X 하시오.

1) 송전 손실은 전류의 제곱에 비례하여 전류가 높을수록 손실이 증가한다. (   )

답 O ($P_{loss} = I^2 \times R$ 식에 따라 전류가 클수록 손실은 제곱에 비례하여 증가한다.)

2) 일정한 전력을 송전하려면, 전압을 높이면 전류를 줄일 수 있다. (   )

답 O (같은 전력을 전달할 때 전압이 두 배로 증가하면 전류는 절반으로 감소한다. 그래서 초고압 송전은 대규모 전력을 장거리로 전달할 때 더 경제적이다.)

3) 초전도체는 특정 온도 이하에서 전기 저항이 0이 되는 물질이며, 이를 사용하여 송전 손실을 완전히 없앨 수 있다. (   )

답 O (초전도체는 마이스너 효과로 전기저항이 0이 되는 물질로 극저온으로 냉각하여 전력 손실 없이 전류를 전달한다.)

연습문제

01 **에너지 저장과 수송에 대한 설명이 잘못된 것은? (　　)** (객관식)

① Keystone Pipeline은 캐나다와 미국을 연결하는 대규모 석탄 수송 시스템이다.

② 노르트스트림은 러시아 천연가스를 발트해 해저를 거쳐 독일까지 수송하게 한다.

③ 전력 송전에서 초고압이 사용될 때 전력 손실이 감소한다.

④ 고압 직류 송전은 교류 송전에 비해 전력 손실이 적어 장거리 송전에 효과적이다.

02 **교류는 직류보다 저항 손실이 적어 송전 효율이 높아 직류송전에 비해 경제적이다. (　　)** (O, X 문제)

03 **대용량 유체의 파이프라인 수송에서 급격한 압력 변화와 유량 차이를 모니터링하여 누출을 탐지할 수 있게 만든 시스템을 무엇이라고 하는가?** (주관식)

11장

에너지 저장

1. 빙축열에너지 저장 기술
2. 에너지 저장 시스템
3. 새로운 에너지 사업, ESS

1 빙축열에너지 저장 기술

빙축열에너지 저장 기술은 물을 얼음으로 얼려 에너지를 저장하고, 필요할 때 해동해 냉방이나 온도 조절 등에 사용하는 방법이다. 이는 에너지를 저비용의 시간대에 저장하여 고비용의 시간대에 사용하는 데 큰 장점이 있다. 1장에서 물의 상태 변화에서의 에너지 변환에 대하여 설명한 바 있다. 0°C에서는 얼음이 물로 변하는데 이를 융해라고 하며 얼음에서 물로 변할 수 있도록 융해잠열(334.6 kJ/kg)이 제공되어야 고체에서 액체로 변화된다. 반대로 0°C 물에서 융해잠열를 빼내면 얼음으로 변하게 된다. 빙축열에너지 저장 기술의 기본 원리는 물이 얼고 녹는 과정에서 큰 에너지를 흡수하거나 방출한다는 점을 활용하는 것이다. 물이 0°C에서 얼음으로 변할 때 약 334 kJ/kg의 잠열(latent heat)을 흡수하거나 방출하는데, 이는 물의 온도를 변화시키지 않으면서 큰 에너지를 저장하거나 해방할 수 있다는 의미이다. 이러한 잠열에너지는 전력 사용이 적은 야간에 축열(얼음 생성)하고, 에너지가 필요한 낮 시간대에 해동하여 냉방용으로 활용한다. 빙축열 시스템에서의 주요 장비는 얼음 탱크와 냉각기이며, 시스템 내에서는 냉각을 통한 얼음 생성 및 해동을 통해 필요한 시기에 차가운 공기나 물을 생성하여 건물 내의 냉방을 지원한다.

1-1 빙축열에너지 저장 기술

빙축열에너지 저장 기술은 주로 전자식 냉동기와 히트 펌프를 기반으로 작동하며, 구체적인 기술은 다음 시스템에 적용된다. 잠열 저장 장치(latent heat storage unit) 또는 잠열 저장시스템은 고체와 액체의 상변화 과정에서 발생하는 잠열을 저장한다. 물을 얼음으로 바꾸는 과정에서 발생하는 에너지를 장시간 보존할 수 있어 경제성이 뛰어나다. 냉각된 물을 건물 전체로 순환시키는 배관 시스템이 필요하며, 대부분의 빙축열 시스템은 효율적인 열 교환을 위해 고효율 배관과 열교환기를 갖추고 있다. 냉각기는 주로 압축기나 흡수식 냉동기를 사용하여 물을 얼리며, 열교환기를 통해 축열 된 에너지를 건물 내 냉방 시스템에 전달한다.

빙축열 저장시스템의 종류로는 첫째, 수축열 시스템이 있다. 물은 0°C에서 얼음으로 변할 때 많은 열을 흡수하며, 이를 통해 큰 에너지를 저장할 수 있다. 수축열 시스템은 이 원리를 기반으로 하여 전력 수요가 적은 야간에 얼음을 생성하고, 주간에는 이를 해동하여 차가운 물이나 공기를 반출하여 건물 내 냉방을 제공한다. 냉각기(chiller)를 활용하여 밤에 가동되어 물을 0°C 이하로 냉각시켜 얼음 상태로 만든다. 냉각기는 전력 비용이 저렴한 야간에 작동하기 때문에 전체 냉방 비용을 줄이는 데 큰 역할을 한다. 물을 얼려 저장할 수 있는 대형 빙축열 탱크를 사용하여 에너지를 저장한다. 보통 물과 얼음이 함께 존재할 수 있는 구조로 설계되어 있으며, 얼음이 녹아 에너지를 방출할 때도 고르게 냉기를 공급할 수 있도록 설계되어 있다. 얼음에서 발생하는 냉기를 건물 내 각 구역에 공급하기 위해 배관과 열교환기가 설치된다. 이를 통해 건물의 다양한 공간에 냉기가 전달된다.

1-2 열원 방식에 따른 빙축열에너지 저장 시스템 분류

빙축열에너지 저장 시스템에서 사용하는 열원 방식은 주로 열을 공급하거나 제거하는 방법에 따라 다양하다. 열원 방식에 따라 빙축열 시스템의 작동 방식도 달라진다.

1) 공랭식 시스템

공랭식 시스템(air-cooled system)은 외부 공기를 이용해 냉각수를 냉각하는 방식으로, 전통적인 에어컨의 작동 방식과 유사하다. 냉각기는 주변 공기를 통해 열을 방출하며, 물을 얼음으로 바꾸는 과정을 통해 냉열을 저장한다. 공랭식 냉각기는 열교환기 내부에서 냉매가 압축되고 팽창되면서 주위 공기와 열을 교환한다. 이 과정에서 냉각수가 0°C 이하로 냉각되고 얼음이 형성된다. 밤에는 이 냉각된 물이 빙축열 탱크에서 얼음으로 축열되며, 낮 시간대에 냉방이 필요한 때에 이 얼음을 해동하여 냉기를 공급한다. 이 방식은 초기 설치가 비교적 쉽고, 추가적인 열원(물이나 지열 등)이 필요하지 않아 유지보수가 간단하다. 그런데 공기의 온도에 따라 효율이 달라질 수 있으며, 특히 여름철과 같은 고온 환경에서는 냉각 성능이 떨어질 수 있다.

2) 수랭식 시스템

수랭식 시스템(water-cooled system)은 냉각탑을 통해 외부 수원을 이용해 냉각기를 작동시키는 방식이다. 이 방식은 공랭식보다 효율이 높고 대형 건물이나 상업용 시설에 많이 사용된다. 수랭식 시스템에서는 냉각수가 냉각탑을 통해 열을 방출하고, 이 물이 냉각기를 통해 순환하며 냉각된다. 밤에는 냉각된 물이 빙축열 탱크에 저장되어 얼음으로 변하고, 낮 동안 해동되어 냉방용으로 사용된다. 수랭식 시스템은 일반적으로 냉각 효율이 높아 공랭식보다 안정적이고, 특히 고온 환경에서도 일정한 냉각 성능을 유지할 수 있다. 그러나 냉각탑과 같은 추가적인 설비가 필요해 초기 설치 비용이 높을 수 있으며, 물을 사용하는 만큼 물 관리를 포함한 유지보수가 필요하다.

3) 지열 냉각 시스템

지열 냉각 시스템(geothermal cooling system)은 지열(땅속의 열)을 냉각의 열원으로 사용하는 방식이다. 지열은 일 년 내내 비교적 일정한 온도를 유지하기 때문에 에너지를 저장하고 사용할 때 효율적이다. 지열 냉각 시스템은 지하에 설치된 열교환기를 통해 냉각된 물을 순환시킨다. 이 냉각된 물은 밤 동안 빙축열 탱크에 저장되어 얼음으로 변하고, 낮에는 해동되어 냉방을 제공한다. 지열을 사용하면 외부 환경에 영향을 받지 않아 에너지 효율이 높다. 이 방식은 연중 안정적인 열원으로 에너지 효율이 높고, 탄소 배출 감소 효과가 있다. 그러나 초기 설치 비용이 많이 들고, 지열 열교환기 설치를 위해 특정 부지 조건이 필요할 수 있다.

4) 하이브리드 시스템

하이브리드 시스템(hybrid system)은 여러 가지 열원을 조합하여 사용하는 방식으로, 외부 공기와 지열 또는 수랭식 시스템과 지열을 함께 사용해 냉각 효율을 극대화한다. 환경 조건과 에너지 수요에 따라 각각의 열원을 유동적으로 사용한다. 예를 들어, 여름철 외부 온도가 높을 때는 지열을 사용하고, 비교적 온도가 낮은 계절에는 공랭식 냉각을 활용하여 전반적인 효율을 최적화한다. 이러한 유연성 덕분에 시스템이 다양한 기후와 에너지 요구에 맞춰 적응할 수 있다. 기후와 환경 조건에 따라 유동적으로 열원을 선택해 최적의 효율을 달성할 수 있다. 그렇지만 시스템이 복잡해지고 초기 설치 및 유지보수 비용이 커질 수 있다.

빙축열 열원 시스템의 열원별 특징을 정리하면 공랭식은 외부 공기를 열원으로 사용, 설치와 유지보수가 간단하지만, 고온 환경에서 효율 저하 가능성이 있다. 수랭식은 물을 열원으로 사용, 냉각 효율이 높고 대형 상업시설에 적합하지만, 유지보수가 필요하다. 지열 냉각 방식은 땅속의 열을 열원으로 사용, 안정적이고 에너지 절감 효과가 크지만, 초기 설치 비용이 높다는 점이 단점이다. 하이브리드 방식은 공기, 물, 지열 등 복합 열원을 사용, 최적의 효율을 제공하지만, 시스템 복잡성이 증가한다. 이처럼 빙축열 시스템에서 다양한 열원 방식은 각기 다른 특성과 효율을 제공하며, 건물의 규모, 위치, 기후 등 조건에 따라 적합한 열원을 선택하는 것이 중요하다.

1-3 빙축열에너지 저장 기술의 활용 사례

빙축열에너지 저장 기술은 의외로 우리 주변의 많은 곳에서 활용되고 있다. 첫째, 대형 상업용 빌딩이나 호텔에서 널리 사용된다. 예를 들어, 대한민국 서울의 롯데월드타워에는 빙축열 시스템이 설치되어 전력 사용이 낮은 야간에 에너지를 저장하고, 냉방 수요가 높은 낮에 활용한다. 둘째, 병원, 공항 등 24시간 냉방이 필요한 대규모 시설에서 빙축열 시스템은 효율적인 냉방 및 에너지 절감에 유용하다. 미국의 샌프란시스코 공항과 싱가포르의 창이 공항에서는 빙축열 시스템이 운영되어 큰 에너지 절감 효과를 보고 있다. 셋째, 서버와 장비에서 발생하는 열을 제어하는 데이터 센터는 전력 사용량이 많은 장소 중 하나이다. 최근 여러 대형 데이터 센터에서는 빙축열 시스템을 통해 비용을 절감하고 탄소 배출을 줄이고 있다.

빙축열에너지 저장은 장점도 있고 한계점도 존재한다. 장점으로는 전력 수요가 낮은 야간에 에너지를 축적하여 낮 시간대의 전력 피크를 줄이고, 전력 사용 비용을 절감할 수 있다. 또한, 온실가스 배출을 줄이고 전력망의 안정성에도 이바지한다. 그러나 초기 설치 비용이 높고, 운영 관리가 복잡할 수 있다. 또한, 일정한 주기로 얼음을 녹이고 다시 얼려야 하므로 유지 관리에 드는 비용과 시간이 필요할 수 있다. 한계점이 있으므로 단점이 보완되어 가면서 빙축열에너지 저장 기술은 특히 에너지 절감과 지속가능성을 추구하는 대규모 시설에서 유용하며, 점차 발전하며 다양한 시설에 도입되고 있다.

QUIZ

✓ 다음 에너지에 대한 설명에서 맞으면 O, 틀리면 X 하시오.

1) 빙축열에너지 저장 기술은 물을 얼음으로 얼려 에너지를 저장하고, 필요할 때 해동해 냉방이나 온도 조절 등에 사용하는 방법이다. (   )

답 O (빙축열에너지 저장 기술은 잠열 에너지는 전력 사용이 적은 야간에 축열(얼음 생성)하고, 에너지가 필요한 낮 시간대에 해동하여 냉방용으로 활용한다.)

2) 빙축열에너지 저장은 전력 수요가 낮은 야간에 에너지를 축적하여 낮 시간대의 전력 피크를 줄이고, 전력 사용 비용을 절감할 수 있다. (   )

답 O (전력 사용 비용을 절감이 빙축열에너지 저장 기술의 장점이다.)

3) 물은 0°C에서 얼음으로 변할 때 많은 열을 흡수하며, 이를 통해 큰 에너지를 저장할 수 있다. (   )

답 O (수축열 시스템은 빙축열 원리를 기반으로 하여 전력 수요가 적은 야간에 얼음을 생성하여 에너지를 저장한다.)

2 에너지 저장 시스템

에너지 저장 시스템(ESS, energy storage system)은 전기를 저장했다가 필요할 때 사용하는 시스템으로, 발전과 수요가 일치하지 않을 때 에너지를 효율적으로 사용할 수 있도록 돕는다. ESS는 신재생에너지의 변동성 문제를 해결하거나 전력망의 효율성을 높이는 데 중요한 역할을 한다.

2-1 ESS의 정의 및 종류

ESS는 생성된 전기를 저장하고 이를 필요한 시점에 다시 방출하는 기술이다. 전력의 안정적인 공급, 피크 부하 저감, 전력 품질 향상 등을 위해 사용된다. 다양한 에너지 저장 기술이 존재하며, PHS(pumped hydro energy storage), CAES(compressed air energy storage), FES(flywheel energy storage)와 같은 기계적인 방법, LIB(Li ion battery, 리튬 이온 배터리), 소듐-황 배터리(NaS battery), 레독스 플로우 배터리(RFB, redox flow battery)와 같은 전기화학적인 방법 등이 있다. 리튬 이온 배터리, 납축 배터리, 플로우 배터리, 양수 발전, 압축 공기 에너지 저장, 초전도 에너지 저장 등이 ESS에 포함된다.

1) 리튬 이온 배터리

리튬 이온 배터리는 높은 에너지 밀도와 비용 효율성 덕분에 ESS 시장에서 가장 널리 사용되는 배터리 유형이다. 최근 보고에 따르면, 리튬 이온 배터리의 연평균 성장률(CAGR)은 2022년부터 2026년까지 약 34.5%에 이를 것으로 예측된다. 리튬 이온 전지는 에너지 밀도가 높고 수명이 길어 가장 주목받는 BESS이다.

$LiMn_xNi_yCo_zO_2$는 3.7 V로 전압도 높고, 에너지 밀도가 160 Wh/kg 이상이며 수명(life cycle)도 충・방전 500회 이상 가능하다. $LiCoO_2$는 에너지 밀도가 200 Wh/kg로 최상의 이차 전지 활물질이며 역시 수명이 충・방전 500회 이상이다. 리튬인산 철(LFP, lithium iron phosphate) 배터리는 리튬 이온 배터리의 한 종류로, 양극에 리튬 인산 철을 사용해 고온에서도 높은 안전성과 긴 수명을 유지하는 특징이 있다. 특히 열폭주(thermal runaway) 가능성이 작아 화재 및 폭발 위험이 적어 주택용, 상업용 및 대규모 전력망 ESS에 적합하다.

2) 플로우 배터리

플로우 배터리(flow battery)는 리튬 이온 배터리보다 더 오랜 수명과 대규모 적용 가능성을 갖춰 대형 전력망 프로젝트에 적합하다. 비록 리튬 이온 배터리보다 현재 보급률은 낮지만, 대규모 에너지 저장에 적합해 향후 시장에서 유망한 성장 가능성을 가지고 있다. 이 배터리는 대규모 에너지 저장에 적합한 기술로, 특히 대형 전력망의 안정화와 재생에너지의 효율적인 저장에 많이 사용된다. 이 배터리는 전해액을 외부 탱크에 저장하고 필요 시 이온을 교환해 전력을 생성하는 구조로 되어 있다(그림 11-1).

플로우 배터리의 핵심은 양극과 음극에 저장되는 전해액이다. 이 전해액은 이온을 포함하고 있어 전력을 생산할 때 양극과 음극 사이에서 이온을 이동시키며, 전해액의 주요 성분에 따라 반데늄 레독스 플로우 배터리(VRFB), 아연-브로민 플로우 배터리(ZBFB), 철-크로뮴 플로우 배터리 등으로 분류된다. 반데늄 기반 전해액은 안정성과 긴 수명 때문에 많이 사용된다.

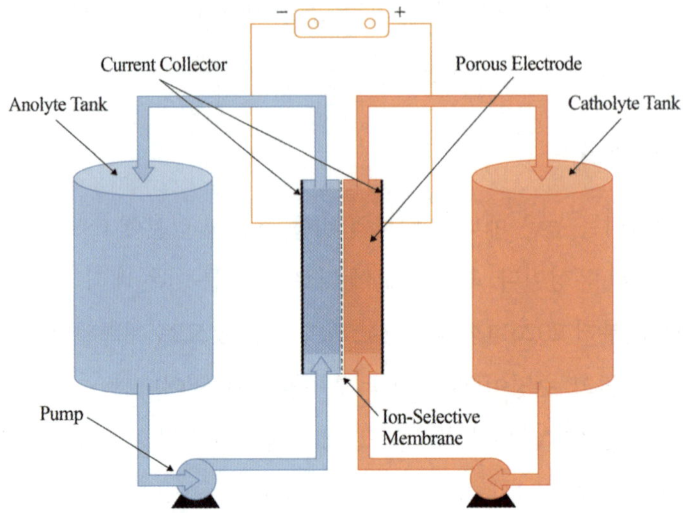

그림 11-1 레독스 플로우 배터리의 구조

이온 교환막(멤브레인)은 양극과 음극의 전해액을 분리하는 역할을 하면서도 이온이 양극과 음극 사이를 이동할 수 있도록 한다. 이 막은 두 전해액이 직접 섞이지 않도록 하여 효율적인 이온 교환을 가능하게 한다. 전극은 전해액이 이온을 방출하고 흡수하면서 전자가 흐르게 하는 역할을 한다. 전극은 주로 흑연 또는 탄소 물질로 구성되어 내구성을 강화하고 전도성을 높인다. 플로우 배터리의 전해액은 외부 저장 탱크에 보관되며, 배터리가 작동할 때 펌프를 통해 전해질을 반응 셀로 공급한다. 이 탱크는 플로우 배터리 용량의 크기를 결정짓는 중요한 요소이다.

플로우 배터리는 전해액이 펌프를 통해 전지의 셀로 이동하면서, 양극과 음극에서 산화 및 환원 반응을 통해 전력을 생성한다. 이 과정에서 발생하는 이온의 이동을 통해 전기가 발생하고, 전력이 필요하지 않을 때는 전해액을 외부 탱크로 되돌려서 저장한다. 이 방식 덕분에 플로우 배터리는 충전과 방전 사이클이 유연하며, 저장 탱크 용량에 따라 에너지 저장 용량을 쉽게 조정할 수 있다. 수계 전해질을 사용하여 화재나 폭발 위험이 낮다는 것도 장점이다. 충방전 사이클 수명이 길어 장기간 사용이 가능하고 전해질 교체나 보충이 쉬워 유지보수가 간편하다. 플로우 배터리는 초기 설치 비용이 많이 들고, 에너지 밀도가 리튬 이온 배터리에 비해 낮아 소형화가 어려운 점이 있지만 긴 수명, 대용량 저장이 가능하며, 전해액을 외부에 저장하기 때문에 빠른 충전과 방전 사이클을 반복할 수 있어 대규모 풍력 및 태양광 발전 시설의 에너지 저장용으로 적합하다.

3) 기타 NaS, 납축전지, Ni-Cd ESS

소듐–황 배터리(NaS, sodium-sulfur battery)는 소듐(Na)과 황(S)을 활성 물질로 사용하는 고온 배터리로, 약 300 ~ 350°C의 높은 온도에서 작동한다. 이온 전도성이 높은 세라믹 재료로 이루어진 전해질을 사용하며, 충·방전 시 소듐 이온이 세라믹 전해질을 통해 이동하면서 전기 에너지를 생성한다. 높은 에너지 밀도와 긴 수명(최대 15년 이상)을 가지고 있어 장기적인 에너지 저장에 적합하다. 또한, 리튬보다 가격이 저렴한 소듐을 사용하므로 경제적인 이점도 있다. 그러나 고온 환경을 유지해야 하므로 열 관리 비용이 발생하며, 초기 설치 비용이 높은 편이다. 고온에서 작동하기 때문에 안전 관리도 중요하다. 소듐–황 배터리는 대규모 전력 저장, 재생에너지 전력망 연계 시스템 등에서 활용된다. 현재는 일본과 미국 등의 대형 전력망 안정화 프로젝트에 사용되고 있다.

납축전지(lead-acid battery)는 납(Pb)과 황산(H_2SO_4) 전해질을 사용하여 전기 에너지를 저장하는 전통적인 배터리이다. 음극에 납, 양극에 산화납, 전해액으로 황산을 사용하여 전기화학 반응을 통해 충·방전이 이루어진다. 현재 가장 오래된 유형의 배터리 중 하나로, 다양한 산업 및 가정용 장비에 사용된다. 제조 비용이 저렴하고, 상대적으로 안전하며, 충전 및 방전 특성이 우수해 높은 출력 요구를 충족할 수 있다. 또한 기술 성숙도가 높아 유지보수가 쉽다. 에너지 밀도가 낮고, 충·방전 횟수가 200 ~ 300 cycle로 제한적이다. 무게가 무거워 이동성이 떨어지며, 환경 유해 물질인 납이 포함되어 있어 재활용 및 폐기 시 주의가 필요하다. 소형 UPS(비상 전원 공급 장치), 태양광 연계 시스템, 단기 비상 전력 공급 장치 등에서 주로 사용된다.

니켈–카드뮴 배터리(Ni-Cd, nickel-cadmium battery)는 양극에 니켈 산화물, 음극에 카드뮴을 사용하는 배터리로, 긴 수명과 신뢰성을 가지고 있다. 과도한 충·방전과 깊은 방전에 강하며, 고온 환경에서도 안정적인 성능을 제공한다. 충·방전 수명이 1000 cycle 정도로 길어 반복 충전이 필요한 산업용 장비에 적합하며, 높은 방전율을 견딜 수 있어 높은 출력이 필요한 상황에 적합하다. 카드뮴은 독성이 있는 중금속으로 환경에 유해할 수 있으며, 니켈–메탈 하이브리드(NiMH)나 리튬 이온(Li-ion) 배터리에 비해 에너지 밀도가 낮다. 또한, '메모리 효과'로 인해 완전히 방전시키지 않으면 용량이 감소하는 문제가 있을 수 있다. 항공기, 군용 통신 장비, 철도 시스템 등 신뢰성과 긴 수명이 필요한 분야에서 주로 사용된다.

2-2 ESS의 구성 요소

에너지 저장 시스템(ESS)은 전력망의 안정성과 효율성을 높이고, 다양한 용도에서 에너지 관리를 가능하게 하는 중요한 기술이다. 그래서 주요 구성 요소는 배터리 시스템, 배터리 관리 시스템(BMS), 전력 변환 시스템(PCS), 에너지 관리 시스템(EMS), 열 관리 시스템으로 되어 있다. 앞에서 살펴본 바 배터리 시스템은 전기를 저장하는 핵심 장치로, 리튬 이온 배터리, 납축전지, 소듐-황 배터리, 레독스 플로우 배터리 등 다양한 배터리 기술이 사용되며, 각각의 특성에 따라 특정 용도에 적합하다. 배터리 유형에 따라 에너지 밀도, 수명, 비용, 충・방전 효율 등의 성능이 다르다.

1) 배터리 관리 시스템

배터리 관리 시스템(BMS, battery management system)은 배터리의 안전한 운영과 효율적인 관리를 위한 핵심적인 요소이다. BMS는 ESS의 배터리 상태를 실시간으로 모니터링하고 제어하여, 배터리 성능을 극대화하고 안전성을 확보하는 역할을 한다. ESS는 주로 대용량의 에너지를 저장하고 관리하는 시스템이기 때문에 BMS의 역할이 특히 중요하다. BMS의 주요 기능은 배터리의 안전성과 성능을 보장하기 위해 작동한다.

첫째, 충전 및 방전 제어 장치는 과충전이나 과방전을 방지하여 배터리의 수명을 연장하고 안전성을 확보한다. 이를 위해 전압 및 전류 센서가 준비되어 있다.

둘째, 온도 관리 센서는 배터리 온도를 모니터링하고, 특정 온도 이상으로 상승하면 냉각 시스템을 작동시키거나 배터리 출력을 제한한다. 이는 과열로 인한 화재나 폭발 위험을 줄이기 위해 필수적이다.

셋째, 전압 및 전류 감지 센서는 각 셀의 전압과 전체 배터리 팩의 전류를 모니터링하여, 불균형이나 이상 상태를 감지하고 필요한 경우 조처를 한다.

넷째, 셀 밸런싱은 배터리 셀 간의 전압 불균형을 조정하여 셀의 효율성과 수명을 최적화한다. 셀 밸런싱은 배터리 팩이 고르게 충전되고 방전되도록 도와 셀 간 성능 차이로 인한 문제를 방지한다. 수동 밸런싱은 저항을 통해 여분의 에너지를 소모하고, 능동 밸런싱은 에너지를 다른 셀로 분배하여 효율을 높인다.

다섯째, 안전 모니터링 장치는 과열, 과충전, 과방전 등의 이상 상황이 발생할 때 알람을 발생시키거나 시스템을 안전 모드로 전환하여 배터리의 손상을 방지한다.

BMS는 기능 수행을 위해 다양한 센서와 회로, 소프트웨어로 구성되어 배터리 상태를 모니터링하고 관리한다. 마이크로컨트롤러(MCU)는 BMS의 중앙 처리 장치로, 센서로부터 데이터를 수집하고 충전 및 방전 제어, 셀 밸런싱 등의 기능을 수행한다. 통신 모듈은 BMS가 다른 시스템(예: ESS의 에너지 관리 시스템)과 통신하여 배터리 상태를 실시간으로 전달하고 필요한 명령을 받는 장치이다.

BMS는 ESS의 안정적인 운영을 위해 다양한 안전 관리 기능을 제공한다. 과충전 및 과방전 보호 장치는 배터리가 설정된 범위를 넘어 충전되거나 방전되면 셧다운(shutdown)을 수행하여 배터리 손상을 방지한다. 단락 상태가 발생하면 즉각적인 전류 차단을 통해 화재나 폭발의 위험을 방지한다. 특정 온도 이상이 되면 경고를 발생시키고, 온도가 계속 상승하면 충전 및 방전을 중단한다. 알람 시스템이 장치되어 배터리에 문제가 발생하면 실시간 경고를 통해 신속한 대응이 가능하게 한다.

BMS는 ESS에서 필수적이며, 특히 리튬 이온 배터리와 같은 고밀도 배터리에서는 BMS의 역할이 더욱 중요하다. 배터리의 상태를 적절히 관리하지 못하면 과충전, 과방전, 열폭주(thermal runaway) 등으로 인해 화재, 폭발과 같은 심각한 문제가 발생할 수 있다. BMS는 이러한 위험을 최소화하며, 배터리의 수명 연장과 효율적 에너지 사용에 이바지한다.

2) 전력 변환 시스템

전력 변환 시스템(PCS, power conversion system)은 ESS에서 배터리로부터 공급받은 직류(DC) 전력을 교류(AC) 전력으로 변환하거나, 반대로 외부에서 들어오는 AC 전력을 DC로 변환하여 배터리에 충전할 수 있도록 하는 장치이다. PCS는 ESS가 외부 전력망과 안정적으로 연계되도록 하는 중요한 역할을 한다.

PCS의 주요 기능은 첫째, 외부 전력망에서 AC 전력을 DC 전력으로 변환하여 배터리에 충전할 수 있도록 한다. 둘째, DC-AC 변환(inversion) 기능으로 배터리에서 DC 전력을 AC 전력으로 변환하여 외부 전력망 또는 부하에 공급할 수 있도록 한다. 셋째, 전압 및 주파수 제어 기능으로 전력망과 ESS 간의 안정적인 전력 흐름을 위해 변환된 전력의 전압과 주파수를 조절한다. 넷째, 부하 조건에 맞춰 전력을 공급하거나 저장할 수 있도록 관리하여, ESS가 효율적으로 작동할 수 있도록 한다. 다섯째, 전력망에 공급되는 전력의 품질을 유지하고, 변환 시 발생할 수 있는 전력 손실을 최소화한다.

PCS의 구성 요소는 인버터(inverter) 및 컨버터(converter), 제어 장치 그리고 전력 보호 장치로 구성된다. 인버터 및 컨버터는 전력을 AC와 DC로 변환하는 핵심 장치로, ESS의 충전 및 방전 시 필수적인 역할을 한다. 제어 장치는 전력 변환 및 출력 제어를 수행하여, 전압과 주파수를 조정하고 안전한 전력 전송을 보장한다. 전력 보호 장치는 과전류, 과전압 및 단락 상태에서 시스템을 보호하여 PCS와 ESS의 안전을 유지한다.

BMS와 PCS는 각각 배터리와 전력 변환을 관리하는 기능을 담당하지만, ESS에서 상호작용하여 시스템의 안정성과 효율성을 높이는 중요한 역할을 한다. BMS는 배터리의 충전 상태, 온도, 전압 등을 모니터링하여 PCS에 정보를 제공한다. 이를 통해 PCS는 배터리가 안정적인 상태일 때만 충전 또는 방전을 수행할 수 있다. PCS는 BMS로부터 배터리 상태와 충전/방전 명령을 받아 전력 변환을 조정하여 ESS가 안전하고 효율적으로 운영될 수 있도록 한다. BMS가 배터리 안전을 담당하고 PCS가 전력 전송의 안전성을 보장하므로, 두 시스템이 협력하여 ESS 전체의 안정성을 유지한다.

3) 에너지 관리 시스템

에너지 관리 시스템(EMS, energy management system)은 에너지 저장 시스템의 운영을 최적화하는 소프트웨어와 하드웨어를 포함한 관리 시스템이다. ESS가 전력을 효율적으로 저장하고 방출할 수 있도록 하여 전체 에너지 사용을 효율화하고, 전력 수요에 따라 에너지를 자동으로 제어하는 역할을 한다. EMS는 ESS의 충전 및 방전 상태, 배터리 잔량, 온도, 전압 등을 실시간으로 모니터링한다. 또 배터리의 과충전 및 과방전을 방지하고, 온도 및 전압을 안정적으로 유지하여 배터리의 수명을 연장한다. 배터리 상태를 감지하여 불필요한 충・방전을 줄임으로써 장기적인 운영 효율을 높인다.

EMS는 스마트 그리드의 정보를 기반으로 ESS의 충전과 방전을 최적화하여 전력망의 균형을 유지한다. 스마트 그리드는 전력망의 부하를 관리하기 위해 수요 반응(demand response) 프로그램을 운영한다. EMS는 이러한 프로그램과 연계해 ESS의 충・방전을 조절하여, 전력 피크 시간 대에 에너지를 방출하거나 수요가 적을 때 저장하여 전력망의 부하를 분산시키고 균형을 맞춘다.

Quiz

✓ **다음 에너지에 대한 설명에서 맞으면 O, 틀리면 X 하시오.**

1) 생성된 전기를 저장하고 이를 필요한 시점에 다시 방출하는 기술이 에너지 저장 시스템(ESS)이다. (   )

답 O (ESS는 전기를 저장했다가 필요할 때 사용하는 시스템으로, 발전과 수요가 일치하지 않을 때 에너지를 효율적으로 사용할 수 있도록 돕는다.)

2) 플로우 배터리(flow battery)는 전해액을 외부 탱크에 저장하고 필요시 이온을 교환해 전력을 생성하는 구조로 대형 전력망의 안정화와 재생에너지의 효율적인 저장에 많이 사용된다. (   )

답 O (리튬 이온 배터리보다 현재 보급률은 낮지만, 대규모 에너지 저장에 적합해 향후 시장에서 성장 가능성이 크다.)

3) ESS에서 배터리로부터 공급받은 직류(DC) 전력을 교류(AC) 전력으로 변환하거나, 반대로 외부에서 들어오는 AC 전력을 DC로 변환하여 배터리에 충전할 수 있도록 하는 장치를 전력 변환 시스템(PCS)이라고 한다. (   )

답 O (PCS는 외부 전력망에서 AC 전력을 DC 전력으로 변환하여 배터리에 충전할 수 있도록 하고, DC-AC 변환 기능으로 배터리에서 DC 전력을 AC 전력으로 변환하여 외부 전력망 또는 부하에 공급할 수 있게 한다.)

3 새로운 에너지 사업, ESS

3-1 Energy Storage System Market

ESS는 사용 시 신재생에너지의 변동성을 보완하여 안정적인 전력 공급이 가능하다. 기존 전력망은 발전소에서 생산된 전력이 소비자에게 일방적으로 흘러가는 특징이 있어 공급 및 소비 때 유연성이 떨어진다. 이러한 단점을 IT 기술을 활용하여 보완한 것이 스마트 그리드이며 생산자와 소비자 간에 양방향 정보를 송・수신하여 전력의 공급, 소비 유연성을 확보할 수 있게 해 준다. ESS는 에너지 효율 향상, 전력 설비 이용률 및 효율 향상, 스마트 그리드 기술을 위한 제반 인프라 제공에 필요한 기술이다. 태양광, 풍력 등 신재생에너지를 효과적으로 사용하며, 전력망에의 통합을 쉽게 한다. 전기 요금이 높은 피크 시간 대에 저장된 전기를 사용함으로써 비용 절감 효과가 있다. 또

주파수 및 전압을 안정화하여 전력 품질을 높인다. ESS 시장을 가치 창출(value creation) 형태에 따라 구분하면 전력 신뢰성, 전력 품질, 효율성 제고, 차액 거래의 4가지로 구분해서 설명된다.

– 전력 신뢰성: Blackout 예방, 예비전력 확보와 전력 안전성 향상
– 전력 품질: 출력 균일화, 전압조정 및 사용자 전력 품질 향상
– 전력 효율성 제고: 신재생에너지 발전 CAPA 확보, 송배전 투자보류, 자가사용 증대
– 차액 거래: 신재생 발전원, 전력도매시장, 전력 사용 시간대 임의조정으로 비용 절감

ESS 사업에는 초기 설치 비용이 많이 들며, 특히 대규모 대용량 저장설비에는 상당한 투자 비용이 필요하고 배터리의 수명과 열화 문제, 안전성 문제 등 해결해야 할 기술적 문제들도 존재한다. 그런데도 신재생에너지를 저장하고 필요할 때 방출하는 시스템으로 전력망의 안정성과 효율성을 높이기 때문에 매년 시장이 급성장하고 있다. SNE리서치에 따르면 전 세계 ESS 시장 규모는 2024년 기준으로, 글로벌 매출은 약 400억 달러(약 53조 원)에 이를 것으로 예상된다. 2024년 리튬 이온 배터리 기반 ESS 시장 규모는 약 235 GWh로, 전년 대비 27% 성장할 것으로 예상된다. 또한 미국과 중국은 글로벌 ESS 보급량의 절반 이상을 차지하며, 주요 선진국에서 보급량이 지속해서 증가할 것으로 예상하고 있다. 대한민국 정부는 2036년까지 세계 ESS 시장 점유율을 35%로 끌어올려 미국, 중국과 함께 세계 3대 ESS 산업 강국으로 도약하는 것을 목표로 하고 있다.

3-2 ESS 기술의 적용 사례

1) 에드워즈 & 샌본 솔라 스토리지 프로젝트

미국 캘리포니아주 컨 카운티(Kern County)에서 대규모 태양광 발전 및 리튬 이온 배터리 에너지 저장 시스템(ESS) 프로젝트인 애드워즈 & 샌본 솔라 스토리지 프로젝트(Edwards & Sanborn Solar Storage Project)가 운영되고 있다. 미국 최대 규모의 태양광 및 ESS 시설 중 하나로 알려져 있다. 캘리포니아주 컨 카운티의 모하비 사막 지역 18.6 km^2 면적에 태양광 발전 용량 875 MW, 에너지 저장 용량 3,287 MWh의 전력망이

있다. 에너지 저장 시스템을 통해 낮 시간대에 생산된 잉여 태양광 에너지를 저장하여 필요 시 공급함으로써 전력 수급의 균형을 맞추는 등 재생에너지의 효율적인 활용과 전력망의 안정성 향상에 기여하고 있다.

재생에너지 기업 테라젠(Terra-Gen)이 개발한 이 프로젝트에는 약 190만 개의 퍼스트솔라(first solar) 태양광 모듈이 사용되었고 LG에너지솔루션, 삼성SDI, BYD 등에서 약 12만 개의 배터리 공급되었다. 여기서 생산된 전력은 샌호세시, 서던 캘리포니아 에디슨(Southern California Edison), 퍼시픽 가스 앤드 일렉트릭(Pacific Gas & Electric), 클린 파워 얼라이언스(Clean Power Alliance), 스타벅스 등에 공급되고 있다.

2) 비스트라사의 모스 랜딩 지역 ESS

비스트라(Vistra)는 미국의 발전 회사로, 캘리포니아주 몬터레이 카운티의 모스 랜딩(Moss Landing) 지역에 세계 최대 규모의 리튬 이온 배터리 ESS를 구축하였다. 이 프로젝트는 기존의 노후한 천연가스 발전소를 대체하여 재생에너지의 효율적인 저장과 공급을 목표로 하고 있다. 모스 랜딩 지역에는 세계 최대 규모인 1.2 GWh 용량의 전력망 ESS를 구축하여 2020년 12월부터 가동되고 있는데 단일 ESS 사이트 기준 세계 최대 규모로, 약 22만 5천 가구가 사용할 수 있는 전력을 저장할 수 있다. 2023년 8월 기준, 비스트라는 모스 랜딩 에너지 저장 시설의 3단계 확장을 완료하여 총용량이 750 MW/3,000 MWh에 도달했다. 이는 2023년 기준 세계 최대 규모의 배터리 에너지 저장 시스템 중 하나로 평가된다.

이 프로젝트에서는 LG에너지솔루션의 ESS 배터리 신제품 'TR 1300' 랙이 채택되어 사용되고 있다. 'TR 1300' 랙은 배터리 제조 공장에서 팩과 랙의 조립을 완료한 후 현장에 출하하여 설치 시간과 비용을 절감하였고, 고성능 배터리 셀을 적용하여 공간 효율성을 높이고, 단위 면적당 에너지 밀도를 향상시켰다. 'TR 1300' 랙은 글로벌 안전인증 회사인 UL(under writers laboratories)의 UL9540A 테스트를 통과하여 화재 안전성을 검증받았으며, 지진 등 외부 환경 변화에도 안정적인 운영이 가능하다. 이 시스템은 비스트라사가 소유하고 운영하고 있다.

3) 모스 랜딩 지역의 테슬라와 PG&E사의 ESS

모스 랜딩 지역에는 앞서 다룬 비스트라사의 ESS 외에도 테슬라(Tesla)가 퍼시픽 가스 앤드 일렉트릭(PG&E)사와 협력하여 구축한 ESS가 있다. 이 두 시스템은 규모, 기술, 운영 방식에서 차이를 보인다. 테슬라는 PG&E와 협력하여 모스 랜딩에 182.5MW/730 MWh 용량의 에너지 저장 시스템을 구축했다. 이 시스템은 테슬라의 Megapack 배터리 기술을 사용하며, PG&E의 모스 랜딩 변전소 부지에 위치하고 있다. 이 시스템은 PG&E가 소유하고 운영하며, 캘리포니아 전력망의 안정성과 재생에너지 통합을 지원한다.

4) 호주 호른스데일 풍력발전소와 최근 건설 중인 배터리 에너지 저장 시스템(BESS)

2017년, 테슬라는 호주 남부에 있는 호른스데일 풍력발전소에 대규모 배터리(129 MWh)를 설치했다. 이는 2017년 당시 세계 최대 규모의 리튬 이온 배터리로, 전력망의 안정성을 높이고 정전 위험을 줄이는 데 기여하고 있다. 이 프로젝트는 전력망 보강과 안정화 효과를 입증하며 이후 Tesla ESS가 전 세계적으로 주목받는 계기가 되었다.

호주에는 최근 대규모의 배터리 에너지 저장 시스템(BESS) 발전시설이 여러 곳에서 건설 중이다. BESS 멜버른 재생에너지 허브(MREH)는 호주 빅토리아주 멜버른 북서쪽 약 25 km 지점에 위치한 대규모 재생에너지 발전시설로 1단계로 600 MW/1600 MWh 규모로 삼성물산이 건설에 참여하고 있다. 서호주 전력회사인 시너지는 콜리 지역에 500 MW/2000 MWh 규모의 BESS를 건설 중이다. 2025년 완공을 목표로 하며, 약 78만 5천 가구에 4시간 동안 전력을 공급할 수 있는 용량을 갖출 예정이다.

또 프랑스 재생에너지 기업 네오엔은 콜리에 341 MW/1363 MWh 규모의 BESS를 건설 중이다. 이 프로젝트는 2025년 4분기 운영을 목표로 하며, 서호주 전력망의 안정성과 신뢰성을 높이는 데 기여할 예정이다. 사우스 파인 슈퍼노드(South Pine SuperNode)는 퀸즐랜드주 브리즈번 북부에 위치한 대규모 전력 인프라 프로젝트로, 200 MW/400 MWh 규모의 BESS를 포함하고 있다. 지우다(Jiudda) BESS 프로젝트도 뉴사우스웨일스주에 위치한 100 MW/200 MWh 규모의 신재생에너지 생산과 BESS 시스템 건설 프로젝트이다.

5) 사우디아라비아 ESS 홍해 프로젝트

사우디아라비아는 홍해 연안에 위치한 아말라 지역에서 대규모 친환경 관광 도시 건설 프로젝트를 추진하고 있다. 이 프로젝트의 핵심은 재생에너지를 100% 활용하여 지속 가능한 에너지 공급을 실현하는 것이다. 면적은 약 3,800 km^2으로 호텔 25개, 쇼핑센터, 고급 주거 시설 등에 재생에너지 100% 사용을 목표로 하고 있다. 이 프로젝트의 일환으로 에너지 저장 시스템(ESS) 구축이 진행 중인데 한국동서발전은 프랑스전력공사(EDF), 아랍에미리트의 마스다르(MASDAR), 프랑스의 수에즈(SUEZ)와 함께 컨소시엄을 구성하여 참여하고 있다.

컨소시엄은 약 1조 9,000억 원을 투자하여 태양광 발전 시설 248 MW, 에너지 저장 시스템(ESS) 777 MWh의 용량으로 아말라 리조트에 친환경 전기와 용수를 공급한다고 한다. 2024년 시운전하고 2026년 상업 운전을 목표로 한다. 이 프로젝트는 사우디아라비아가 석유 중심의 에너지 구조에서 벗어나 재생에너지를 적극 도입하는 전환점으로 평가된다. 특히, 한국동서발전의 참여는 국내 에너지 기업이 중동 지역의 대규모 친환경 에너지 프로젝트에 이바지하는 사례로 주목받고 있다.

6) 대한민국의 그린에너지 ESS 발전 규제자유특구

대한민국에서는 광주광역시가 2020년 11월 '그린에너지 에너지저장장치(ESS) 발전 규제자유특구'로 지정되었다. 특구는 북구 첨단산업단지 2.5 km^2 구역을 대상으로 한다. 이곳에서는 산단 내 분산된 태양광 발전 전력을 집적하기 위한 대용량 ESS를 설치・운영하고 있다. 지역 내 태양광 및 ESS 사업 활성화와 관련 기업의 신규 고용 창출 및 투자 유치를 목표로 2021년부터 2024년까지 총 195억 원(국비 111억 원 포함)의 예산을 투입하였다. 신재생에너지 ESS 기반 전력 거래 실증 사업을 진행해 대용량 ESS 발전소 인프라 구축, 전기저장장치 발전소 제어, 빅데이터 기반 ESS 발전 종합 운용 상황실 운영, 전기차 충전소 및 공공건물을 대상으로 한 전력 거래 등이 이루어졌다.

3-3 ESS를 제공하는 세계의 기업

1) 테슬라

ESS 기술의 성장은 적극적으로 시장의 수요를 창출하는 세계적 기업의 사업 추진으로 이어진다. 테슬라는 2015년부터 ESS 사업을 시작하여 파워월(가정용), 파워팩(기업용), 메가팩(기업용) 등 다양한 ESS 제품을 출시하였다. 특히, 메가팩은 대규모 에너지 저장 프로젝트에 활용되며, 전력망의 안정성과 재생에너지의 효율적인 활용을 지원한다.

테슬라는 네바다주에 새로운 공장을 건설하여 ESS 생산 능력을 대폭 확대하고 있으며, 이를 통해 향후 ESS 사업의 성장을 가속할 계획이다. 테슬라의 ESS 사업은 2023년에 약 14.7 GWh의 에너지 저장 장치를 판매했다. 이는 2022년 대비 125% 증가한 수치로, 회사의 에너지 부문에서 큰 성장세를 보여주었다. 특히 메가팩과 같은 대형 에너지 저장 솔루션이 점차 많은 국가와 프로젝트에서 채택되면서 이러한 성장에 이바지한 것으로 분석된다.

이러한 성장은 2024년에도 지속될 것으로 예상되고 있다. 테슬라는 미국 캘리포니아의 Lathrop에 있는 연간 40 GWh 생산 규모의 메가팩토리(Megafactory)를 더욱 확장할 계획이라고 한다.

2) LG에너지솔루션

대한민국의 ESS 관련 기업 3사도 활발하게 시장 개척에 참여하고 있다. LG에너지솔루션은 최근 몇 년 동안 ESS 시장에서 글로벌 선두 주자로서 괄목할 만한 성장을 이뤘다. 2023년 연간 실적을 살펴보면, LG에너지솔루션은 매출 33조 7,455억 원, 영업이익 2조 1,632억 원을 달성했다. 전년 대비 매출은 31.8%, 영업이익은 78.2% 증가한 수치로, 북미 지역 수요에 적극 대응하고, 물류비 절감, 수율 및 생산성 향상 등 원가 개선 노력을 통해 고성장을 이어갔다.

LG에너지솔루션은 ESS 배터리의 안정적인 공급과 미국 내 현지 생산 역량 강화를 통해 미국 인플레이션 감축법(IRA)의 혜택을 최대한 활용하고 있으며, 이는 향후 안정적인 매출 성장에 긍정적인 영향을 미칠 것으로 예상된다. 2022년 2월, 미국의 ESS 시스템 통합 전문 기업인 NEC 에너지 솔루션을 인수하여 시스템 통합(SI) 역량 강화할 목적으로 'LG에너지솔루션 버테크'를 설립하였다. 이를 통해 ESS 사업 기획부터 설계, 설치, 유지, 보수까지 전반적인 서비스를 제공하고 있다.

현재로서 정확한 ESS 단독 매출 수치는 공개되지 않았으나, ESS 사업이 회사의 수익성 개선에 기여하고 있다는 것이 주요 포인트로 언급되고 있다. LG에너지솔루션은 애리조나주에 3조 원을 투자하여 16 GWh 규모의 ESS 전용 배터리 생산공장을 건설 중이다. 이 공장은 2026년 양산을 목표로 하고 있으며, 파우치형 LFP 배터리를 생산할 예정이다. LG에너지솔루션은 대형 프로젝트 수주와 ESS 배터리의 생산 확장, 고용량 LFP 배터리와 첨단 에너지 관리 소프트웨어 도입을 통해 글로벌 ESS 시장에서의 입지를 강화하고 있다.

3) 삼성SDI

삼성SDI도 전기차 배터리뿐만 아니라 ESS 사업으로 미국 시장 공략을 강화하고 있다. 2021년 8월, 미국 스마트에너지 기업 솔라엣지에 1 GWh 규모의 ESS 배터리를 공급하였으며, 11월에는 캘리포니아 태양광 프로젝트에 2,445 MWh 규모의 ESS 배터리를 공급하기로 하였다. ESS 부문에서 미주 AI 전력 수요 및 신재생 발전 증가 추세에 따라 에너지 밀도와 안전성을 개선한 'SBB 1.5' 제품 출시로 전력용 판매가 늘며 매출과 수익성이 크게 개선되었다고 밝혔다.

4) SK이노베이션과 SK가스

SK그룹도 ESS 사업에서 다양한 계열사를 통해 활발한 활동을 전개하고 있다. SK이노베이션은 전기차 배터리와 함께 ESS용 배터리 사업을 추진하고 있다. 특히, 폐차된 전기차에서 수거한 배터리를 활용하여 친환경 ESS를 개발하고 있으며, 이를 통해 배터리 재사용 사업 모델을 구축하고 있다. 미국에 최대 4억 달러를 투자하여 ESS를 포함한 에너지 신산업 분야에서의 입지를 강화하고 있기도 하다.

미국 신재생에너지 기업인 에이펙스클린 에너지와 합작법인 'SA 그리드 솔루션'을 설립하였으며, 미국 텍사스 지역에서 약 200 MW 규모의 ESS 설비를 구축하여 상업 가동을 추진하고 있다. 또한, 미국의 ESS 기반 그리드 솔루션 선도 기업인 Key Capture

Energy(KCE)를 인수하여 미국 내에서 약 3 GW의 ESS 프로젝트를 운영하고 있다. 미국 태양광·ESS 설치 1위 기업인 Sunrun과 합작법인 SK E&S를 설립하여 미국 가정용 에너지솔루션 사업에도 진출하였다.

SK가스는 2023년 12월, 미국 ESS 사업 진출을 위해 약 697억 원을 투자하여 현지 법인을 설립하였다. 이를 통해 ESS 기반 전력 트레이딩 사업에 진출하고, 신재생에너지 영역으로 사업을 확장할 계획이다.

QUIZ

✔ 다음 에너지에 대한 설명에서 맞으면 O, 틀리면 X 하시오.

1) ESS 시장은 전력 신뢰성, 전력 품질, 효율성 제고, 차액 거래의 4가지 형태의 가치 창출이 가능하다. (   )

   답 O (ESS 시장의 가치 창출에 대한 설명이다.)

2) 우리나라에서 ESS 기반 전력 거래 실증 사업은 대용량 ESS 발전소 인프라 구축, 전기저장장치 발전소 제어, 빅데이터 기반 ESS 발전 종합 운용 상황실 운영에 집중되어 있다. (   )

   답 O (역 내 태양광 및 ESS 사업 활성화와 관련 기업의 신규 고용 창출 및 투자 유치를 목표로 2021년부터 2024년까지 총 195억 원(국비 111억 원 포함)의 예산을 투입되었다.)

3) 테슬라는 2015년부터 ESS 사업을 시작하여 파워월(가정용), 파워팩(기업용)의 상용화로 ESS 사업 초기진입이 활발한 상황이다. (   )

   답 O (Tesla는 가정용 파워월, 상업용 파워팩, 대규모 산업용 메가팩을 출시하였다.)

연습문제

01 ESS 구성 요소에 해당하지 않는 것은? (　　) (객관식)

① 배터리 관리 시스템(Battery Management System, BMS)

② 전력 변환 시스템(PCS, Power Conversion System)

③ 잠열 저장 장치(Latent Heat Storage Unit) 또는 잠열 저장시스템

④ 에너지 관리 시스템(EMS)

02 플로우 배터리는 충 · 방전 사이클 수명이 길어 장기간 사용이 가능하고 전해질 교체나 보충이 쉬워 유지보수가 간편하지만 화재나 열폭주 현상을 일으킬 수 있어 취급에 주의를 요한다. (　　) (O, X 문제)

03 생산자와 소비자 간에 양방향 정보를 송 · 수신하여 전력의 공급, 소비 유연성을 확보할 수 있게 해 주는 IT 기술이 접목된 전력 통합 관리 시스템을 무엇이라 하는가? (주관식)

12장

원자력 에너지와 발전

1. 수소 핵융합 에너지
2. 핵분열과 원자력 발전
3. 우리나라 및 세계 각국의 원자력 발전 현황
4. 핵연료 재처리 기술
5. 핵연료의 분포와 매장량

1 수소 핵융합 에너지

앞서 화학 반응에 관여하는 수소의 에너지는 전자가 가진 역학적 에너지인 전자의 운동 에너지(K)와 전자–핵 계에서의 전기 위치 에너지(U)의 합으로 -13.61 eV 정도인 것을 유도한 바 있다. 이는 수소가 전자를 잃고 이온화되는 데 필요한 에너지이다. 이번에는 전혀 다른 차원에서 수소 원자가 가지고 있는 에너지를 이해하려고 한다. 수소 원자는 가장 간단한 원자로, 핵과 전자로 이루어져 있고 핵에는 1개의 양성자가 있어, 결과적으로 양성자 1개와 전자 1개로 구성되어 있다. 핵을 구성하는 양성자(proton)의 질량은 약 1.6726×10^{-27} kg 또는 1.0073 amu(원자 질량 단위)로, 수소 원자 질량의 대부분을 차지한다. 전자(electron)는 수소 원자에서 양성자 주변을 돌고 있으며, 양성자에 비해 질량이 매우 작아 약 9.109×10^{-31} kg 또는 0.0005486 amu이다. 전자의 질량은 원자 질량에 거의 영향을 미치지 않으므로, 수소 원자 질량의 대부분은 양성자에 의해 결정된다. 결국 수소의 질량은 1.0073 amu이다. 그러면 수소 1.0073 amu는 얼마만 한 에너지일까? 에너지는 아인슈타인의 질량–에너지 등가 원리($E = mc^2$)를 사용하여 계산할 수 있다. 이 식은 질량과 에너지가 같은 단위로 변환될 수 있음을 의미하며, 이를 통해 질량 1.0073 amu에 해당하는 에너지를 구할 수 있다.

1 amu(원자 질량 단위, atomic mass unit)는 원자나 분자의 질량을 측정하는 데 사용되는 단위이다. 1 amu는 ^{12}C(탄소–12) 원자 질량의 1/12에 해당하는 값을 기준으로 정의된다. 이 단위는 원자나 분자의 상대적인 질량을 표현하는 데 편리하게 사용된다. 1 amu는 약 $1.66053906660 \times 10^{-27}$ kg이다. $E = mc^2$에 따르면, 에너지(E)는 질량(m)과 빛의 속도(c)의 제곱에 비례한다.

$$E = mc^2 = (1.66053906660 \times 10^{-27}\ \text{kg}) \times (3 \times 10^8\ \text{m s}^{-1})^2 = 1.4945 \times 10^{-10}\ \text{J}$$
$$= 1.4945 \times 10^{-10}\ \text{J}/(1.602 \times 10^{-19}\ \text{J/eV}) = 9.315 \times 10^8\ \text{eV} = 931.5\ \text{MeV}$$

따라서 수소 원자 1개 1.0073 amu는 939.5 MeV($E = 1.0073$ amu × 931.5 MeV)이다.

수소의 동위 원소(isotope)는 양성자 수는 같지만, 중성자 수가 다른 수소 원자들을 말한다. 수소에는 세 가지 주요 동위 원소가 있으며(그림 12-1), 이들은 각각 물리적 특성과 핵적 성질에서 차이를 보인다. 자연계에 존재하는 수소의 99.98%는 1개의 양성

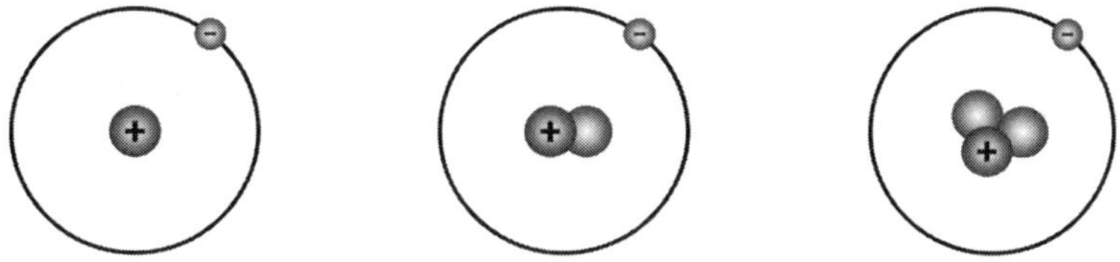

그림 12-1 수소의 세 동위 원소. 중수소에 삼중수소에는 각각 1개, 2개의 중성자가 추가로 존재한다.

자와 0개의 중성자로 핵을 구성하고 있는 수소-1(protium, ^{1}H)이고 질량은 1.0073 amu이다.

중수소(deuterium, ^{2}H)는 자연에서 약 0.015% 정도 존재하는 수소의 동위 원소이다. 1개의 양성자와 1개의 중성자로 그 핵이 이루어져 있다. 중성자의 질량은 약 1.6750 × 10^{-27} kg 또는 약 1.0087 amu이다. 양성자와 중성자의 질량을 합하면 약 2.016 amu가 된다. 그런데 중수소의 질량은 약 2.014 amu로 측정된다. 이 차이는 핵 결합 에너지라는, 핵을 형성하는 입자들이 서로 결합할 때 발생하는 에너지 때문이다. 양성자와 중성자가 핵 내에서 결합할 때 일부 에너지가 방출되며, 결과적으로 핵의 질량이 약간 줄어들게 된다. 이 현상을 질량 결손이라고 한다. 즉, 중수소(^{2}H)의 질량(약 2.014 amu)이 양성자와 중성자의 질량을 더한 값(2.016 amu)보다 작은 이유는 질량 결손 현상 때문이다.

삼중수소(tritium, ^{3}H)는 1개의 양성자와 2개의 중성자로 이루어져 있다. 질량은 약 3.016 amu이다. 트리튬은 방사성 동위 원소이다. 자연에서는 극히 적게 존재하며, 대부분은 인공적으로 생성된다. 리튬을 중성자로 폭격하여 생산한다.

핵융합(nuclear fusion)과 핵분열(nuclear fission)은 모두 원자핵과 관련된 반응으로, 대량의 에너지를 방출하는 과정이다. 그러나 두 반응은 발생 방식, 연료, 생성물, 에너지 규모 등에서 차이가 있다. 핵융합은 두 개 이상의 가벼운 원자핵이 결합하여 더 무거운 원자핵을 형성하는 반응이고 핵분열은 방사성 동위 원소 물질이 가벼운 물질로 분해될 때 발생하는 질량결손으로 막대한 에너지가 발생하는 반응이다. 핵융합과 핵분열 과정에서 두 경우 모두 질량의 일부가 에너지로 변환된다. 태양에서는 주로 수소 동위 원소가 헬륨으로 핵융합된다.

중수소-삼중수소 핵융합 반응(D-T 반응, 그림 12-2)은 수소의 동위 원소인 중수소

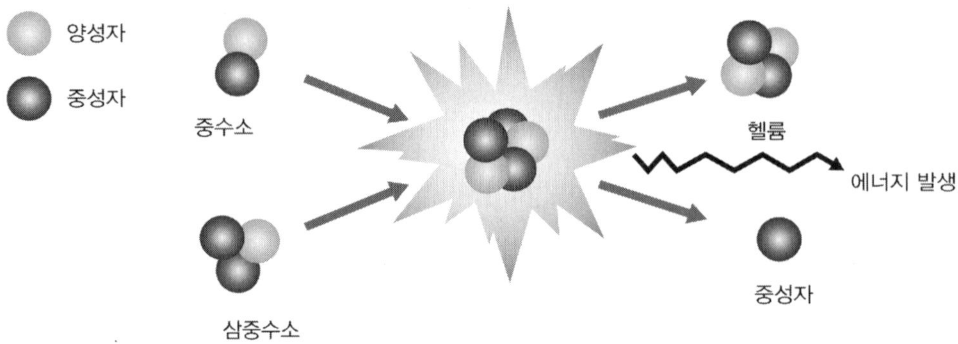

그림 12-2 D-T 반응에 의한 핵융합 에너지 발생

와 삼중수소 원자를 연료로 하여 고온에서 두 원자를 반응시켜 헬륨의 생성과 함께 높은 에너지를 발생시킨다. 핵융합은 태양에서 빛과 열에너지를 만들어 내는 원리이며, 고온과 고압의 환경에서 수소 원자핵들이 서로 융합하면서 발생하는 질량 결손(0.0187 amu)이 에너지의 형태로 방출되는 것이다. D-T 반응으로 생산할 수 있는 에너지는 17.6 MeV로, 이는 우라늄 235(^{235}U)의 핵분열 시 발생하는 에너지 200 MeV의 대략 1/10 수준이다. 하지만 소모되는 핵연료의 단위 질량당 발생하는 에너지는 핵융합이 핵분열에 비해 10배 정도 더 높다. 일반적으로 전자를 포함한 화학 반응에서 방출되는 에너지와 비교하면 대략 백만 배 정도 높다.

$$^{2}H + {}^{3}H \rightarrow {}^{4}He + {}^{1}n, \quad 17.571\ MeV$$

이 과정은 1그램의 연료로 25,000 kWh의 에너지를 생산할 수 있을 정도로 강력한 에너지를 방출한다. 중수소(^{2}H, 2.014 amu)는 자연적으로 존재하는 수소 동위 원소로 바닷물에서 쉽게 얻을 수 있고 삼중수소(^{3}H, 3.016 amu)는 인공적으로 생성되는 수소 동위 원소로 인위적으로 만들 수 있다. 그래서 풍부한 연료가 핵융합의 장점이다. 핵융합 에너지는 방사성 폐기물이 거의 없고, 탄소 배출이 없으므로 환경친화적이고 핵분열과 달리 연쇄반응이 없으며, 사고 시 반응이 자연스럽게 멈추기 때문에 안전성이 높다. 그러나 핵융합이 일어나려면 플라스마 상태에서 약 1억°C 이상의 초고온의 높은 온도와 에너지 밀도를 유지해야 한다.

K-STAR는 한국에서 개발한 초전도 핵융합 실험 장치로, 세계적인 토카막(tokamak) 핵융합 연구 프로젝트이다. 중수소(D)와 삼중수소(T)를 결합해 에너지를 발생시킨다.

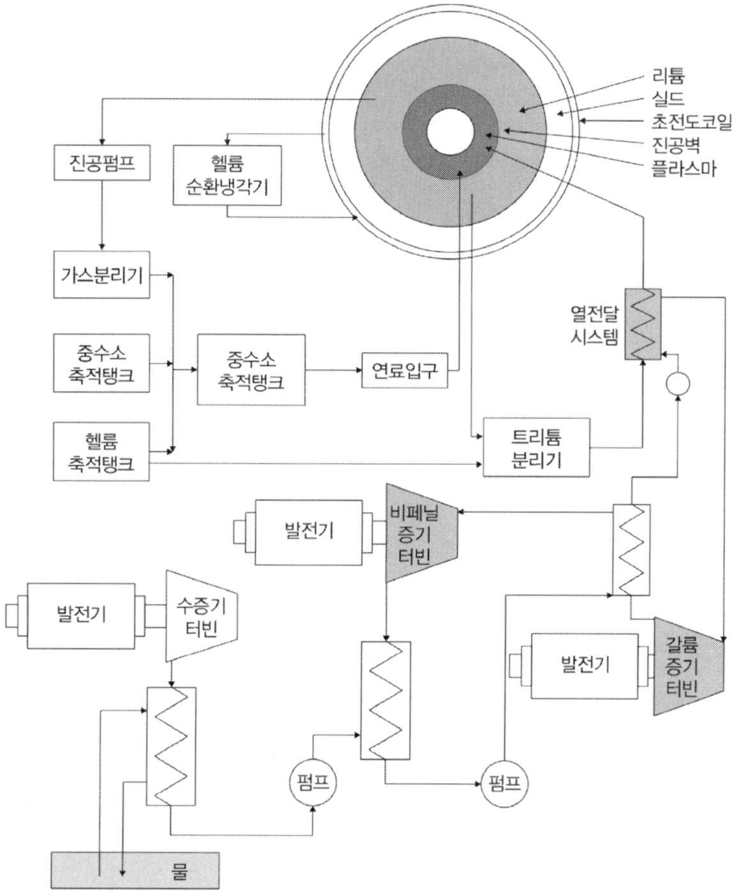

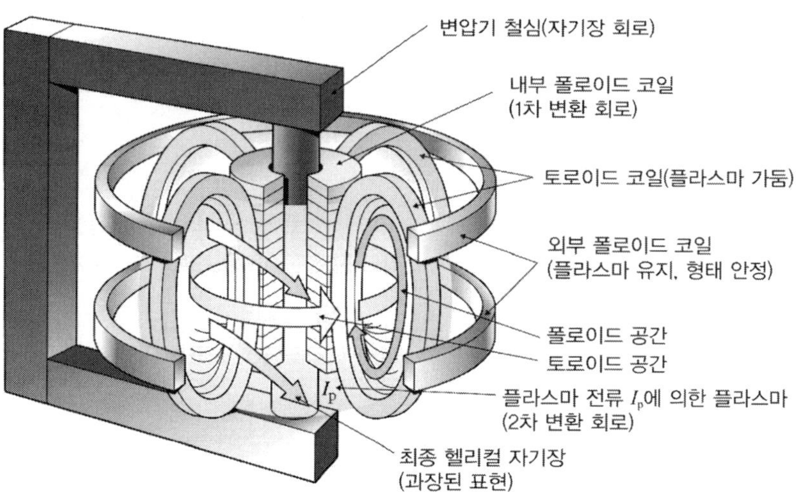

그림 12-3 토카막 핵융합 장치의 개략도(위, 직렬 3단계 랭킨 시스템) 및 구조(아래)
(아래 출처: Smith Chris Llewellyn and Cowley Steve, CC BY 3.0, Wikimedia Commons)

국제 핵융합 실험로 프로젝트(ITER)와 협력하며, 핵융합 에너지 상용화를 위한 기술적 기초를 제공한다. K-STAR는 초전도 자석을 사용하여 매우 높은 온도에서 핵융합을 일으킬 수 있는 환경을 만든다. 초전도 자석을 사용하면 기존의 자기장을 생성하는 자석보다 훨씬 효율적으로, 안정적이고 지속 가능한 자기장을 생성할 수 있다.

토카막은 핵융합 에너지 연구에서 가장 널리 사용되는 장치로, 자기장을 이용해 플라스마를 가두고 고온·고압 상태를 유지함으로써 핵융합 반응을 일으키는 장치이다(그림 12-3). 이 이름은 러시아어 약어에서 유래했으며, '도넛(toroidal) 모양의 자기장을 활용한 플라스마 가둠 장치'를 뜻한다. 토카막의 주요 부품인 토로이드 챔버(toroidal chamber)는 도넛 모양의 플라스마 가둠 공간으로, 플라스마가 벽에 닿아 식지 않도록 자기장을 형성한다. 토로이드 자기장은 자석 시스템(magnetic system)으로 플라스마를 도넛 모양으로 가두며, 폴로이드 자기장으로 플라스마를 안정화하여 유지하고, 토로이드와 폴로이드 자기장의 조합으로 플라스마를 안정적으로 가두는 헬리컬 자기장을 형성한다.

플라스마 가열 시스템에는 입자 빔 주입(NBI, neutral beam injection)이 있는데, 이 장치로 고에너지 입자를 주입해 플라스마를 가열하고 고주파 가열(radio frequency heating) 장치로 전자기파를 이용해 플라스마 에너지를 상승시킨다. 플라스마를 담는 챔버는 고진공 상태를 유지하여 불순물 유입을 차단하고 초전도 자석 시스템과 플라스마로부터 발생하는 열을 제어하도록 냉각 시스템이 채택되어 있다.

토카막의 작동 원리는 수소 동위 원소(중수소와 삼중수소)를 토로이드 챔버에 주입하고, 강한 전류와 자기장을 이용해 이온화하여 플라스마를 형성하여, 자기장을 조작함으로써 플라스마를 중심부에 가둔다. 플라스마가 벽에 닿으면 냉각되므로 잘 가두는 것이 중요하며 플라스마의 온도를 1억℃ 이상으로 상승시켜 핵융합 반응을 유도한다. 고온·고압 상태에서 중수소와 삼중수소가 결합하여 헬륨과 중성자를 생성. 이때 에너지가 방출된다. 생성된 고에너지 중성자를 이용해 열에너지를 추출, 이를 통해 전기를 생산한다.

대표적인 토카막 프로젝트에는 국제 열핵 실험로 ITER이 있는데, 이 국제 공동 프로젝트에는 전 세계 35개국이 참여하며 프랑스에 건설 중이며, 핵융합 상용화의 중요한 테스트 베드를 제공한다. 유럽연합의 토카막 연구 프로젝트 JET(Joint European

Torus)는 ITER의 기반 기술 제공한다. 우리나라의 토카막 방식 K-STAR는 2008년에 처음 가동되었으며, 핵융합 에너지의 상용화를 위한 핵심 기술 개발에 기여하고 있다. 대전 한국핵융합에너지연구원(KFE)에 설치되어 초고온 플라스마를 생성하고 안정적으로 유지하는 연구를 수행하고 있다. K-STAR는 핵융합 플라스마의 안정화와 핵융합 반응의 유지를 위한 연구를 진행 중이다. 핵융합을 실현하기 위해서는 플라스마가 매우 높은 온도(약 1억 도 이상)에서 일정 시간 동안 안정적으로 유지되어야 한다. 이를 위해 K-STAR는 플라스마의 온도, 밀도, 자기장 등을 제어하는 기술을 연구하고 있다. K-STAR는 2020년대 초반에 1억 도 이상의 온도에서 1,000초 이상 지속되는 플라스마를 생성하는 데 성공했으며, 2021년에는 K-STAR가 1억 5천만 도 이상의 온도를 유지하는 데 성공하였다. 2030년대 중반까지 장기 플라스마 유지 기술을 개발하고, 핵융합 발전로에 적용할 수 있는 기반 기술을 확보하는 것이 목표이다.

토카막은 현재 가장 실현 가능성이 높은 핵융합 기술로 평가되며, 기술의 발전과 함께 2040~2050년 사이 상용화될 가능성이 있다. 핵융합은 화석연료를 대체할 청정에너지의 새로운 시대를 열 수 있는 핵심 기술로, 꾸준한 연구와 국제협력이 필요하다.

QUIZ

✓ 다음 에너지에 대한 설명에서 맞으면 O, 틀리면 X 하시오.

1) 중수소–삼중수소 핵융합 반응은 수소의 동위 원소인 중수소와 삼중수소 원자를 연료로 하여 고온에서 두 원자를 반응시켜 헬륨의 생성과 함께 높은 에너지를 발생한다. (　)

답 O (핵융합은 태양에서 빛과 열에너지를 만들어 내는 원리이며, 고온과 고압의 환경에서 수소 원자핵들이 서로 융합하면서 발생하는 질량 결손(0.0187 amu)이 에너지의 형태로 방출되는 것이다.)

2) K-STAR는 핵분열 플라스마의 안정화와 핵분열 반응의 유지를 위한 연구를 진행 중이다. (　)

답 X (K-STAR는 핵융합 플라스마의 안정화와 핵융합 반응의 유지를 위한 연구를 진행 중이다.)

3) K-STAR 핵융합 반응을 위해서는 토카막 내부의 플라스마 온도를 1억 도 이상으로 상승시켜 핵융합 반응이 유도되어야 한다. (　)

답 O (핵융합을 실현하기 위해서는 플라스마가 매우 높은 온도(약 1억 도 이상)에서 일정 시간 동안 안정적으로 유지되어야 한다.)

2 핵분열과 원자력 발전

2-1 핵분열 반응

원자력 발전장치는 원자로에서 방사성 물질의 연쇄반응의 속도를 제어함으로써 지속해서 전기를 얻어내기 위한 장치이다. 핵분열 시 나오는 열로 증기를 발생시키고, 고압의 증기로 증기터빈-발전기를 돌려 전기를 생산한다. 원자로는 사용 목적과 기술적 특징에 따라 여러 종류로 나뉜다.

핵분열은 보통 우라늄, 플루토늄같이 질량수가 큰 원자의 원자핵이 중성자와 충돌해 가벼운 원자핵 2개(핵분열 생성물)로 쪼개지는 핵반응의 한 유형이다. 일반적으로 핵분열 가능성은 물질의 특성 중 하나인 반응단면적(입자가 물질 속을 진행할 때 화학반응을 수반하는 충돌이 일어나는 확률을 표적의 면적으로 나타낸 양)에 따라 결정되는데, 우라늄-233(^{233}U), 우라늄-235(^{235}U), 플루토늄-239(^{239}Pu) 등이 핵분열 반응단면적 값이 커서 주로 핵분열 물질로 분류된다. 핵분열 물질이 핵분열을 통해 가벼운 원자핵들로 쪼개지는 방법은 40가지 이상으로, 주로 질량수 90~100과 130~140에 속한 원자들에 집중된다. 우라늄-235(^{235}U)는 열중성자(느리게 움직이는 중성자)를 흡수할 수 있는 성질을 가지고 있다. 중성자를 흡수하면, 우라늄-235(^{235}U) 원자핵은 불안정한 상태인 $^{236}U^*$가 되어 핵분열을 하게 된다.

$$^{236}U^* \rightarrow (\text{핵분열 생성물}) + 2 \sim 3n + \text{에너지}$$

이때 핵분열 전과 후에 에너지가 보존되지 않아, 막대한 양의 에너지가 방출된다. 즉, 질량이 감소하며, 그 감소한 질량만큼의 에너지가 방출되는 것이다.

$$^{235}U + {}^{1}n \rightarrow {}^{236}U^* \rightarrow {}^{92}Kr + {}^{141}Ba + 3{}^{1}n + Q, \quad Q = 200\ \text{MeV}$$

핵분열은 주로 중성자를 조사(irradiation)하면 자발적으로 일어날 수 있다. 추가적인 고온, 고압 조건이 필요하지는 않다. 방출된 중성자는 추가 핵분열을 유도하여 연쇄반응이 발생한다. 우라늄-235 원자 1개의 핵분열 에너지는 약 200 MeV(메가전자볼트)이다. 1 MeV는 3.24×10^{-11}J(= $200 \times 1.6 \times 10^{-13}$ J)이다. 우라늄-235 1 g에 포함된 원자의 수는 2.56×10^{21}개(= (6.023×10^{23} 원자/mol) × (1 g/235 g mol^{-1}))이다. 그래서 우라늄-235 1 g에서 방출하는 에너지는 82 GJ(= 2.56 × 10^{21}개 × 3.24 × 10^{-11} J = 8.2 × 10^{10} J)이다.

핵분열로 방출된 열에너지를 전기 에너지로 전환하려면 발전소의 효율을 고려해야 한다. 일반적인 원자력 발전소의 효율은 약 33%이다. 따라서 전환할 수 있는 전기 에너지는 27 GJ(= 82 GJ × 0.33)이고, 1 Wh가 3,600 J이므로, 7,500 MWh에 해당한다. 1가구당 월 전력 소비량이 300 kWh라고 하면 2만 5천 가구가 1개월 동안 사용하는 전기에 해당한다. 2만 5천 가구는 4인 가구 기준에서는 10만 명의 도시에 해당하는데 우라늄 1 g이 1개월 동안 사용하는 전기를 이 도시에 제공하는 셈이다. 석탄 화력발전으로 이 전기량을 생산하려면, 효율을 33%로 고려할 때 약 3,410톤의 석탄이 필요한 것으로 계산되니, 우라늄-235의 에너지 밀도는 석탄보다 약 340만 배 높다. 이는 핵분열 에너지가 화학적 연소 에너지에 비해 얼마나 강력한지를 보여준다.

핵분열 반응을 보면 중성자의 발생이 연쇄반응을 촉진함을 알 수 있다. 지속해서 반응이 유지되기 위해서는 적정한 중성자의 수를 제어해야 한다. 이를 위해 감속재가 사용되어 중성자의 속도를 줄여 연료와의 반응성을 높인다. 반응의 속도를 조절하지 않으면 폭발적 반응(임계 초과)이 발생할 수 있다. 원자로에서 반응속도를 제어하는 주요 방법은 다음과 같다. 첫째, 제어봉(control rod)은 중성자를 흡수하여 반응속도를 제어한다. 제어봉의 구성 재료는 보론, 카드뮴, 하프늄 등 중성자 흡수율이 높은 물질이다. 제어봉을 연료봉 사이로 삽입하면 중성자를 흡수하여 연쇄반응 속도가 느려지고 제어봉을 빼면 중성자가 자유롭게 이동하며 반응속도가 빨라진다.

둘째, 감속재(moderator)는 고속 중성자의 속도를 줄여 열 중성자로 전환하는 작용을 한다. 구성 재료는 경수, 중수, 흑연 등이 사용되며, 감속재와의 충돌로 중성자의 운동 에너지를 줄여 연료와 효과적으로 반응할 수 있게 한다.

셋째, 냉각재(coolant)는 핵분열에서 발생한 열을 흡수하고 제거하는 역할을 하며 경수, 중수, 액체 소듐, 헬륨 등이 사용된다. 냉각제는 연료봉의 열을 흡수하여 원자로를 적정 온도로 유지하며 열을 터빈으로 전달해 전기를 생산하는 과정에 사용된다.

반응도는 핵분열 반응의 증가 또는 감소 정도를 나타내는 지표이며 제어봉 삽입 또는 제거, 냉각재 또는 감속재 온도와 농도 변화, 그리고 연료 구성 변경(농축 우라늄 비율 조절)으로 반응도를 조절한다. 핵분열 반응은 반응속도가 임계 상태를 유지해야 연쇄반응이 지속해서 유지되는데 이를 정상 운전이라고 한다. 임계 상태란 생성된 중성자 수가 흡수 및 소멸한 중성자 수와 같은 상황을 의미한다. 만약 중성자가 과도하게 생성되어 반응이 가속되면 안정성 문제가 발생하는데 임계 초과 과임계 상태가 되고 중성자가 부족하여 연쇄반응이 중단되면 임계 미달 상태로 미임계 상태가 된다.

원자로는 예상치 못한 상황에서 안전하게 작동하도록 여러 계층의 제어 시스템을 갖추고 있다. 온도, 압력, 중성자 흐름을 실시간으로 모니터링하는 자동 제어 시스템이 있고, 반응기가 과열될 경우 열을 신속히 제거하는 비상 냉각 시스템이다. 제어봉을 한꺼번에 삽입해 즉시 반응을 중단하는 것을 긴급 정지 시스템(SCRAM)이라 한다.

2-2 원자로의 종류에 의한 원자력 발전 분류

원자로는 사용하는 냉각재, 감속재, 연료, 그리고 설계에 따라 여러 가지로 나뉜다(그림 12-4). 주요 원자로로는 첫째, 냉각제로 경수를 사용하는 경수로(LWR, light water reactor)가 있다. 경수로 중에서 가압경수로(PWR, pressurized water reactor)는 경수를 냉각재와 감속재로 사용하고 냉각재가 고압 상태에서 끓지 않도록 설계되어 열교환기를 통해 2차 계통의 물을 끓여 증기를 발생시켜 터빈 구동하는 방식이다. 연료는 저농축 우라늄(U−235 함량 약 3~5%)을 사용하고, 감속재인 물(H_2O)은 중성자를 감속시켜 핵분열 반응을 유지하도록 돕는다. 물(H_2O)이 냉각재로 연료봉에서 발생한 열을 흡수하고, 이를 통해 증기를 생성한다. 압력 용기 속에서 냉각재를 고압 상태로 유지하여 물이 끓지 않도록 설계되었다. 일부 설계에서는 냉각재를 이용해 2차 회로의 물을 가열하여 증기를 생성한다. 이 원자로는 안정성이 높고 설계가 간단하다는 장점이 있다. 우리나라의 한빛 원전, 한울 원전, 미국의 대부분 원자로가 가압경수로를 채택하고 있다.

경수로 중에서 비등경수로(BWR, boiling water reactor)는 냉각재가 원자로 내에서 1차 회로의 물을 직접 끓여 증기를 발생하여 터빈을 구동하는 방식으로 열효율이 높고 설계가 간소화되었다는 장점이 있다. 기존 증기터빈 기술과 결합이 쉬우며, 유지보수가 상대적으로 간단하다는 장점과 방사성 물질이 증기 회로로 이동할 가능성이 있다는 단점이 있으며 일본의 후쿠시마 원전이 BWR 방식을 채택하였다.

둘째, 중수(중수소를 포함한 물)를 감속재 및 냉각재로 사용하는 중수로(HWR,

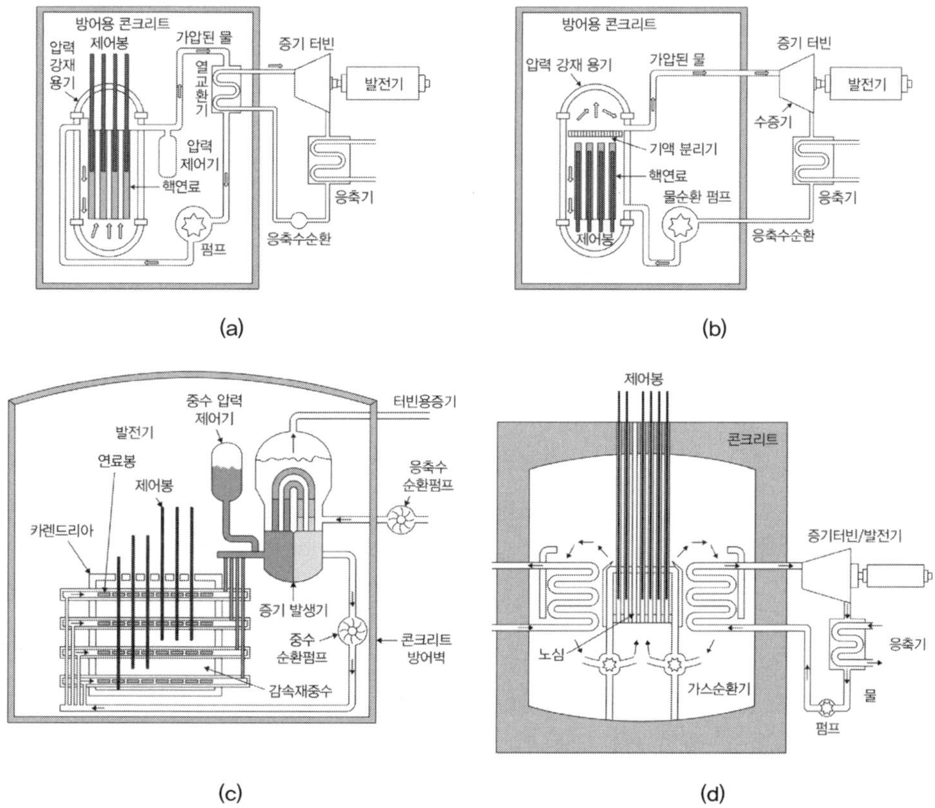

그림 12-4 핵분열 원자로 분류 (a) 가압경수로, (b) 비등경수로, (c) 중수로, (d) 가스냉각로.

heavy water reactor)는 천연 우라늄을 연료로 사용할 수 있고 농축 과정이 불필요하다. 연료는 천연 우라늄(U-235 함량 약 0.7%) 또는 저농축 우라늄을 사용하며, 감속재로 중수(D_2O)는 중성자를 감속해 연쇄반응을 유지하도록 돕는다. 중수는 감속재와 동시에 냉각재로도 사용되어 연료봉에서 발생한 열을 흡수한다. 연료봉이 들어 있는 튜브 형태의 관을 압력관이라 하는데, 고온과 고압을 견딜 수 있도록 설계되었다. 중수로 방식에는 캐나다에서 개발한 CANDU형 원자로와 압력형 중수로로, CANDU형과 유사하지만, 각국의 요구 사항에 맞게 설계 변경한 PHWR(pressurized heavy water reactor)가 있다. 이 방식은 플루토늄, 우라늄 등을 포함한 혼합 산화물(MOX) 연료를 사용할 수 있어 자원 활용률이 높다. 캐나다는 CANDU 원자로를 통해 중수로 기술을 선도하며, 다수의 중수로를 운영 중이다. 우리나라에서는 월성 원자력 발전소에서 CANDU형 중수로를 사용하고 있다.

셋째, 가스냉각로(GCR, gas-cooled reactor)는 냉각재로 가스를 사용하는 특징이 있고, 주로 전기를 생산하거나 연구용으로 사용되며, 설계에 따라 다양한 변형이 있다. 가스냉각로는 일반적으로 우라늄(천연 우라늄 또는 저농축 우라늄)을 사용하며, 일부 설계에서는 플루토늄 연료도 사용된다. 냉각재로는 헬륨(He) 또는 이산화 탄소(CO_2)와 같은 기체가 사용된다. 헬륨은 화학적으로 비활성이며, 높은 온도에서도 안정적이다. 감속재로 흑연이 가장 많이 사용되며 중성자를 감속시켜 핵분열 반응을 유지하는 데 사용된다. 압력 용기는 높은 압력에서 가스를 순환시키기 위한 강철 또는 기타 내열성 재질로 제작된다.

가스냉각로는 설계에 따라 기체 냉각 흑연감속로, 냉각재로 이산화 탄소, 감속재로 흑연, 연료는 천연 우라늄을 사용한다. 초기 가스냉각로 설계는 주로 영국에서 개발되었다. 가스냉각로 중에서 고온가스로(HTGR, high-remperature gas-cooled reactor)는 냉각재로 헬륨, 감속재로 흑연, 연료는 트리소(TRISO) 연료 입자를 사용한다. 이 방식은 헬륨의 높은 온도 안정성을 이용해 효율적으로 열을 생성하며, 수소 생산 등 고온 공정에도 사용할 수 있다. 고급 가스냉각로(AGR, advanced gas-cooled reactor) 방식은 냉각재로 이산화 탄소, 감속재는 흑연, 연료는 저농축 우라늄을 사용한다. 기존 GCR의 개선형으로, 더 높은 온도에서 작동하여 효율을 증가시켰다. 가스냉각로는 일부 국가에서 꾸준히 연구 및 개발되고 있으며, 특히 HTGR은 차세대 원자로(Gen IV)의 유망한 후보로 주목받고 있다. HTGR은 높은 안전성과 다목적 활용성을 기반으로 친환경 에너지 생산과 산업 공정 혁신에 이바지할 가능성이 크다.

넷째, 고속증식로(FBR, fast breeder reactor)는 원자력 발전소에서 사용되는 특수한 원자로 유형으로, 고속 중성자를 활용하여 에너지를 생산하고 동시에 핵연료를 증식하는 원자로이다. 기존 원자로와 달리 감속재를 사용하지 않고 고속 중성자의 에너지를 그대로 활용하며, 연료로 사용된 우라늄-238을 플루토늄-239로 변환하여 연료를 재생산하는 특징이 있다.

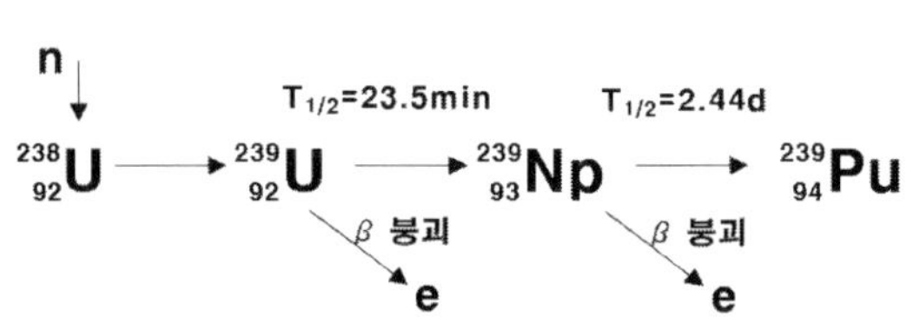

원자로 중심에 있는 우라늄-235가 핵분열을 하게 되면 2~3개의 고속의 중성자가 발생한다. 핵분열이 연쇄반응을 계속하기 위해서는 중성자를 한 개만 발생해도 되지만 여분의 중성자가 생기는데, 이 여분의 중성자가 원자로 주변의 우라늄-238에 흡수되면서 핵연료인 플루토늄-239가 된다. 이처럼 노심에서 한 개의 우라늄-235가 핵분열로 소비되어도 블랭킷의 우라늄-238에서 그 이상의 플루토늄-239가 생성되는 현상이 일어나는 것이다. 이러한 연료의 증식이 가능한 원자로 중 하나로 액체 금속냉각형 고속증식로(liquid-metal-cooled FBR)가 있다, 여기서 고속이라는 말은 고속의 중성자를 사용한다는 뜻으로 고속중성자로(FNR, fast neutron reactor)라고도 한다. 감속재가 없으므로 냉각재로 금속 소듐이나 납-비스무트 합금(LBE)과 같은 물질이 사용된다. 이러한 냉각재는 중성자를 감속시키지 않으면서도 높은 열전도율을 제공한다.

소듐 냉각 고속증식로(SFR, sodium-cooled fast reactor)는 액체 소듐을 냉각재로 사용하며 높은 열 전도성과 비활성 특성으로 안정적인 열 제거가 가능하다. 납 냉각 고속증식로(LFR, lead-cooled fast reactor)는 납 또는 납-비스무트 합금을 냉각재로 사용하며 높은 비등점과 낮은 화학적 반응성을 갖는다. 우라늄, 플루토늄, 혼합 산화물(MOX)의 연료가 사용되며, 피복재는 고온에서도 견딜 수 있는 합금 재료가 사용된다.

고속증식로에는 고속 중성자가 연료를 효율적으로 활용하도록 설계된 연료봉, 냉각시스템, 1차 및 2차 냉각재 회로를 포함하여 방사성 물질 유출 방지 시스템이 구축되어 있다. 고속증식로의 장점은 기존 경수로에서 사용하지 못하는 우라늄-238을 연료로 활용하여 자원 효율을 극대화하는 것이다. 이 방식은 플루토늄-239를 생성하여 연료 자급률을 높인다. 고속증식로는 장수명 방사성 핵종(예: 아메리슘, 퀴륨)을 효과적으로 연소시켜 방사성 폐기물을 줄이는 데 기여한다. 또 고갈 가능성이 있는 우라늄-235에 대한 의존도를 낮추고, 풍부한 우라늄-238을 활용한다는 데 의미가 크다고 할 것이다. 그러나 플루토늄-239의 생성 과정은 핵무기 제작에 사용될 가능성이 있어, 핵 비확산 관점에서 우려가 제기된다. 프랑스에서는 Phénix, Superphénix와 같은 고속증식로를 개발하였고, 러시아는 BN-600 및 BN-800 고속증식로를 상업적으로 운영하였으며, 미국에서는 EBR-II 및 IFR(integral fast reactor) 기술이 개발된 바 있다.

표 12-1 전 세계에 설치된 상용 원자로의 형식(2015)

원자로형	주요 설치 국가	설치 수	총출력 (GWe)	연료	냉각재	중성자 감속재
PWR	미국, 프랑스, 일본, 러시아, 한국, 중국	277	257	농축 UO_2	경수	경수
BWR	미국, 일본, 스웨덴	80	75	농축 UO_2	경수	경수
PHWR(CANDU)	캐나다, 한국	49	25	천연 UO_2	중수	중수
GCR(가스냉각로) (AGR & Magnox)	영국	15	8	천연 U(금속), 농축 UO_2	CO_2	흑연
경수흑연로(LWGR) (RBMK & EGP)	러시아	11+4	10.2	농축 UO_2	경수	흑연
FBR	일본, 프랑스, 러시아 등	-	-	$PuO_2 + UO_2$	액체 소듐	없음
계		436	375			

2-3 SMR 원자력 발전

소형 모듈형 원자로(SMR, small modular reactor)는 전통적인 대형 원자로에 비해 작고 모듈화된 설계를 가진 원자로를 의미한다. SMR은 출력 규모가 보통 300 MWe 이하로, 유연하고 경제적인 에너지 생산을 목표로 개발되었다. 설계의 단순화와 안전성 향상, 설치 및 운용의 효율성 때문에 최근 많은 관심을 받고 있다.

SMR의 특징은 첫째, 소형화된 설계로 기존 원자로의 출력이 1,000 MWe 이상인 것에 비해, SMR은 10 ~ 300 MWe 출력 수준의 원자로이다. 소형 설계를 통해 설치와 유지보수의 유연성을 높였다. 모듈형 구조로 공장에서 주요 부품을 사전 제작 후 현장에서 조립할 수 있어 공사 기간을 단축하고 품질 균일성을 확보한다. SMR에는 자연순환, 수동 냉각 등 피동적 안전 시스템(passive safety system)이 사용된다. 이는 외부 전력 없이도 비상 냉각이 가능하며, 중대 사고 발생 가능성을 감소시키는 고도화된 안전 설계가 장점인 발전시스템이다. 기존 대형 원자로가 필요로 하는 대규모 부지 대신, 소규모 부지에도 설치할 수 있고 원격 지역이나 산업 시설 근처에도 적합하다. 초기 투자 비용이 기존 원자로에 비해 낮아 에너지 시장 진입 장벽이 낮고, 점진적으로 용량을 늘릴 수 있는 유연성도 지니고 있다. 전력 생산 외에도 지역난방, 해수 담수화, 수소 생산 등에 활용할 수 있다.

SMR의 주요 기술 유형에는 첫째, 경수로형 SMR이 있는데, 이는 기존 대형 경수로 기술을 소형화한 것이다. NuScale(미국), SMART(한국)가 경수로형 SMR이다. 둘째, 고온가스로형 SMR은 헬륨을 냉각재로 사용하는 고온 가스냉각로 기반의 SMR로 중국의 HTR-PM이 여기에 해당한다. 셋째, 소듐냉각고속로(SFR) 기반 SMR은 소듐을 냉각재로 사용, 사용후핵연료를 재활용할 수 있으며 PRISM(미국)이 SFR에 해당한다. 용융염 원자로는 MSR로 핵연료를 용융염 상태로 사용하는 원자로이다. Terrestrial Energy(캐나다), Kairos Power(미국)가 여기에 해당한다. 다섯째, 고속로형 SMR은 중성자 이용 효율을 높여 핵연료 활용률 극대화한 것으로 BREST-300(러시아)가 여기에 해당한다.

최근 추진 중인 주요 SMR 프로젝트 및 사례를 살펴보면 미국에서 가장 진전된 SMR 기술인 NuScale Power(미국)는 77 MWe 모듈 설계, 최대 12개의 모듈을 병렬로 설치할 수 있으며 2029년까지 미국 아이다호에 실증 원자로 설치 계획이다. SMART(한국)은 한국원자력연구원이 개발한 소형 모듈형 원자로로써 100 MWe 출력으로 발전과 지역난방 모두 가능하며 사우디아라비아와 협력하여 상용화 추진 예정이다. 영국의 Rolls-Royce SMR은 롤스로이스가 개발 중인 SMR로 약 470 MWe를 출력, 대형 원자로와 유사한 경제성 제공을 목표로 한다. HTR-PM은 중국의 고온가스로 기반 SMR로 210 MWe 출력으로, 수소 생산과 산업 열원으로도 공급할 수 있다.

EU 그린 택소노미는 유럽연합이 설정한 지속 가능한 경제 활동을 분류하는 체계이다. 이 체계는 기업, 투자자, 정책 입안자가 환경 측면으로 지속 가능한 경제 활동을 식별하고, 녹색 금융을 촉진하기 위해 만들어졌다. 2022년, EU는 특정 조건을 충족하는 경우 원자력을 "녹색 투자"로 간주할 수 있도록 분류 체계에 포함하면서, SMR은 낮은 탄소 배출과 경제성 덕분에 녹색 투자 대상으로 부각되고 있다. SMR은 기존의 대형 원자로에 비해 환경적, 경제적 우위가 있어서, EU의 녹색 전환 정책에서 중요한 기술로 평가받을 가능성이 크다.

Quiz

✔ **다음 에너지에 대한 설명에서 맞으면 O, 틀리면 X 하시오.**

1) 핵분열은 보통 우라늄, 플루토늄같이 질량수가 큰 원자의 원자핵이 중성자와 충돌해 가벼운 원자핵 2개(핵분열 생성물)로 쪼개지는 핵반응이다.(　　)

답 O (핵분열로 인해 방사성 물질이 2개 이상의 핵분열 생성물로 쪼개지면서 막대한 에너지가 발생한다.)

2) 핵분열은 중성자 조사(irradiation)로 자발적으로 일어날 수 있어 지속적으로 중성자를 조사해야 한다. (　　)

답 X (핵분열을 위해 중성자를 조사(irradiation)하면 여러 개의 중성자가 만들어져 이 중성자에 의한 추가 연쇄반응이 폭발적으로 진행되므로 감속제를 사용하여 핵분열 반응을 제어해야 한다.)

3) 우리나라 원전 대부분은 농축 우라늄을 연료로 냉각재로 경수를 사용하는 PWR 경수로를 채택하고 있다. (　　)

답 O (우리나라에서는 월성 원자력 발전소를 제외한 나머지 발전소는 PWR 경수로를 채택하고 있다.)

3 우리나라 및 세계 각국의 원자력 발전 현황

원자력 발전은 전 세계 전력 생산에서 중요한 역할을 하고 있으며, 각국의 에너지 정책과 산업구조에 따라 그 비중이 다르게 나타난다. BP 보고서에 따르면 2021년 전 세계 원자력 발전량은 2,800 TWh로 전 세계 총 전기 생산량의 전체 전력 생산의 10% 정도를 차지한다. 2021년 기준으로 미국이 819 TWh로 29.3%를 점유하며, 중국 407.5 TWh로 14.6%, 프랑스 379.4 TWh로 13.5%, 러시아 222.4 TWh로 7.9%에 이어 대한민국 158 TWh로 5.6% 세계 5위권의 원자력 발전량을 생산하고 있다. 중국 원자력 발전은 2022년 52기가 운영 중이며 18기가 추가 건설 중이고 2035년까지 150기가 넘는 원자력 발전소가 건립될 예정이라고 보고되고 있다. 우리나라에서의 2022년 원자력 발전량은 약 163.6 TWh인데, 이는 전체 발전량의 약 27%로, 석탄(약 32%)에 이어 두 번째로 높다. 우리나라에는 현재 가동 중인 원자로는 24기이며, 4기가 건설 중에 있다(표 12-2 참고).

표 12-2 대한민국 원자력 발전 현황(2021년 7월)

호기	위치	용량(MW)	원자로형	공급자		착공	상업 운영일
				원자로	터빈발전기		
고리1,2	부산 기장군	587,650	PWR	웨스팅하우스	GEC(영국)	70,77	78,83
월성1	경북 경주시	678	PHWR(중수로)	AECL(캐나다)	PARSONS(영,캐)	76.1	83.4
고리3,4	부산 기장군	950	PWR	웨스팅하우스	GEC(영국)	78.1	85,86
한빛1,2	전남 영광군	950	PWR	웨스팅하우스	웨스팅하우스	79.3	86,87
한울1,2	경북 울진군	950	PWR	프라마톰(프)	알스톰(프)	81.1	88.9
한빛3,4	전남 영광군	900	PWR	GE(미국)	GE(미국)	89.6	95,96
한빛5,6	전남 영광군	1000	PWR	한중+CE	한중+CE	96.9	02.
월성2,3	경북 경주시	700	PHWR(중수로)	AECL(캐나다)	한중+GE	91,93	97,98
월성4	경북 경주시	700	PHWR(중수로)	AECL(캐나다)	한중+GE	93.8	99,10
한울3,4	경북 울진군	1000	PWR	한중+CE	한중+GE	92.5	98,99
한울5,6	경북 울진군	1000	PWR	한중+한원 +CE	한중+GE	99.5	04,05
신고리1,2	부산 기장군	OPR-1000	PWR	두산,한기,WEC	두산+GE	06,07	10,12
신고리3,4	부산 기장군	APR-1400	PWR	두산,한기,WEC	두산+GE	08,09	13,14
신월성1,2	경북 경주시	OPR-1000	PWR	두산,한기,WEC	두산+GE	07,08	12,15

4 핵연료 재처리 기술

핵연료 재처리 기술은 원자력 발전소에서 사용된 핵연료(사용후핵연료)를 화학적으로 처리하여 재활용 가능한 물질(우라늄, 플루토늄 등)을 회수하고, 고준위 방사성 폐기물을 분리하는 기술이다. 이 과정은 핵연료 자원의 효율성을 높이고 방사성 폐기물의 부피와 독성을 줄이는 데 중요한 역할을 한다. 우리나라에서도 폐연료가 10,000톤 정도에 이르며 매년 700톤이 새로 생성된다. 사용후핵연료에는 여전히 약 95%의 우라늄과 1%의 플루토늄이 포함되어 있다. 이를 재처리하면 새로운 핵연료로 재활용할 수 있다. 재처리는 사용후핵연료에서 장수명 방사성 동위 원소를 분리하여 방사성 폐기물의 부피와 독성을 줄이는 데 기여한다. 이를 통해 자원 재활용을 통해 우라늄 채굴에 대한 의존도를 줄이고, 핵연료 자급률을 높일 수 있다. 재처리된 플루토늄은 고속증식로(FBR)의 연료로 사용할 수 있다.

핵연료 재처리 기술은 크게 화학적 처리를 기반으로 하며, 사용후핵연료에서 우라늄과 플루토늄 등을 분리하는 과정으로 나뉜다. 첫째, PUREX 공정(plutonium uranium

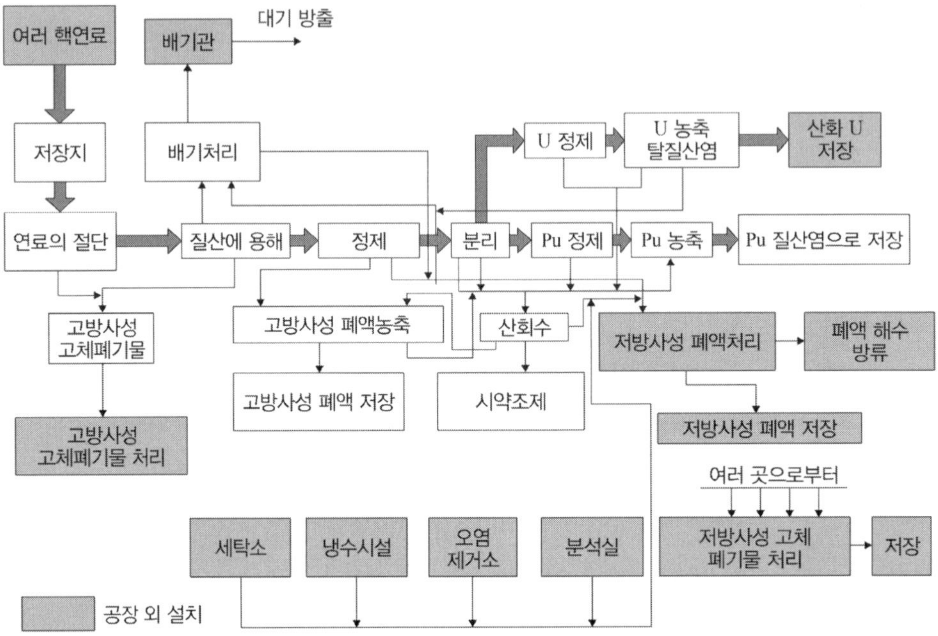

그림 12-5 핵연료 습식 재처리 방법 예

redox extraction)은 가장 널리 사용되는 습식 방법으로(그림 12-5), 사용후핵연료에서 우라늄과 플루토늄을 화학적으로 분리하는 공정이다. 사용후핵연료를 산성 용액에 용해시키고 용매 추출 기술을 이용해 우라늄과 플루토늄을 분리해 낸다. 잔여 폐기물은 고준위 방사성 폐기물로 처리한다. 기술 성숙도가 높고 상업적으로 검증된 방법으로 분리된 플루토늄이 핵무기 제작에 사용될 가능성이 있다.

둘째, COEX 공정(co-extraction process)은 PUREX 공정을 개선한 기술로, 우라늄과 플루토늄을 함께 추출하는 공정으로 혼합 추출된 우라늄과 플루토늄은 혼합 산화물 연료(MOX 연료) 또는 차세대 원자로 연료로 직접 재활용될 수 있다. 사용후핵연료를 질산 용액에 녹여 방사성 물질과 화학적 물질을 분리할 수 있는 상태로 만들고, 용매 추출 공정을 통해 우라늄과 플루토늄을 혼합된 형태로 추출한다. 추출된 혼합물은 MOX 연료나 차세대 원자로 연료로 가공된다. 핵 비확산성을 강화하기 위해 플루토늄을 단독으로 분리하지 않아 핵무기 전용 가능성을 최소화한 공정이다.

프랑스는 COEX 공정을 적극적으로 개발 중인 국가 중 하나이다. 라아그(La Hague) 재처리 시설에서 COEX 공정 기반의 실험적 연구를 수행하며, MOX 연료 제조와 연계

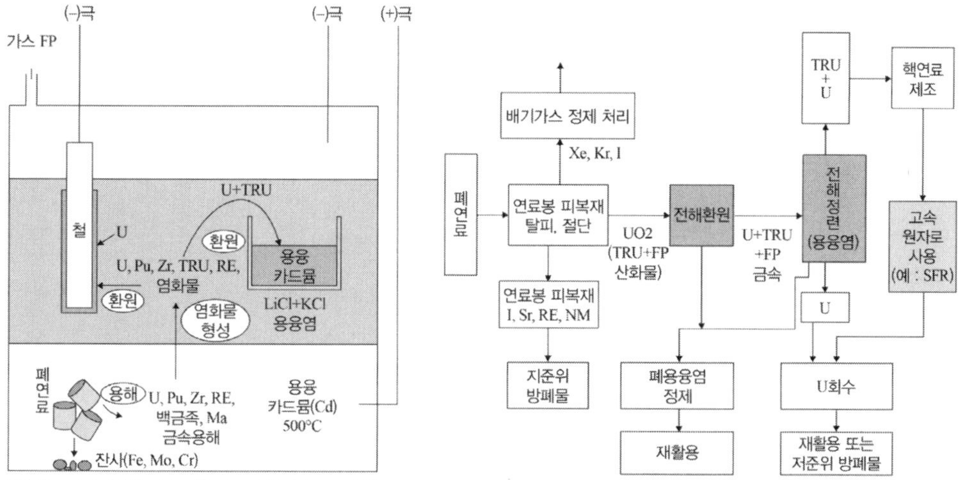

RE : Rare Earth, TRU : TRans Uranium, MA : Minor Actinide

그림 12-6 건식 재처리 용융전해 정련법(왼쪽)과 핵폐연료의 건식 재처리 공정(오른쪽)

하고 있다. 프랑스 정부는 COEX 공정을 통해 핵 비확산을 강화하고, 지속 가능한 핵연료 주기를 확립하려 하고 있다.

셋째, 파이로프로세싱(pyroprocessing)은 사용후핵연료를 고온 상태에서 용융염(molten salt)에 녹이고, 전기화학적 공정을 통해 우라늄(U), 플루토늄(Pu), 기타 재활용할 수 있는 물질을 회수하는 고온 전해 재처리 기술이다. 이 기술은 화학적 용매를 사용하는 기존 재처리 방법(PUREX 공정)과는 달리, 건식 공정을 통해 작동한다(그림 12-6). 사용후핵연료를 고온(500 ~ 800°C)의 염(molten salt)에 녹여 금속 상태로 만든다. 용융염 전해질에서 전기분해를 통해 우라늄과 플루토늄 등의 유용 물질을 분리하고 회수한다. 남은 고준위 방사성 폐기물은 부피를 줄이고 독성을 감소시킨 형태로 처리한다. 사용후핵연료의 방사선량을 줄이기 위해 분말화하거나, 가스 처리(탈가스화)를 수행하며, 사용후핵연료를 고온에서 염에 녹여 금속으로 환원한다. 파이로프로세싱은 핵 비확산성 강화하여 우라늄과 플루토늄을 혼합 상태로 회수하여 핵무기 전용 가능성을 낮춘다. 회수된 물질은 고속증식로(FBR)나 소듐냉각고속로(SFR) 같은 차세대 원자로 연료로 재활용된다. 또 화학적 용매를 사용하지 않아 공정이 비교적 단순하고, 설비 소형화가 가능하다.

한국은 파이로프로세싱 기술 개발에 적극적으로 투자하고 있으며, 국제적으로도 주목받고 있다. 한국원자력연구원(KAERI)에서는 PAPRIKA 실험에서 소듐냉각고속로

(SFR)와의 연계를 통해 사용후핵연료의 완전 연료 주기를 실현하는 것을 목표로 연구가 진행되고 있다. 미국 Argonne National Laboratory에서는 파이로프로세싱의 초기 개념을 개발한 국가로, 에브리(AEBR) 실험을 통해 기술 가능성을 입증했다. EBR-II(실험용 고속로)에서 사용된 연료를 재처리하고 고속로에 재활용하는 데 파이로프로세싱을 적용하였다. 러시아, 일본, 프랑스에서도 기존 PUREX 공정을 보완하기 위해 파이로프로세싱을 차세대 기술로 연구하고 있다.

5 핵연료의 분포와 매장량

우라늄은 원자력 발전의 핵심 연료로, 전 세계적으로 다양한 국가에 매장되어 있다(표 12-3). 각국의 우라늄 매장량은 경제적, 기술적 요인에 따라 추정되며, 전 세계의 경제적으로 채굴할 수 있는 우라늄 매장량은 약 613만 톤으로 추정된다. 매장량이 많은 나라는 호주, 카자흐스탄, 러시아, 남아프리카공화국, 캐나다, 미국, 브라질, 나미비아, 나이지리아, 우크라이나가 상위 10개국이다.

우라늄은 지구 지각에 비교적 고르게 분포되어 있으나, 경제적으로 채굴할 수 있는 고농도 광산은 특정 지역에 집중되어 있다. 전 세계 우라늄 연간 생산량은 약 48,000 ~ 50,000톤 수준이며, 2021년 기준 우라늄 생산량이 가장 많은 국가로는 카자흐스탄, 나미비아, 캐나다, 우즈베키스탄과 호주의 상위 5개국이 전 세계 우라늄 생산량의 80% 정도를 차지하고 있다(표 12-4). 한국에는 현재 상업적으로 개발된 우라늄 광산은 없지만,

표 12-3 국가별 우라늄 매장량

순위	국가	매장량(톤)	전 세계 비중(%)
1	호주	1,243,000	22.7
2	카자흐스탄	817,000	14.9
3	러시아	546,000	10.0
4	남아프리카공화국	435,000	8.0
5	캐나다	423,000	7.7
6	미국	342,000	6.3
7	브라질	278,000	5.1
8	나미비아	275,000	5.0
9	나이지리아	274,000	5.0
10	우크라이나	200,000	3.7

표 12-4 국가별 우라늄 생산량

순위	국가	생산량(톤)	전 세계 비중(%)
1	카자흐스탄	21,200	44
2	나미비아	5,600	12
3	캐나다	4,700	10
4	우즈베키스탄	3,500	7
5	호주	3,500	7

대전광역시에서 금산군, 옥천군 일대에 약 24,000톤의 우라늄 매장이 확인되어 있다.

토륨(Th)은 원자번호 90번의 방사성 금속 원소로, 은백색을 띠며 자연계에서 주로 단독 원소로 존재한다. 공기와 접촉 시 이산화 토륨을 생성하면서 검은색으로 변색한다. 토륨은 직접적으로 핵분열을 일으키지 않지만, 토륨-232는 중성자를 흡수하여 우라늄-233으로 변환된다. 가장 안정한 동위 원소는 토륨-232이다. 토륨-232는 알파 붕괴를 일으키고 반감기는 140억 년인데, 이는 우주의 나이 정도라고 할 수 있다. 이 동위 원소는 붕괴하면서 토륨 계열(thorium series)이라고 불리는 붕괴 계열을 시작시키는데 이 계열은 안정한 동위 원소인 ^{208}Pb에서 끝이 난다.

지구에서 토륨(Th), 비스무트(Bi), 우라늄(U) 이 세 방사성 원소만이 지구가 생성되기 전에 생겨난 방사성 원소 중에서 지금까지 많은 양이 남아있는 원소이다. 토륨은 지각에서 우라늄(U)보다 3배 이상 많으며 모나자이트(monazite) 모래에서 희토류 금속을 분리하는 과정에서 분리되기도 한다. 토륨은 원자력 발전의 잠재적 연료로 주목받고 있으며, 특히 토륨 기반 원자로는 안전성과 효율성 측면에서 연구되고 있다. 전 세

표 12-5 국가별 토륨 매장량

순위	국가	매장량(톤)	전 세계 비중(%)
1	인도	846,000	14.1
2	브라질	632,000	10.5
3	호주	595,000	9.9
4	미국	595,000	9.9
5	이집트	380,000	6.3
6	노르웨이	320,000	5.3
7	러시아	155,000	2.6
8	캐나다	100,000	1.7
9	그린란드	86,000	1.4
10	남아프리카공화국	18,000	0.3

계 토륨 매장량(표 12-5)은 약 600만 톤으로 추정되며, 주요 매장국은 인도, 브라질, 호주, 미국, 이집트, 노르웨이, 러시아, 그린란드, 캐나다, 남아프리카공화국이 상위 10개국이다.

QUIZ

✓ 다음 에너지에 대한 설명에서 맞으면 O, 틀리면 X 하시오.

1) 파이로프로세싱은 사용후핵연료로 우라늄(U), 플루토늄(Pu), 기타 재활용할 수 있는 물질을 회수하는 기술이다. (　　)

답 O (파이로프로세싱은 사용후핵연료를 고온 상태에서 용융염에 녹이고, 전기화학적 공정을 통해 우라늄(U), 플루토늄(Pu), 기타 재활용할 수 있는 물질을 회수하는 고온 전해 재처리 기술이다.)

2) 사용후핵연료를 산성 용액에 용해시키고 용매 추출 기술을 이용해 우라늄과 플루토늄을 분리해는 기술을 PUREX 공정이라 한다. (　　)

답 O (PUREX 공정은 사용후핵연료에서 우라늄과 플루토늄을 화학적으로 분리하는 가장 널리 사용되는 방법이다.)

3) 우리나라에서는 아직 우라늄 광산이 발견되지 않았다. (　　)

답 X (대전광역시에서 금산군, 옥천군 일대에 약 24,000톤의 우라늄 매장이 확인되었다.)

연습문제

01 **핵분열 원자력 발전에 대한 설명이 아닌 것은? (　　)** (객관식)

① 원자력 발전장치는 원자로에서 방사성 물질의 연쇄반응의 속도를 제어함으로써 지속해서 전기를 얻어내기 위한 장치다.

② 핵분열 반응을 보면 중성자의 발생이 연쇄반응을 촉진한다.

③ 핵분열 반응은 폭발적인 반응이 일어나므로 연쇄반응이 진행되지 않도록 조심해야 한다.

④ 핵분열 감속재는 고속 중성자의 속도를 줄여 열 중성자로 전환하는 작용을 한다.

02 **중수소와 삼중수소 원자를 연료로 하여 고온에서 두 원자를 반응시켜 헬륨을 생성하는 반응을 핵융합이라고 하며, 이때 질량 결손에 따른 높은 에너지가 발생하게 된다. (　　)** (O, X 문제)

03 **핵융합 플라스마의 안정화와 핵융합 반응의 유지를 위한 연구 진행을 위해 우리나라에서 개발한 토카막(Tokamak) 초전도 핵융합 실험 장치는 무엇인가?** (주관식)

13장

초전도 기술

1 초전도 기술

초전도 현상(superconductivity)은 특정한 물질이 특정 온도에서 전기 저항이 완전히 사라지고, 외부 자기장을 배제하는 성질을 나타내는 물리적 현상을 의미한다. 초전도체(superconductor)는 이런 초전도 특성을 가진 물질을 말한다. 이 현상은 1911년 네덜란드 물리학자 헤이케 카메를링 오네스(Heike Kamerlingh Onnes)가 극저온에서 물질의 전기적 성질을 연구하던 중, 수은을 액체 헬륨으로 냉각하여 약 4.2 K까지 온도를 낮췄을 때 발견하였는데, 전기 저항이 갑자기 0이 되어 초전도 현상이라고 하였다.

초전도체는 임계 온도(critical temperature) 이하에서 전기 저항이 0이 된다. 따라서 전류가 외부 전압 없이도 계속 흐를 수 있다. 이는 에너지 손실 없이 전력을 전송하거나 전자기 시스템을 설계할 수 있다는 점에서 큰 장점이 있다.

초전도체는 외부 자기장을 내부로 침투하지 못하게 한다. 이를 1933년 발터 마이스너(Walther Meissner)와 로베르트 옥센펠트가 처음 발견하여 마이스너 효과(Meissner effect)라고 한다. 일반적인 도체가 자기장에 노출될 경우, 전류가 유도되어 자기장을 부분적으로 상쇄하지만, 내부에 일부 자기장이 남는다. 그러나 초전도체는 임계 온도(T_c) 이하로 냉각될 때 내부의 자기장을 완전히 배제하는데 이것은 초전류(supercurrent)가 초전도체 표면을 따라 흐르면서 외부 자기장을 상쇄시키기 때문에 가능한 현상이다. 초전도체가 외부 자기장에 노출된 상태에서 임계 온도 이하로 냉각되었을 때, 초전도체 내부의 자기장이 사라지기 때문에 저항이 없는 자기부상 현상을 가능하게 한다.

1-1 전기의 흐름과 저항

전기의 흐름을 이야기할 때는 옴의 법칙을 이해하여야 한다. 옴의 법칙은 전기 회로에서 전압(V), 전류(I), 저항(R) 사이의 관계를 설명하는 기본 법칙이다. 독일의 물리학자 게오르그 옴(Georg Simon Ohm)이 1827년에 발견했다. 전기의 흐름, 즉 전류 I는 전위차 V를 전기가 흐르는 동안에 흐름을 방해하는 저항 R로 나누면 된다는 식이다.

$$I = \frac{V}{R}$$

전기(전류)는 저항 R이 작을수록 잘 흐른다는 것이다. 전위차가 크지 않은 경우라 할지라도 저항이 작으면 전기는 흐를 수 있다. 저항은 물질이 전류의 흐름을 방해하는 정도를 나타내며, 단위는 옴(Ω)이다. 전기 저항은 도체의 길이(L)와 단면적(A), 그리고 재료의 비저항(resistivity, ρ)에 의해 결정된다.

$$R = \rho \cdot \frac{L}{A}$$

ρ: 비저항(단위 Ω・m, 물질의 고유 저항성)
L: 도체의 길이
A: 도체의 단면적

저항(resistance, R)과 전기전도도(conductivity, σ)는 서로 역수 관계에 있다. 저항은 전류의 흐름을 방해하는 정도를 나타내며, 전기전도도는 전류가 얼마나 잘 흐르는지를 나타내는 물리량이다. 전기전도도는 비저항의 역수로 정의된다.

$$\sigma = \frac{1}{\rho}$$

σ: 전기전도도 (단위 $S \cdot m^{-1}$ 또는 $\Omega^{-1} \cdot m^{-1}$, 물질의 고유전도성)

따라서 저항은 전기전도도에 대해 다음과 같이 표현할 수 있다.

$$R = \frac{L}{\sigma \cdot A}$$

저항이 높을수록 전기전도도는 낮아지고, 반대로 저항이 낮을수록 전기전도도는 높아진다.

1-2 고체의 전기전도도

고체의 전기전도도는 주로 금속, 반도체, 절연체로 나누어 설명할 수 있다(표 13-1 참고). 이를 이해하기 위해 금속 결합, 가전자대(valence band), 전도대(conduction band) 개념이 중요하다. 금속 원자들은 서로 가까이 배치되어 금속 결합을 형성한다. 금속 결합에서 원자의 최외각 전자(가전자)는 원자핵에 강하게 묶여 있지 않고, 고체 전체에 걸쳐 자유롭게 움직일 수 있는 자유 전자(free electron)가 된다. 이 자유 전자

표 13-1 금속, 반도체, 절연체의 전기전도도 비교

물질 유형	에너지 밴드 구조	전기전도도 (S · m^{-1})	예
금속	가전자대와 전도대가 겹침	$10^6 \sim 10^8$	구리, 은, 금
반도체	좁은 밴드갭 (〈 2eV)	$10^{-2} \sim 10^2$	실리콘, 저마늄
절연체	넓은 밴드갭 (〉 5eV)	$10^{-12} \sim 10^{-8}$	유리, 고무

들은 외부 전기장이 인가되었을 때 쉽게 이동할 수 있기 때문에, 금속은 높은 전기전도도를 가진다.

금속에서는 가전자대와 전도대가 겹쳐 있거나 서로 매우 가까워서 에너지 장벽이 없다. 이로 인해 전자가 외부 에너지를 거의 받지 않고도 전도대로 이동할 수 있어 전류가 쉽게 흐른다. 금속의 전기전도도(σ)는 자유 전자 밀도 n, 전자의 전하 e, 그리고 전자의 이동도(μ)에 의해 $\sigma = ne\mu$로 표현할 수 있다. 여기서 자유 전자 밀도가 높고 전자의 이동도가 크기 때문에 금속은 매우 높은 전기전도도를 가진다.

반도체에서는 가전자대와 전도대 사이에 좁은 에너지 간격(band gap)이 존재한다. 대표적인 반도체인 실리콘(Si)의 밴드갭 에너지는 약 1.1 eV이다. 상온에서는 일부 전자가 열에너지를 받아 가전자대에서 전도대로 올라가고, 이때 생성된 전도대의 전자와 가전자대의 정공(hole)이 전류를 운반한다. 반도체의 전기전도도는 온도, 빛 또는 외부 도핑에 의해 크게 달라질 수 있다. 예를 들어, 외부 에너지를 통해 많은 전자가 전도대로 올라가면 전기전도도가 증가한다.

절연체에서는 가전자대와 전도대 사이의 에너지 간격이 매우 크다. 예를 들어, 유리의 밴드갭 에너지는 약 9 eV로, 전자가 가전자대에서 전도대로 이동하기 위해 필요한 에너지가 너무 커서 상온에서는 전류가 거의 흐르지 않는다. 절연체의 전기전도도는 거의 0에 가깝다. 외부 에너지를 가해도 전자가 전도대로 올라갈 확률이 매우 낮기 때문에, 전류 흐름이 사실상 차단된다.

구리와 고무의 비저항과 전기전도도를 알아보면 먼저 구리의 경우 비저항(ρ)은 1.68×10^{-8} Ω · m이다. 구리의 전기전도도(σ)는 1/ρ로 $(1/1.68) \times 10^{-8}$ Ω · m $\approx 5.96 \times 10^7$ S · m^{-1}이다. 고무의 경우 비저항(ρ)은 10^{13} Ω · m이다. 그래서 고무의 전기전도도(σ)는 1/ρ로 10^{-13} Ω · m = 10^{-13} S · m^{-1}이다. 그림 13-1은 온도 변화에 따른 고체의 전도도의 차이를 보여준다.

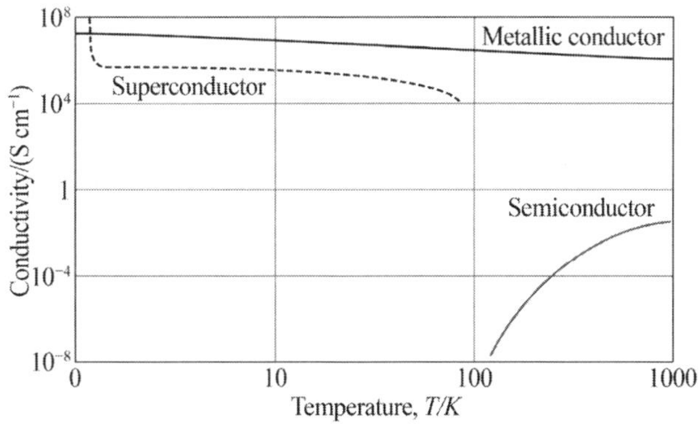

그림 13-1 온도 변화에 따른 고체의 전도도

금속성 도체는 온도가 올라감에 따라 전기전도도가 감소한다. 0 K 이상에서는 원자들의 열운동 때문에 전자들이 들뜸이 발생한다. 온도가 올라가면 더 많은 전자가 빈 궤도함수로 들떠 올라가지만 오히려 전기전도도가 감소한다. 이 모순은 온도가 올라감에 따라 전자와 원자의 충돌이 많아지기 때문으로 이해된다. 반도체는 전형적인 금속보다 낮은 전도도를 지닌다. 100 K 이상에서 전자의 열운동에 의한 들뜸이 일어나며 매우 작은 크기의 전기전도도가 생겨 온도가 올라감에 따라 그 전도도가 증가한다. 초전도체는 0 K에 가까워지면 전기 저항이 0이 되어 전도도가 무한대가 되지만 온도가 올라가면 열운동에 의한 저항으로 전기 저항이 생겨난다.

1-3 교류와 직류에서의 전자 이동

전기의 흐름은 도체 내부에서 자유 전자가 이동하는 현상으로 이해할 수 있다. 도체 내부에서 외부 전기장이 인가되면, 도체에 있는 자유 전자가 전기장의 반대 방향으로 움직이면서 전류가 형성된다. 따라서 전류란, 자유 전자의 순방향 이동에 의해 발생하는 물리적 현상이다. 직류(DC)는 전자가 일정한 방향으로 계속 흐르는 것이고, 교류(AC)는 전자가 주기적으로 방향을 바꿔가며 진동하지만, 평균적으로 에너지가 전달되는 전기의 흐름이다.

전기장과 자기장이 시간에 따라 변할 때 전자기파(빛)가 발생한다. 전자기파는 광자로 구성되어 있으며, 에너지와 정보를 전달한다. 고주파 전류(예: 고속 신호 전송)에서는 전자의 이동 속도보다 전자기파가 전도체 표면을 따라 전파되는 속도가 더 중요해

진다. 예를 들어, 전자기파는 도체 안에 있는 전자를 진동시키며, 이 과정에서 에너지가 전달된다.

전류는 전자(입자)의 흐름에 의해 발생하지만, 전류가 흐를 때 에너지는 전자기파(광자)의 형태로 전달된다. 전도체 내부에서는 전자가 느리게 이동하지만, 에너지는 전자기파 형태로 거의 빛의 속도로 전달된다. 따라서, 실제로 에너지 전달은 광자에 의해 빠르게 진행되고, 전자의 흐름은 전류 형성에 필요한 물리적 매개 역할을 한다(표 13-2 참고). 전류가 흐를 때 전자는 도체 내에서 매우 느리게 이동한다. 이 속도를 표류 속도(drift velocity, V_d)라고 하며, $V_d = I/(neA)$ 식으로 계산할 수 있다. 여기서 I는 전류(A), n은 단위 부피당 자유 전자 수(m^{-3}), e는 전자의 전하(1.6×10^{-19} C), A는 도체의 단면적(m^2)이다.

예를 들어 구리 도선에 전류 I = 10 A가 흐르며, 도선의 단면적은 $A = 1\ mm^2 = 10^{-6}\ m^2$이고, 자유 전자 밀도 $n \approx 8.5 \times 10^{28}$ electrons/m^3일 때 표류 속도는 다음과 같이 구할 수 있다.

$$V_d = I/(neA) = 10/(8.5 \times 10^{28} \times 1.6 \times 10^{-19} \times 10^{-6}) \approx 7.4 \times 10^{-4}\ ms^{-1}$$
$$= 0.74\ mm/s$$

따라서, 전자의 이동 속도는 매우 느리며, 1초에 약 0.74 mm 정도 이동한다.

전기의 이동 속도는 전자기파가 도체 내부를 통해 에너지를 전달하는 속도로, 이는 도체의 유전율(permittivity)과 자기 투과율(permeability)에 따라 결정된다. 신호 전달 속도는 빛의 속도 e에 가깝지만, 도체의 유전율과 자기 투과율 때문에 약간 느려진다.

$$v_{signal} \approx \frac{c}{\sqrt{\epsilon_r \mu_r}}$$

c: 3×10^8 m/s, ϵ_r: 도체의 상대 유전율, μ_r: 도체의 상대 자기 투과율

일반적인 구리 도선에서는 신호 전달 속도가 빛의 속도의 약 70 ~ 90% 정도로, 2 ×

표 13-2 전자와 전기의 이동 속도 비교

속성	전자의 이동 속도 (vd)	전기의 이동 속도(vsignal)
정의	전자가 실제로 이동하는 속도	전기 신호(에너지)가 전달되는 속도
값	약 0.001 m/s (1 mm/s 이하)	약 2×10^8 m/s(빛의 70~90%)
특징	매우 느림	매우 빠름, 거의 빛의 속도에 가까움

10^8 m/s 정도이다. 전자의 느린 속도에도 불구하고 전기가 빠르게 전달되는 이유는 전자가 도체 내에서 연쇄적으로 밀리기 때문이다. 전자가 조금만 이동해도 그 효과가 전체 도체에 즉시 전달되기 때문에 에너지가 빛의 속도에 가깝게 이동할 수 있다. 표 13-2에 전자와 전기의 이동 속도를 비교하여 설명해놓았다.

1-4 초전도체의 분류

1) 전통적 초전도체

전통적 초전도체(conventional superconductors)는 BCS 이론(Bardeen-Cooper-Schrieffer 이론)으로 설명할 수 있는 초전도체를 말한다. 이들은 특정 임계 온도 이하에서 전기 저항이 완전히 사라지는 현상을 보이며, 자기장을 밀어내는 마이스너 효과를 나타낸다. 초전도 현상은 전자들이 특정 조건에서 쿠퍼 쌍(Cooper pair)을 형성하면서 발생한다. 전통적인 초전도체에서는 다음과 같은 과정이 일어난다.

- **전자-포논 상호작용**

금속 내에서 자유 전자들이 격자 이온과 상호작용할 때, 전자가 격자 이온을 살짝 당기면서 국소적인 양전하 밀집 영역을 만든다. 이 영역은 뒤따르는 다른 전자와 끌어당기는 힘을 형성하여 두 전자가 간접적으로 결합하게 된다. 이렇게 결합된 두 전자는 포논(격자의 양자화된 진동)을 매개로 낮은 에너지 상태를 이루며 쿠퍼 쌍을 형성한다.

- **쿠퍼 쌍과 저항 제거**

쿠퍼 쌍은 고전적인 전자와 달리 겹쳐진 양자 상태로 움직이며, 서로 간섭하지 않고 저항 없이 이동할 수 있다. 이로 인해 초전도 상태에서는 전기 저항이 완전히 사라지게 된다.

- **임계 온도(T_c)**

전통적인 초전도체는 일반적으로 낮은 임계 온도를 가진다. 대부분 절대 온도(켈빈)로 수십 K 이하에서 초전도 현상을 나타낸다. 예를 들어 납(Pb)의 T_c는 7.2 K, 수은(Hg)의 T_c는 4.2 K, 알루미늄(Al)의 T_c는 1.2 K, 그리고 나오븀(Nb)의 T_c는 9.3 K이다.

• 반자성

반자성(diamagnetism)이란 외부 자기장에 의해 물질 내부에 유도된 자기장이 외부 자기장과 반대 방향으로 생기는 성질을 말한다. 물질에 자기장을 가하면, 물질 내의 전자 궤도에 변화가 생겨 자기 쌍극자 모멘트가 유도된다. 이 유도된 자기 모멘트는 항상 외부 자기장과 반대 방향으로 작용한다. 따라서 외부 자기장을 제거하면 물질 내부에 남는 자기 모멘트도 사라진다. 구리(Cu), 은(Ag), 금(Au), 흑연 등은 약한 반자성을 보인다.

• 마이스너 효과

초전도 상태에서는 외부 자기장을 완전히 밀어내어 자기장이 초전도체 내부로 침투하지 못하게 된다. 이 현상을 마이스너 효과라고 하며, 초전도체의 대표적인 특징이다. 초전도체는 임계 온도 이하로 냉각되면 마이스너 효과에 의해 내부로 외부 자기장이 침투하지 못하게 만든다. 초전도체가 반자성 물질과 차이가 나는 점은 완벽한 반자성을 지녀서 부분적인 자기장 배제 효과가 아니라 완전한 자기장 배제 효과가 있고 표면에 유도된 전류가 자기장과 반대 방향의 자기장을 만들어 자석을 밀어내며, 이로 인해 자석이 초전도체 위에 뜰 수 있어야 한다(그림 13-2). 자석이 초전도체 위에 있을 때, 자석이 초전도체 표면에 침투하려는 자기장을 완전히 배제하므로 반발력이 작용하여 자석이 공중에 떠오른다. 마이스너 효과는 납, 수은, YBCO 등 초전도체 물질에서만 관측된다.

그림 13-2 YBCO에서 관측되는 마이스너 효과
(Julien Bobroff, Frederic Bouquet, LPS, Orsay, France, CC BY-SA 3.0, Wikimedia Commons)

• 임계 자기장(H_c)

초전도체가 초전도 상태를 유지할 수 있는 최대 자기장 세기를 의미한다. 임계 자기장(H_c)을 초과하는 자기장이 인가되면 초전도 현상이 사라진다.

2) 고온 초전도체

고온 초전도체(HTSC, high-temperature superconductors)란 임계 온도(T_c)가 상대적으로 높은 초전도체를 의미한다(표 13-3 참고). 일반적으로, T_c가 30 K 이상인 초전도체를 고온 초전도체로 분류하며, 액체 헬륨 대신 액체 질소(끓는점 77 K)로 냉각할 수 있다는 점에서 실용적 가치가 매우 크다. 고온 초전도체는 1986년, Bednorz와 Müller가 란타넘 바륨 구리 산화물(LaBaCuO)을 이용해 T_c = 35 K에서 초전도 현상을 발견하여 노벨 물리학상을 받았다. 이 발견은 당시 초전도체의 임계 온도가 30 K를 넘지 않는다는 기존 이론을 깨뜨린 혁신적인 성과로 평가받았다. 이듬해인 1987년, 미국 휴스턴 대학교의 폴 추(Paul Chu) 교수 연구팀은 이트륨 바륨 구리 산화물($YBa_2Cu_3O_7$, YBCO)에서 약 93 K의 임계 온도를 가진 초전도체를 발견했다. 이러한 고온 초전도체의 발견은 초전도체 연구의 새로운 장을 열었으며, 이후 다양한 고온 초전도체가 개발되어 현재까지도 활발한 연구가 진행되고 있다. 현재까지 발견된 고온 초전도체로는 구리 산화물 초전도체(cuprates(YBCO): $YBa_2Cu_3O_7$, BSCCO($Bi_2Sr_2Ca_2Cu_3O_{10}$)), 철 기반 초전도체(iron-based superconductors: FeSe, LaOFeAs), 탄소 기반 초전도체(fullerides: 탄소 풀러렌(C_{60})계)가 있다.

고온 초전도체의 초전도 현상은 전통적인 BCS 이론으로 완전히 설명되지 않지만 대부분 층상 구조를 가지며, 초전도성은 특정 층(예: 구리 산화물 층)에서 발생한다. 이러한 구조는 전자의 2차원적 움직임을 제한하여 강한 전자 상호작용을 유도하고, 높은 임계 온도를 가능하게 한다. 고온 초전도체는 전자 간 상호작용이 매우 강하여 전자의 움직임이 전통적인 금속과 다르다. 전자–포논 상호작용 외에도 전자 간 쿨롱 반발과 자기 상호작용이 중요한 역할을 한다고 여겨진다. 그리고 고온 초전도체는 일반적으로 절연체 상태에서 시작하여, 특정 원소를 도핑함으로써 초전도 상태에 도달할 수 있다. 예를 들어, YBCO에서 바륨(Ba)의 양을 조절하면 T_c가 달라진다(표 13-4).

표 13-3 고온 초전도체와 그 임계 온도(T_c)

물질	화학식	임계 온도(T_c)
이트륨 바륨 구리 산화물(YBCO)	$YBa_2Cu_3O_7$	92 K
비스무트계 초전도체(BSCCO)	$Bi_2Sr_2Ca_2Cu_3O_{10}$	110 K
Hg계 초전도체	$HgBa_2Ca_2Cu_3O_{8+x}$	133 K
철 기반 초전도체	LaOFeAs	26 K

표 13-4 YBCO의 초전도 특성

특성	설명
높은 임계 온도 (T_c)	액체 질소 온도(77 K) 이상에서도 초전도성을 유지할 수 있음.
높은 임계 자기장 (H_c)	매우 강한 자기장에서도 초전도 상태를 유지할 수 있음.
마이스너 효과	전통적인 초전도체와 마찬가지로 자기장을 완전히 배제함.
이방성	초전도 특성이 특정 결정 축에 따라 다르게 나타남.

고온 초전도체는 실용적인 임계 온도를 가지기 때문에 다양한 첨단 분야에서 응용 가능성이 높다. 초전도 자석은 강한 자기장을 필요로 하는 MRI, NMR 장치에 사용된다. 전력 송전 시 저항 손실을 줄이기 위해 초전도 전력 케이블 개발에 사용된다. 초전도 리니어 모터는 자기 부상 열차에 응용하여 마찰을 줄이고 높은 속도로 주행 가능하게 한다. 무엇보다 양자 컴퓨터는 초전도 큐비트를 이용하여 양자 컴퓨터의 기본 연산 단위로 활용 가능하게 될 것이다.

3) 상온 초전도체

상온 초전도체(room-temperature superconductors)란 실온(약 300 K) 또는 그 근처에서 초전도 현상을 나타내는 물질을 의미한다. 초전도체의 가장 중요한 특성인 저항이 0인 상태와 마이스너 효과가 상온에서도 나타난다면, 전력 손실을 줄이고 초강력 자기장 생성 등 다양한 응용에서 혁신을 가져올 수 있다. 2015년 독일의 막스 플랑크 연구소에서, 고압하에서 황화 수소가 203 K(약 −70°C)에서 초전도성을 보인다는 사실을 발표했다. 이때 필요한 압력은 약 150 GPa로, 지구 중심부와 비슷한 정도의 매우 높은 압력이다. 2020년 미국 로체스터 대학교의 Ranga Dias 교수 연구팀은 탄소, 황, 수소로 이루어진 화합물이 약 267 K(약 0°C)에서 초전도성을 보인다고 발표했다. 이 경우에도 초전도성을 유지하려면 약 267 GPa의 초고압이 필요했다. 상온 초전도성을 보인 물질은 일반적인 조건에서 불안정하며, 극한의 실험 조건을 벗어나면 초전도 특성이 사라진다.

현재의 연구 동향은 고압 조건을 낮추기 위한 연구 혹은 기존 BCS 이론을 보완할 수 있는 새로운 초전도 이론 개발이 진행 중이다. 그동안 초전도성 검토 시 금속 상태의 철, 코발트, 니켈, 구리, 은, 금은 초전도성이 발견되지 않았다. 고온 초전도체의 공통점은 4각형 피라미드 모양의 CuO_5 단위가 2차원면으로 배열되고 4각 평면 모양의 CuO_4

단위들이 판자 모양으로 배열되어 있었다. 이런 경험적 사실이 반영된 물질 설계와 고압 실험 데이터 분석에 AI 기술을 활용하여 새로운 상온 초전도체 후보 물질을 탐색하고 있어 초전도체의 급속한 발전이 예상된다.

1-5 초전도체를 사용하는 산업

초전도체는 저항이 0인 상태와 마이스너 효과를 이용하여 다양한 산업에서 고효율, 고성능 시스템을 구현하는 데 사용된다. 현재 초전도체 기술은 여러 분야에서 중요한 역할을 하고 있다.

1) 에너지 산업

초전도 전력 케이블은 전력 손실 없이 대량의 전력을 전송할 수 있다. 미국과 일본에서 초전도 전력 케이블 시범 프로젝트가 진행 중이며, 실용화 단계에 있다. 초전도 전류 제한기(SFCL, superconducting fault current limiter)는 전력망에서 단락사고(과전류)가 발생할 때 초전도체가 순간적으로 고저항 상태로 변하여 과전류를 제한하여 전력 시스템 보호와 신뢰성 향상에 기여한다.

2) 의료 산업

초전도체를 이용한 자석은 고강도 자기장을 생성할 수 있어 고해상도의 MRI 이미지를 제공한다. 저항이 없는 초전도체로 자석을 만들기 때문에 에너지 소비가 적고, 매우 강력하고 안정적인 자기장을 유지할 수 있다. 그리고 초전도체 기반 고강도 자기장을 이용하여 특정 질환의 치료 및 신경 자극 연구에 활용된다.

3) 교통 산업

자기부상 열차(maglev train)는 초전도체가 마이스너 효과를 통해 자석을 밀어내면서 열차가 공중에 부상하여 마찰 없이 고속으로 움직일 수 있다. 일본의 SCMaglev는 초전도체 기반 자기부상 열차로, 최대 603 km/h의 속도를 기록했다. 중국 상하이에서도 고속 자기부상 열차가 운행 중이다.

4) 정보통신 산업

초전도 양자 컴퓨터는 초전도체를 이용한 큐비트(양자 정보 단위)를 적용하는데, 이는 일반적인 큐비트보다 더 안정적으로 동작하며, 초고속 연산이 가능하다. IBM, Google, D-Wave 등 여러 기업이 초전도 기반 양자 컴퓨터를 개발 중이다.

초전도 전자기 센서(SQUID, superconducting quantum interference device)는 미세한 자기장의 변화를 감지하는 초고감도 센서로, 의료, 지질 탐사, 천문학 등에서 사용된다. 기존 센서보다 수백 배 높은 감도를 가진다.

5) 과학 연구 분야

입자를 가속하여 충돌 실험을 통해 물리학의 기본 원리를 연구하는 장치인 입자 가속기에도 초전도 자석이 사용된다. 유럽 입자 물리 연구소(CERN)의 대형 강입자 충돌기(LHC)는 초전도 자석을 이용하여 입자를 가속한다.

핵융합 연구에도 초전도 자석이 강력한 자기장을 생성하여 플라스마를 안정화하고 핵융합 반응을 유지하는 데 사용된다. 프랑스에서 진행 중인 국제 열핵융합 실험로(ITER, 그림 13-3) 프로젝트에서 초전도 자석이 핵심 역할을 한다.

그림 13-3 국제 열핵융합 실험로(ITER)의 초전도 자석
(IAEA Imagebank, CC BY-SA 2.0, Wikimedia Commons)

6) 국방 및 항공우주 산업

초전도는 저손실, 고효율 특성을 활용하여 고감도 레이더 및 통신 시스템을 개발하는 데 사용된다. 또 초전도체 기반 전기 추진 시스템은 항공기의 연료 효율을 높이고, 무소음 추진을 가능하게 하는 기술로 연구되고 있다.

7) 전자기학 및 자기공명 응용

고감도 NMR(핵자기 공명)에서는 초전도 자석을 이용하여 분자 구조를 고해상도로 분석할 수 있어 화학, 생명과학 연구에 필수적이다. 고효율 초전도 자기장 코일은 강력한 자기장을 생성하여 에너지 저장 시스템이나 자기장 실험 장치에 활용된다.

이처럼 초전도체는 에너지, 의료, 교통, 정보통신, 과학 연구 등 다양한 산업에서 고효율성과 새로운 가능성을 열어주는 핵심 기술로 자리 잡고 있다. 현재는 고온 초전도체와 상온 초전도체 개발이 진행 중이며, 이를 통해 더 넓은 범위의 실용화가 가능해질 것으로 기대된다.

QUIZ

✓ 다음 에너지에 대한 설명에서 맞으면 O, 틀리면 X 하시오.

1) 초전도 현상은 전기 저항이 완전히 사라지고, 외부 자기장의 영향을 받지 않는 물리 현상이다. (　　)

   답 O (초전도 현상은 특정한 물질이 특정 온도에서 전기 저항이 완전히 사라지고, 외부 자기장을 배제하는 성질을 나타내는 물리적 현상을 의미한다.)

2) 전자의 이동 속도는 빛이나 전기의 속도처럼 가속해서 빠르게 이동한다. (　　)

   답 X (전자의 이동 속도는 1 mm/s 이하로 매우 느리고 전기의 이동 속도는 빛의 70 ~ 90% 속도로 이동한다.)

3) 초전도 상태에서는 외부 자기장을 완전히 밀어내어 자기장이 초전도체 내부로 침투하지 못하게 되는 현상을 마이스너 효과라 한다. (　　)

   답 O (초전도체는 임계 온도 이하로 냉각되면 마이스너 효과에 의해 내부로 외부 자기장이 침투하지 못하게 만든다.)

연습문제

01 초전도체의 구성 특성에 해당하지 않는 것은? (　　) (객관식)

① zero 전기저항
② 쿠퍼 쌍 형성
③ 마이스너 효과
④ 상자성

02 전기는 전자의 흐름인데 전자의 이동 속도는 매우 빨라서 전기도 빠르게 이동한다.
(　　) (O, X 문제)

03 초전도체가 임계 온도 이하로 냉각될 때, 내부 자기장이 완전히 사라지면서 외부 자기장이 완전히 배제되는 현상을 무엇이라 하는가? (주관식)

14장

CCUS 기술과 이산화 탄소 변환

1 CCUS 기술과 이산화 탄소 변환

1-1 지구 온난화에 의한 환경 파괴

오늘날 지구상에는 수많은 환경 파괴가 매 순간 진행되고 있다. 발전이라는 이름으로 행해지는 수많은 정책과 실행이 때로는 지구를 파괴하고 죽음으로 몰고 있다. 인류가 지구상에 나타난 이후 인류는 숙명처럼 지속 가능한 발전(sustainable development)을 해왔고 또 나아가야 한다. 인류의 발전은 현재 세대의 필요를 충족시키되, 미래 세대에 부담 주지 않는 방식으로 자연과 인간의 조화를 추구해야 한다. 이에 근본적인 대책 마련을 위해서는 지구 환경 파괴의 주요 원인과 실태를 우선적으로 파악하여야 한다. 에너지는 인간이 생명 활동을 하는 근원이 되는 힘으로 생명, 즉 살리는 원동력이다. 에너지가 생명을 죽이고 환경을 파괴하는 힘의 원천이 아니라 생명과 환경을 살리는 힘의 원천이 되도록 에너지 변환공학적 관점에서 문제를 들여다보고 해결 방안을 생각해 보자.

지구 환경 파괴의 가장 중요한 원인은 화석연료 사용으로 인한 온실가스 배출의 증가와 이로 인한 지구 온난화와 기후 변화이다. 온실가스는 대기 중에 장기간 체류하는 가스상의 물질로써 지구의 평균 기온을 14°C로 유지하는 데 중요한 요소이지만, 과도하게 늘어나게 되면 지구에서 우주로 나가는 열을 잡아두게 되어 온실효과(greenhouse effect)를 유발한다. 지구 온난화의 후폭풍으로 호주와 미국에서는 지금까지 기록된 것 중 가장 파괴적인 산불을 경험하고 있고, 열대성 폭풍과 허리케인, 폭염 및 홍수와 같은 기상 이변 현상이 발생하고 있으며, 남극에서는 처음으로 기온이 20°C 이상 상승하는 폭염을 발생한 바 있다. 과학자들은 북극 지역의 영구 동토층(permafrost)이 융해되고 있으며, 그린란드 빙상도 전례 없는 속도로 녹고 있고, '6차 대멸종(sixth mass extinction)'의 가속화, 아마존 열대우림의 삼림파괴 증가 등 재앙적인 결과를 가져올 수 있는 현상이 일련의 전환점을 넘었다고 끊임없이 경고하고 있다.

기후 변화에 관한 정부 간 협의체(IPCC, Intergovernmental Panel on Climate Change) 6차 평가보고서(2021)에 따르면 산업화로 인한 온실가스의 증가로 산업화(1850 ~ 1890년) 이전에 비해 전 지구의 지표면 온도가 최근(2011 ~ 2020년) 1.1°C 상승하였다. 이는 46억 년 지구 역사상 유례없는 급격한 변화로 50년에 한 번 발생하던 극한 고온(폭염 등) 현상의 4.8배 증가로 이어졌다. 지구 온도 상승에 따른 폭염에 대한 시뮬레이션에 의하면 1.5°C 오른다면 극한 고온 현상은 8.6배 증가할 것으로 전망되고 있다.

지구 온난화는 온실가스 배출, 산림 파괴, 산업화와 도시화가 원인으로 알려져 있다. 온실가스로는 화석연료(석탄, 석유, 천연가스)의 연소로 발생하며, 전체 온실가스 중 가장 큰 비중을 차지하는 이산화 탄소(CO_2). 농업(특히 가축 사육)과 쓰레기 매립지에서 주로 발생하는 메테인(CH_4), 비료 사용과 산업 공정에서 배출되는 아산화 질소(N_2O), 냉매 및 반도체 제조 등 산업 활동에서 발생하는 수소플루오린화 탄소(HFCs), 퍼플루오로카본(PFCs), 헥사플루오린화 황(SF_6), 수증기가 있다.

온실가스가 지구 온난화에 미치는 영향은 지구 온난화지수(GWP, global warming potential)와 대기 중 농도를 기준으로 평가할 수 있는데 이산화 탄소는 약 76%, 메테인은 약 16%, 아산화 질소는 약 6%, 수소플루오린화 탄소는 약 2% 영향을 미치는 것으로 보고되었다. 인류가 배출한 온실가스를 감축하고 기후 변화에 대처하기 위한 노력이 필요하다.

1-2 온실효과의 메커니즘

지구의 평균 기온이 약 14°C라고 한다. 이는 대기 속의 기체 입자들이 태양의 에너지를 흡수하여 분자 운동을 통해 유지되는 온도일 것이다. 만약 대기가 없는 경우 지구의 평균 기온 계산을 계산해 보면 지구의 평균 기온이 약 −18°C가 될 것으로 추정된다. 대기가 만들어 주는 온실효과가 지구 전체에 약 32°C의 온도 상승으로 지구 평균 온도를 유지하게 하는 셈이다. 지구가 받는 태양 복사 에너지를 알베도(반사율)를 고려하여 흡수하고, 흡수한 에너지를 적외선 복사로 우주로 방출한다고 가정할 때, 열적 평형 상태에서 지구 표면의 평균 기온은 계산할 수 있다.

• 태양으로부터 받는 에너지

태양으로부터 지구가 받는 복사 에너지 밀도는 다음과 같이 계산된다.

$$\text{흡수 에너지} = S \cdot (1 - A)$$

S: 태양 상수(지구 궤도에서 단위 면적당 태양 복사 에너지 밀도) = 약 1,361 W/m^2

A: 지구의 평균 알베도(반사율) = 약 0.3 (약 30%의 태양 에너지가 반사됨)

따라서 흡수되는 태양 에너지는 약 70%에 해당한다.

- **방출 에너지**

대기가 없을 때 지구 표면은 흑체 복사에 의해 에너지를 방출한다. 흑체 복사는 스테판-볼츠만 법칙을 따른다.

$$방출\ 에너지 = \sigma \cdot T^4$$

σ: 스테판-볼츠만 상수 = $5.67 \times 10^{-8} W/m^2K^4$

T: 지구의 평균 표면 온도(단위: K)

- **열적 평형 상태에서 흡수 에너지(방출 에너지)**

$$S \cdot (1-A) = 4 \cdot \sigma \cdot T^4$$

여기서 4가 곱해지는 이유는 지구는 구형이기 때문에 받는 에너지의 평균을 구할 때 단면적과 표면적의 비율(1:4)을 고려해야 한다.

- **T 계산**

식을 풀면 평균 온도 T는 약 255 K(켈빈)으로 계산되며, 이를 섭씨로 변환하면

$$T = 255K - 273 = -18°C$$

따라서, 대기가 없는 경우 지구의 평균 기온은 약 -18°C가 된다.

일반적으로 온실에서 일어나는 온도 상승효과와 같은 현상이 지구 대기에서 일어나고 있다. 이에 따라 실제 지구의 평균 기온은 약 14 ~ 15°C로 유지된다. 즉, 온실효과 덕분에 지구는 현재와 같은 온도 조건을 유지할 수 있으며, 생명체가 번성할 수 있는 환경이 만들어졌다. 그런데 대기 중 온실가스가 존재하면 지표에서 방출된 적외선 에너지가 대기에 의해 흡수되고 재방출되면서 지표와 대기의 하층이 더 따뜻해진다. 인위적인 온실가스 배출로 인해 온실효과가 과도해지면서 지구 온난화가 발생하고 있다.

대기 중의 온실가스(이산화 탄소, 메테인, 아산화 질소, 수증기 등)는 방출된 적외선을 흡수하고 일부는 지표면으로 재방출한다. 온실가스 분자는 적외선 에너지에 의해 진동하거나 회전하면서 열을 흡수하고 방출하는 역할을 한다. 이 과정에서 지표면과

하층 대기로 열이 다시 전달되어 지구가 더 따뜻해지는 것이다. 온실가스는 특정 파장의 적외선을 효과적으로 흡수할 수 있다. 예를 들어, CO_2는 4.3 μm와 15 μm 파장대의 적외선을 강하게 흡수한다. 수증기(H_2O)는 18 μm 파장에서 흡수가 강하다. 수증기량은 지구 온도에 따라 변화하며, 온실효과를 증폭시키는 피드백 효과를 일으킨다. 온실효과는 단순히 한 번의 과정으로 끝나는 것이 아니라 여러 피드백 메커니즘을 통해 증폭된다.

1-3 Global CO_2 Emission 현황

전 세계 대기 중의 이산화 탄소(CO_2) 농도는 418 ppm으로 지구 온도는 산업화 이전 수준에 비해 1.1°C 상승했다. 지구상의 이산화 탄소 농도가 오늘날처럼 높았던 것은 400만 년 전이었다. 그림 14-1은 전 세계 이산화 탄소 농도의 변화를 보여준다. 1965년 112억 톤 발생하던 이산화 탄소가 2021년 339억 톤으로 매년 평균 2%씩 증가하였다. 지역별로 살펴보면 아시아 국가에서 이산화 탄소 배출량이 매년 평균 4.6%씩 급증하여 전 세계 배출량의 50% 이상을 차지하고 있다.

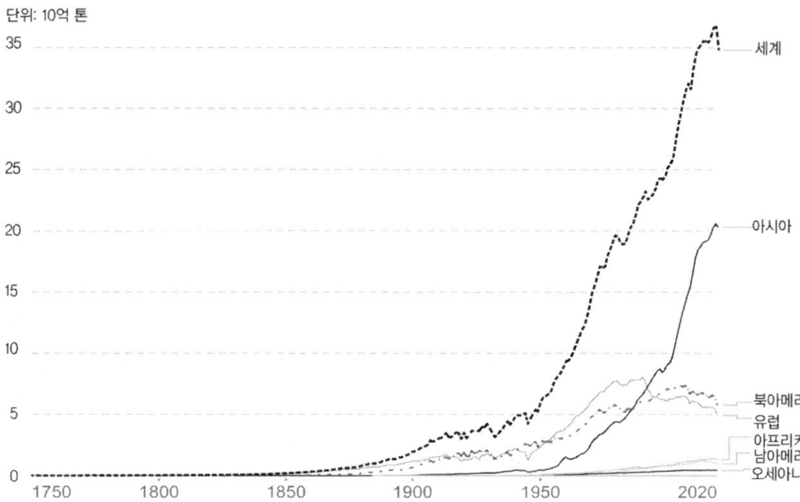

Source: CO_2 emissions dataset: Our sources and methodsHow do we construct our global data on CO_2 emissions? by Hannah RitchieFebruary 09, 2022, CC BY-SA 4.0, Wikimedia Commons

그림 14-1 Global CO_2 Emission(단위, 백만 톤)

표 14-1 국가별 CO_2 Emission(2021년)

No	국가	CO_2 Emission(2021년, 백만 톤)	비율
1	중국	10523.0	31.1%
2	미국	4701.1	13.9%
3	인도	2552.8	7.5%
4	러시아	1581.3	4.7%
5	일본	1053.7	3.1%
6	이란	660.5	1.9%
7	독일	628.9	1.9%
8	대한민국	603.8	1.8%
9	사우디아라비아	575.3	1.7%
10	인도네시아	572.5	1.7%
Total		33884.1	100%

표 14-1은 이산화 탄소 배출량이 큰 상위 10개국의 배출 현황을 알려준다. 이산화 탄소 배출량이 큰 상위 10개국의 인구는 전 세계의 50%이고, GDP[1]는 전 세계 총생산의 61.1%임에도 불구하고 CO_2 배출량은 전 세계 배출량의 약 70%를 차지하였다. 이들 국가의 인구변화와 국민총생산(GDP)을 비교하면 연평균 인구증가율이 1.45% 정도였고 GDP는 연평균 5%씩 성장하였다. 이산화 탄소 발생의 증가는 인구 증가와 산업화의 발달로 인해 발생하는 역효과였다고 할 수 있다.

표 14-2는 이산화 탄소 배출량이 큰 상위 10개국의 1965년과 2021년의 인구변화, GDP 그리고 CO_2 배출량 변화 추이를 보여준다. 그리고 표 14-3은 유럽의 인구 천만 명 규모나 그 이하의 국가 10개국의 국가별 1965년과 2021년의 인구 및 GDP 변화 그리고 CO_2 배출량 변화 추이를 보여준다.

인구가 천만 명 규모나 그 이하의 유럽 국가 10개국의 평균 인구증가율은 0.48%로 매우 낮았다. 평균 GDP는 5.8% 성장하였으나 CO_2 방출량은 연평균 0.5% 정도였다. CO_2 배출이 큰 나라들과 유럽의 인구성장이 없는 국가들과의 비교에서 보듯이 전 세계는 매년 5% 이상씩의 성장을 하였음에도 인구가 급격히 증가한 나라에서 CO_2 배출이 급증하였다는 것을 확인할 수 있다.

CO_2 배출량은 산업구조에 따라서도 영향을 받는다. CO_2 배출이 큰 산업구조로는 전체 배출 비중의 40%를 차지하는 전력 및 열 생산 산업(Power & Heat Generation)

---

1) Gross Domestic Product, 한 나라의 경제 규모와 성장잠재력을 나타내는 지표

표 14-2 CO_2 배출 상위 10개국의 1965년과 2021년의 인구, GDP 및 CO_2 배출량 변화

국가		인구(백만 명)			GDP(십억 달러)			CO_2 emission(백만 톤)		
		1965	2021	연평균 증가율(%)	1965	2021	연평균 증가율(%)	1965	2021	연평균 증가율(%)
1	중국	725	1412	1.01	70	17730	8.5	488.5	10523.0	5.6
2	미국	194	331	1.01	743	22940	3.4	3451.9	4701.1	0.6
3	인도	498	1366	1.60	58	3050	6.2	167.5	2552.8	5.0
4	러시아	130	146	0.2	257	1780	2.5	350.0	1581.3	2.7
5	일본	98	126	0.43	91	4940	5.0	446.9	1053.7	1.5
6	이란	25	85	2.1	10	231	5.8	21.2	660.5	6.3
7	독일	76	83	0.14	215	4260	4.5	910.4	628.9	−0.7
8	대한민국	25	52	1.14	3	1800	8.9	24.9	603.8	5.9
9	사우디아라비아	5	35	2.8	4	833	6.8	62.5	575.3	4.0
10	인도네시아	104	276	1.5	20	1190	5.5	20.1	572.5	6.2
Total		3300	7800	1.45	1300	96100	5.0	11192.8	33884.1	2.0

표 14-3 유럽의 인구 천만 명 규모나 그 이하의 국가 10개국의 국가별 1965년과 2021년의 인구 및 GDP 변화 및 CO_2 배출량 비교

국가	인구(백만 명)			GDP(십억 달러)			CO_2 emission(백만 톤)		
	1965	2021	연평균 증가율(%)	1965	2021	연평균 증가율(%)	1965	2021	연평균 증가율(%)
오스트리아	7.5	9.1	0.38	12.5	480.4	5.5	39.5	58.4	0.7
그리스	8.7	10	0.25	5.4	216.1	5.4	22.5	56.5	1.7
헝가리	10.3	9.7	−0.11	6	182.8	5	59.5	45.7	−0.5
스웨덴	8	10.6	0.47	15	627.4	5.7	68.8	40.1	−1.0
포르투갈	8.7	10.4	0.30	4	249.9	5.9	10.5	39.7	2.4
핀란드	4.6	5.5	0.31	5	297.3	5.5	24.7	37.2	0.7
아일랜드	2.8	5	0.99	2.5	504.2	7.2	20.0	34.8	1.0
스위스	6.2	8.9	0.56	19	812.9	5.3	29.2	33.4	0.2
노르웨이	3.6	5.4	0.64	5	482.4	5.9	17.7	33.4	1.1
덴마크	4.8	5.8	0.34	8	397.1	5.4	47.7	28.1	−0.9
Total	65.4	80.8	0.48	82.6	4277.5	5.8	340.2	407.2	0.5

과 20%를 차지하는 제조업 및 건설 산업(Manufacturing & Construction), 15%를 차지하는 운송 산업(Transportation)이 있다. 각 부문에서 CO_2 저감 혁신이 진행돼야 할 것이다.

전력 및 열 생산 산업은 화석연료(석탄, 천연가스, 석유)를 사용한 전력 및 열 생산으로 CO_2 배출이 높으며(전 세계 CO_2 배출량의 50% 이상 차지), 중국, 미국, 인도가 주

요 배출국이다. 이산화 탄소를 포집하여 활용하거나 저장하는 기술, CCUS(carbon capture, utilization, and storage)에 전략적 투자와 신재생에너지로의 전환이 주요 과제가 될 것이다.

제조업 및 건설 산업에서는 철강, 시멘트, 화학제품 생산 시 에너지 사용 및 공정에서 발생하는 CO_2가 원인이며 특히 시멘트 생산은 전 세계 CO_2 배출의 약 7%를 차지할 만큼 CO_2 발생량이 많다. 저공해로의 전환을 위한 CCUS 기술의 개발과 보급이 활성화되어야 할 것이다.

운송 산업은 내연기관 차량, 항공기, 선박의 화석연료 연소가 배출 원인이다. 자동차, 트럭에 의한 도로운송이 75%, 항공 및 해운이 25% 정도 배출한다. 전기차, 수소차, 대중교통 활성화, 항공 및 해운 연료 효율 개선 등 세부적인 저감 활동이 활성화되어야 한다.

토양 관리, 비료 사용, 가축의 소화 과정에서 발생하는 메테인, 경작 과정에서 발생하는 아산화 질소도 온실가스의 일종으로 전체 배출의 10% 정도를 차지하며 폐기물 소각, 매립지에서 유기물 분해 시 발생하는 메테인 가스와 건물 난방, 소규모 제조업, 상업 서비스 제공 시 에너지 사용도 배출의 원인이 되고 있다. 감축 전략으로 농업 부문은 CO_2보다 메테인과 아산화 질소 배출이 문제이므로, 가축 사육 방식 개선과 비료 사용 최적화가 필요하고, 폐기물 관리 차원에서는 매립지 가스 포집 기술과 재활용 확대, 그리고 에너지 효율 개선과 재생에너지 도입이 온실가스 저감에 이바지할 것이다.

1-4 CCUS 기술

이산화 탄소를 포집하고, 활용하고, 저장하는 기술을 CCUS 기술이라 한다(그림 14-2). 크게 CCS(포집 후 저장) 및 CCU(포집 후 활용)로 구분된다.

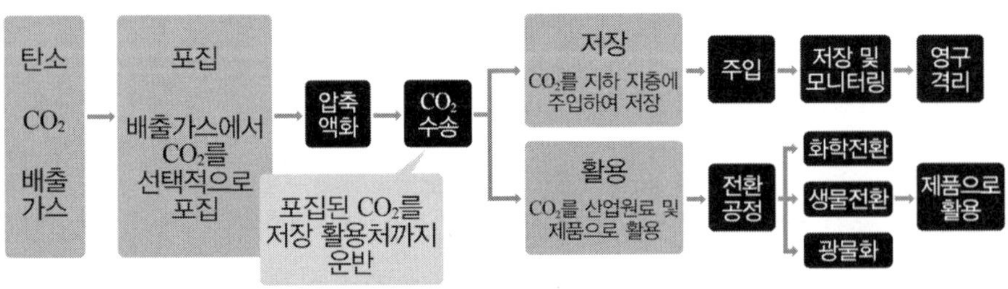

그림 14-2 CCUS의 대략적인 흐름

1) CCS 기술

먼저 포집 기술은 화석연료 연소 배가스에서 CO_2를 흡수제 등을 통해 분리하는 기술로, 공정의 위치에 따라 크게 연소 후(post-combustion), 연소 전(pre- combustion), 순산소 연소(oxy-combustion) 포집 기술로 구분된다. 차세대 기술로는 직접 공기 포집 기술이 주목받고 있다. 저장 기술은 포집된 CO_2를 파이프라인이나 선박을 이용해 육지나 바다의 깊은 땅속에 직접 주입하거나 광물과 반응시켜 저장하는 기술이 주목받고 있다. 활용 기술은 포집된 CO_2를 바로 사용하는 직접 활용 기술과 화학적・생물학적 반응을 통해 유용한 물질로 바꾸는 전환 기술로 구분된다.

연소 후 포집 기술은 화석연료의 연소 후 배출되는 가스에 포함된 CO_2를 선택적으로 포집하여 고농도의 CO_2로 회수하는 기술이다.

연소 전 포집 기술은 연료를 산소 또는 수증기와 반응시켜 합성가스를 제조하는 공정에서 발생하는 CO_2를 포집함으로써 수소(H_2)를 생산하고, 연소 과정에 수소를 연료로 활용하는 기술이다. 연료(C_nH_{2n+2})를 산소(O_2) 또는 수증기(H_2O)와 반응시키면 수소와 함께 일산화 탄소(CO)가 발생하며, 이때 발생한 CO를 수성가스 반응($CO + H_2O \rightarrow CO_2 + H_2$) 시켜주면 연료로 쓰일 H_2 함량이 증가하며 CO_2는 별도 포집된다.

순산소 연소 포집 기술: 연소 연료에 공기 대신 순수한 산소를 이용함으로써 연소 배가스 주성분이 CO_2와 수증기가 되고, 응축을 통해 수증기를 분리함으로써 CO_2를 회수하는 방식이다.

이외에도 대기 중의 CO_2를 직접 포집하여 농축 CO_2를 생산하는 직접 공기 포집(DAC, direct air capture) 기술이 차세대 기술로 주목받고 있으며 미국, EU, 영국 등 주요국을 중심으로 연구개발, 설비 확대 추진 중이다.

포집 후 저장하는 기술로는 지중 저장 기술이 활용된다. 포집된 CO_2를 적절한 심부 암층에 주입하여 저장하는 기술로, 파이프라인이나 선박을 이용해 운반한 CO_2를 고갈된 유전・가스전 등 육지와 바다의 깊은 땅속에 주입 및 저장한다. 지중 저장에 적합한 지층은 장기적이고 안정적이며 높은 주입 능력, 저장능력, 밀봉 능력을 동시에 갖추고 있어야 하므로 이에 대한 충분한 검증 절차가 요구된다. 석유・가스전의 채굴 시 CO_2를 주입함으로써 내부 압력을 높여 생산량을 늘리는 기술(EOR, enhanced oil recovery, 석유 회수 증진)도 활용되고 있다.

표 14-4 국가별 상업 운전 중인 CCS 설비 현황('22년 9월 기준)

국가	개수(개)	연간 CO_2 저장량(백만 톤)	국가	개수(개)	연간 CO_2 저장량(백만 톤)
미국	13	19.82	중국	3	1.7
브라질	1	7	사우디아라비아	1	0.8
캐나다	5	4.4	UAE	1	0.8
호주	1	4	헝가리	1	0.16
카타르	1	2.2	아이슬란드	1	0.004
노르웨이	2	1.7			

CCS 기술을 통한 국제 탄소 처리 용량은 2017년 이후 매년 34% 이상 증가하고 있다. 전 세계에는 2022년 9월 기준, 총 30개의 시설에서 연간 42.5백만 톤의 CO_2를 처리 중이며 개발, 건축, 운영 중지 중인 시설을 포함하면 약 196개 시설, 243.9백만 톤으로 추정된다. 미국, 브라질, 캐나다, 호주 등에서 EOR, 지중 저장 방식과 함께 천연가스 처리 공정에서 발생하는 CO_2를 저장하는 CCS 설비 등이 운전 중이다(표 14-4 참고).

2) CCU 기술

CO_2 활용 기술은 CO_2를 바로 사용하는 직접 활용 기술과 CO_2를 여타 유용한 제품으로 바꾸는 전환 기술로 구분된다. 직접 활용 기술로는 농업(CO_2 강화농법), 식품(탄산음료), 냉방/냉장 등 CO_2의 고유 물성 활용하는 기술이 있다. 전환 기술은 화학적 또는 생물학적 반응을 통해 CO_2를 연료, 화학 물질, 건축자재 등으로 전환이 추진되고 있다.

화학적 전환은 CO_2를 화학 반응의 원료로 사용하여 연료, 기초화학제품 등 다양한 탄산염, 메탄올, 우레탄, 폴리카보네이트, 합성가스 등으로 전환한다. 미국 Sandia Nat. Lab에서는 화학적 전환 사례 기술로 태양열 이용하여 CO_2와 물을 반응시켜 생성된 일산화 탄소와 수소를 합성가스로 활용하여 다양한 탄화수소 연료를 생산하는 기술을 보고하였다.

태양광 기반 인공광합성은 자연의 광합성 과정을 모방하여 태양광을 이용해 CO_2와 물을 고부가가치 화합물로 전환하는 기술이다. 이러한 기술은 온실가스 저감과 지속가능한 에너지 생산에 중요한 역할을 할 수 있다.

캐나다에서의 화학적 전환 사례 기술로는 전기분해를 통해 CO_2를 탄소로 변환시켜 탄소나노튜브, 그래핀 등 탄소 나노 소재로 만드는 기술 연구와 일부 탄소나노튜브는

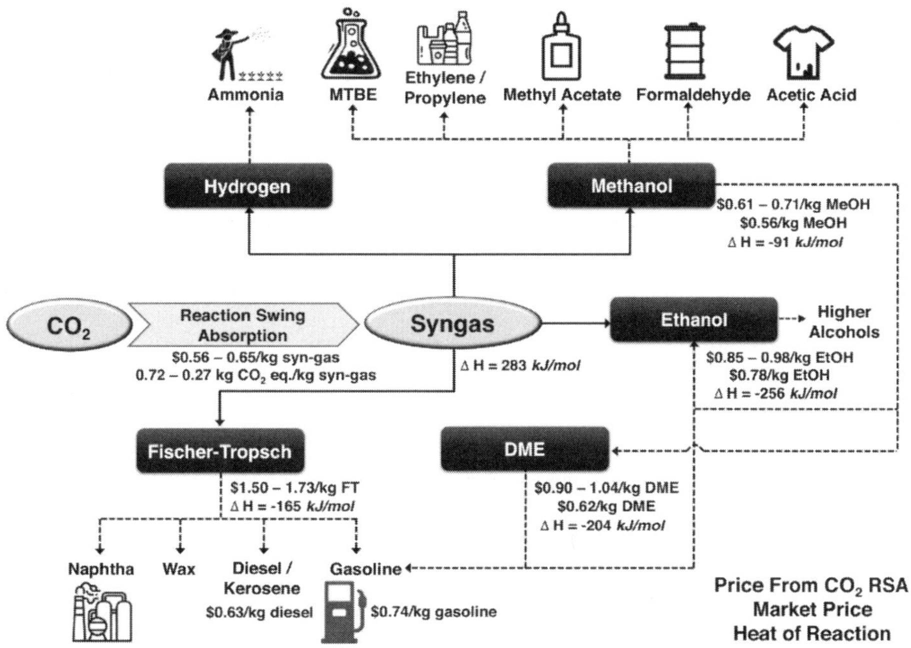

그림 14-3 Reaction swing absorption에 의한 CO_2 저감 기술 (KIST, 2022)

제품화 단계(C_2CNT)임을 보고하고 있다.

우리나라에서는 액상 흡수제에 포집된 이산화 탄소를 전기화학적으로 직접 전환해 고부가가치 합성가스를 생산하는 RSA 공정을 개발하였음을 보고하였고(KIST, 그림 14-3), CO 제조를 위한 촉매 개발연구(한국화학연구원) 및 연간 5천 톤 규모의 실증 상용화 공동연구가 성공적으로 진행됨을 보고하였다.

생물학적 전환은 미생물 등을 활용하여 바이오매스를 생산하고 이를 바이오 기반 유용 물질로 전환을 의미한다. 미국에서는 1MW급 석탄발전소에 광 생물 반응기 설치 및 실증을 위한 연구가 추진되고 있고(Univ. Kentucky), 영국에서는 16,000 L 규모 미세조류 기반 광 생물 반응기로 발전소 배가스 내 CO_2를 고정하고, 바이오매스를 생산하는 연구가 진행 중이며(Plymouth Marine Lab.) 우리나라에서는 생물학적 전환에 필요한 초우량 균주 개발과 균주 선별 및 고밀도 배양에 대한 원천기술 확보 및 대용량화할 수 있는 광 생물 반응기 개발이 보고되고 있다.

광물화 전환은 CO_2를 탄산염 광물로 전환하는 기술이다. 탄산수소 소듐, 탄산 칼슘, 탄산 소듐 등 대부분 제품군에 관한 기술 수준 높은 편이며, 시장 규모 및 CO_2 감축 잠재력 높다. 핀란드 Aalto 대학에서는 제철 슬래그에 포함된 칼슘과 염화암모늄을 반응시켜 생성된 침출물을 CO_2와 반응시켜 침강성 탄산칼슘(PCC, precipitated calcium carbonate)의 제조 기술을 소개하였고, 일본 도쿄대에서는 폐콘크리트 등 산업 폐자재와 대기 중 CO_2를 통해 친환경 콘크리트 제작 성공, 실제 건축물에 사용하기 위한 후속 연구가 진행 중임을 보고하였다. 우리나라에서는 탈황석고에 암모니아와 CO_2를 반응시켜 탄산 칼슘과 황산 암모늄을 생산하는 한국지질자원연구원의 연구 결과가 있으며, 염수를 전기분해하여 얻은 수산화 소듐과 화력발전소 배가스 내 CO_2를 반응시켜 중탄산 소듐을 생산하는 한국전력공사 전력연구원의 연구 결과가 보고되었다.

3) CCUS를 활용한 블루 수소 생산 기술

블루 수소는 액화천연가스(LNG), 암모니아 등의 화석연료 개질 과정에서 발생하는 CO_2를 포집 및 제거한 청정수소로, 블루 수소 생산의 핵심이 CCUS 기술이다. 이 기술은 촉매 반응을 이용하여 탄화수소 연료를, 수소를 포함하는 가스로 전환하는 과정이 포함되어 있다. 미국 엑손모빌(ExxonMobil)은 텍사스에 블루 수소 허브 단지를 조성하고 빠르면 '27년에 매년 공장에서 배출되는 약 700만 톤의 CO_2를 회수해 영구 저장할 것이 계획이다.

SK(주)머티리얼즈는 엑손모빌의 차세대 탄소 포집 기술을 활용해 블루 암모니아를 양산하는 프로젝트를 추진하고 있으며, 이를 통해 생산한 블루 암모니아를 국내로 도입하는 것을 골자로 한 주요 조건 합의서(HoA) 체결하였다. 이 기술도 블루 수소를 원료로 하여 생산된 암모니아로, 탄소 배출량이 극소량에 불과해 탄소 중립을 위한 청정 에너지 원료로 주목받고 있다. 우리나라의 경우 '30년에 블루 수소 75만 톤을 생산하고 '50년에는 200만 톤으로 생산을 늘릴 계획이며, SK E&S는 보령 LNG 터미널 인근에 블루 수소 생산공장을 세워 '24년부터 연간 25만 톤의 블루 수소를 생산할 계획이다. 현대오일뱅크도 국내 최대 액체탄산 제조업체인 신비오케미칼과 함께 액체탄산 생산공장을 구축하여 블루 수소 생산 인프라를 구축하고 있다.

표 14-5 CCUS 및 블루 수소 관련 분야 한-미 MOU 주요 내용(2023년 기준)

대한민국	미국	주요 내용
한국전력공사	GE Vernova	암모니아 전소, 수소 혼소 및 CCUS 기술 개발 협력
한국석유공사	Exxon Mobil	청정 암모니아/수소, CCS 등 저탄소 사업 협력
SK(주)머티리얼즈	Exxon Mobil	청정 암모니아, CCS 등 저탄소 사업 협력
SK E&S, HD 한국조선해양	Plug Power GE Vernova	블루 수소 생산, 액화 수소충전소, 수소 발전, LCO2 운송선 등 블루 수소 전주기 사업 투자 협력
남부발전	Siemens Energy	풍력발전, 수소 혼소, CCUS 등 공동 사업 개발 및 투자 협력

QUIZ

✔ 다음 에너지에 대한 설명에서 맞으면 O, 틀리면 X 하시오.

1) 지구의 평균 기온은 약 14 ~ 15°C로 유지되는 것은 온실효과 때문이다. ( )

답 O (지구의 대기가 없으면 지구의 평균 기온은 약 -18°C가 될 것인데 대기의 온실효과로 지구의 평균 기온이 약 14~15°C로 유지되고 있다.)

2) 대기 중 온실가스(이산화 탄소, 메테인, 아산화 질소, 수증기 등)의 증가는 적외선 에너지에 의해 진동하거나 회전하면서 열을 흡수하여 온실효과를 증폭시킨다. ( )

답 O (온실가스량의 증가와 지구 온도 상승 데이터는 서로 상관성이 있는 것으로 보고되고 있다.)

3) 이산화 탄소를 포집하고, 활용하고, 저장하는 기술을 CCUS 기술이라 한다. ( )

답 O (이산화 탄소를 포집하고, 활용하고, 저장하는 기술을 CCUS 기술이라 하고, CCS(포집 후 저장) 및 CCU(포집 후 활용)이 활발하게 개발되고 있다.)

연습문제

01 **지구 온난화에 관련된 설명이 아닌 것은? (　　)** (객관식)

① 화석연료 사용으로 인한 온실가스 배출의 증가가 직접적 원인이다.

② 쓰레기 소각 시 온실가스가 발생하므로 매립하면 된다.

③ 1850 ~ 1890년 이전에 비해 전 지구의 지표면 온도가 최근 1°C 이상 상승하였다.

④ 온실가스는 지구의 평균 기온을 14°C로 유지하는 역할을 한다.

02 **액화천연가스(LNG), 암모니아 등의 화석연료 개질 과정에서 발생하는 CO_2를 포집 및 제거한 청정수소가 그린 수소다. (　　)** (O, X 문제)

03 **이산화 탄소를 포집하고, 활용하고, 저장하는 기술을 무엇이라 하는가?** (주관식)

부록

연습문제 해답
중간고사 문제
기말고사 문제
참고문헌

연습문제 해답

1장

1. **정답** 3

설명 석탄과 석유는 오랜 세월 동안의 동식물이 화석에너지 형태로 변환되어 저장된 것이다. 물질은 고체, 액체, 기체의 상으로 존재한다. 이 상태의 변화에서도 에너지 변화가 수반된다. 화학 반응에서도 물질이 분해되고 결합되는 과정에 에너지가 필요하고 전체 에너지는 보존된다. 사람이 하는 일을 하는 것은 음식을 통해 축적된 에너지를 이용하기 때문에 가능하다. 즉 에너지는 일을 할 수 있는 능력이다.

2. **정답** X

설명 2차 에너지는 1차 에너지를 소비자가 사용하기 편리하도록 변환 가공한 에너지이다. 전기는 2차 에너지에 해당한다.

3. **정답** 수소 핵융합 반응

설명 태양 중심부에서는 수소 원자들이 헬륨으로 변하는 핵융합이 발생하며, 이 과정에서 막대한 양의 에너지가 방출된다.

2장

1. **정답** 2

설명 지구 온난화로 직접적 피해로 기상이변 증가, 빙하가 녹으면서 해수면 상승, 산호초가 백화 현상으로 지구의 공기정화 기능이 급감하는 것을 살펴본 바 있다.

2. **정답** X

설명 파리 협정이 197개국이 서명한 협정으로 지구 평균 기온 상승을 산업화 이전 수준에서 2°C 이하로 유지하고, 1.5°C 이하로 제한하는 것을 목표로 한다. 교토의정서는 선진국들에 온실가스 감축 의무를 부여한 첫 국제 협정이었는데 미국을 비롯한 몇몇 주요 배출국들이 협정에 참여하지 않거나 탈퇴하여 한계가 있었다.

3. **정답** 탄소 중립 또는 넷-제로(Net Zero)

설명 탄소 중립, 넷-제로(Net Zero)는 이산화 탄소(CO_2) 및 기타 온실가스 배출량을 최대한 줄여 남은 배출량을 상쇄하여 궁극적으로 순 배출량을 '0'으로 만드는 개념이다. 이를 위해 대부분의 국가는 온실가스 배출 감소 전략과 배출량 상쇄의 두 가지 전략을 실행하고 있다.

3장

1. **정답** 1

설명 교류는 전류가 양방향으로 흐르며, 전압이 주기적으로 변화하지만 전압을 변압기를 통해 쉽게 변환할 수 있다.

2. **정답** O

설명 승압을 하여 송전을 하면 전력 손실이 낮아진다. 그래서 발전소에서는 10 ~ 20 kV 전압으로 전력을 생산한 후 초고압변전소에서 154 kV, 345 kV, 765 kV로 승압을 한다. 승압된 상태로 송전되면 1차 변전소에서 345 kV, 765 kV의 전압을 154 kV로 낮춘다.

3. **정답** 열병합 발전(CHP)

설명 열병합 발전(CHP)은 발전소에서 발생하는 잉여 열에너지를 회수하여 난방이나 공정 열로 사용하는 방식으로 지역난방공사에서 많이 채택하고 있다.

4장

1. **정답** 4

설명 화력발전에는 유연탄을 활용한다.

2. **정답** O

설명 피셔-트롭쉬 공정(LTFT)은 합성가스(syngas)를 촉매를 사용하여 액체 탄화수소로 변환하는 화학 반응이다.

3. **정답** 신재생에너지 공급의무화(RPS) 제도

설명 신에너지 및 재생에너지 개발 · 이용 · 보급 촉진법에 따라 설비용량 500 MW 이상 보유한 발전사업자에게 총 화력 발전량의 일정 비율을 신재생에너지로 공급하도록 의무화한 제도이다.

5장

1. **정답** 4

설명 원유를 증류하면 40 ~ 75°C 부근에서 휘발유가 생산되어 자동차 연료로 사용된다.

2 **정답** O

설명 UOP의 CCR 플랫포밍은 연속 촉매 재생 방식으로, 나프타와 같은 원료를 고옥테인값의 휘발유 성분과 석유화학 원료로 전환하는 공정이다.

3. **정답** Parex 공정

설명 Parex 공정은 파라자일렌(p-xylene)을 선택적으로 분리하는 공정으로, 흡착분리 방식을 통해 다른 자일렌 이성질체에서 파라자일렌을 분리한다. Parex 공정에는 ZSM-5 zeolite를 촉매로 사용하는데, 톨루엔의 메틸레이션 반응시 선택적으로 para-xyrene만 생산된다.

6장

1. **정답** 1

설명 천연가스는 연소 시 온실가스 배출이 적어 석탄과 석유에 비해 상대적으로 친환경적인 연료로 평가되며, 수송이 쉬운 형태로 가공되어 액화천연가스(LNG)로 전 세계에 공급된다.

2. **정답** O

설명 천연가스는 −162°C 이하의 초저온 상태에서 액화되어 부피가 약 1/600로 줄어드는 LNG가 되어 저장, 운송이 편리해 진다. LNG를 재기화하는 과정에서 냉열을 활용하면 냉에너지 전력 생산, 해수담수화, 냉동 물류, 가스 재액화, 초저온 냉각 등에서 다양한 응용산업이 생겨난다.

3. **정답** 줄-톰슨 효과(Joule-Thompson effect)

설명 줄-톰슨 효과는 고압 기체가 단열 팽창(즉, 외부로 열 교환 없이 팽창)할 때 온도가 변화하는 현상으로 특정 조건에서 기체는 팽창하면서 온도가 낮아지며, 이는 천연가스 액화 공정에서 냉각을 위한 중요한 원리로 사용된다. 줄-톰슨 계수(μ_{JT})는 등엔탈피 과정에서 온도와 압력 변화의 관계를 설명하는데 μ_{JT}가 0보다 크면 온도가 감소하는 냉각 효과가 발생하고 μ_{JT}가 0보다 작으면 온도가 증가한다.

7장

1. **정답** 3

설명 다결정 실리콘 태양전지는 단결정질에 비해 공정이 간단하고 단결정질보다 가격도 저렴해서 사용이 늘어나고 있다.

2. **정답** O

설명 CIGS계 박막형 태양전지는 화합물 태양전지로 실리콘 이외에 반도체 특성을 갖는 화합물인 구리(Cu), 인듐(In), 갈륨(Ga), 셀레늄(Se)으로 구성된 태양전지로 다양한 기판을 사용하여 여러 방면에 응용할 수 있다.

3. **정답** 광전 효과(Photovoltaic Effect)

설명 태양광 패널에서 광전 효과는 빛 에너지를 전기 에너지로 변환하는 기본적인 원리이다. 태양광 패널의 반도체 물질(주로 실리콘)은 태양빛을 흡수하여 전자들이 밴드갭을 넘어 이동하게 하여 전류를 생성한다. 이는 광전 효과의 응용으로, 전자가 외부 회로로 이동하면서 전기를 생성한다. 빛 에너지를 흡수하여 전자를 방출하는 현상은 광전 효과라고 하며, 태양광 패널은 이 원리를 기반으로 작동한다.

8장

1. **정답** 1

설명 펠톤 터빈은 물줄기가 버킷에 충돌하여 운동 에너지를 전달하고, 충격 후 반대 방향으로 튕겨 나가면서 회전력을 생성한다.

2. **정답** O

설명 바이오에탄올을 휘발유에 혼합하여 E10(에탄올 10% 혼합 휘발유) 또는 E85 (에탄올 85% 혼합연료)로 혼합 가솔린으로 판매하고 있다.

3. **정답** 83.88 MW

설명 $P_{mechenical} = \eta_{turbine} \times \rho Qgh$

($P_{mechenical}$: 출력(W), $\eta_{turbine}$: 0.9, ρ: 1,000 kg m^{-3}, Q: 100m^3s^{-1}, g: 9.81 m s^{-2}, h: 100 m)

$P_{mechenical} = 0.9 \times 1{,}000 \times 100 \times 9.81 \times 100 = 88.29 \times 10^6$ W = 88.29 MW

$P_{electrical} = 88.29 \times 0.95 = 83.88$ MW.

9장

1. **정답** 4

설명 물을 전기분해 하면 수소와 산소로 분리된다.

2. **정답** O

설명 천연가스 스팀 메테인 개질법(SMR)은 이탈리아 이스프라 수소 연구소 (EURATOM-JRC, Joint Research Center)에서 제시한 열화학적 수소 생산방법으로 마크−1(Mark-1) 및 마크−9(Mark-9) 열화학 사이클은 상대적으로 낮은 온도에서 물을 분해해 수소를 생산하는 방법이다.

3. **정답** 연료전지 전기자동차(FCEV) 또는 연료전지 자동차(FCV)

설명 수소 연료전지 자동차 혹은 수소전기차는 수소 자동차의 일종으로, 연료전지 스택에서 수소와 산소의 화학 반응을 통해 전기를 발생시키는 원리로 작동된다.

10장

1. **정답** 1

설명 Keystone Pipeline은 캐나다와 미국을 연결하는 총 3,456 km에 걸쳐 있는 대규모 원유 이송 송유관 시스템이다.

2. **정답** X

설명 직류는 교류보다 저항 손실이 적어 송전 효율이 높다. 그래서 교류 송전에 비해 경제적이다.

3. **정답** 실시간 누출 감지 시스템(RT-LDS)

설명 원유를 안전하고 효율적으로 운송하기 위한 실시간 누출 감지 시스템을 포함한 첨단 모니터링 기술은 사용 압력 센서가 비정상적인 압력 강하를 감지하여 파이프라인 입구와 출구에서 측정된 유량의 차이를 분석하여 누출 가능성을 파악한다. 시스템이 압력 강하와 유량 불일치를 감지한 후, 자동으로 경고 신호를 전송하여 운영팀에 즉시 알려지고 해당 구간이 자동으로 차단된다. 이를 통해 추가적인 원유 누출을 방지할 수 있다.

11장

1. **정답** 3

설명 잠열 저장 장치 또는 잠열 저장 시스템은 빙축열에너지 저장 시스템이다.

2. **정답** X

설명 플로우 배터리는 수계 전해질을 사용하여 화재나 폭발 위험이 낮다. 또 충·방전 사이클 수명이 길어 장기간 사용이 가능하고 전해질 교체나 보충이 쉬워 유지보수가 간편하다.

3. **정답** 스마트 그리드

설명 스마트 그리드는 정보통신 기술(ICT)을 전력망에 결합해 전력 생산, 수송, 소비를 실시간으로 모니터링하고, 수요에 맞춰 전력 공급을 조절함으로써 에너지 효율성을 높이는 차세대 전력망이다.

12장

1. **정답** 3

설명 핵분열 반응은 반응속도가 임계 상태를 유지해야 연쇄반응이 지속해서 유지되는데 이를 정상 운전이라고 한다.

2. **정답** O

설명 핵융합은 태양에서 빛과 열에너지를 만들어 내는 원리이며, 고온과 고압의 환경에서 수소 원자핵들이 서로 융합하면서 발생하는 질량 결손(0.0187 amu)이 에너지의 형태로 방출되는 것이다. 핵융합 반응은 1그램의 연료로 25,000 kWh의 에너지를 생산할 수 있을 정도로 강력한 에너지를 방출한다.

3. **정답** K-STAR

설명 K-STAR는 한국에서 개발한 초전도 핵융합 실험 장치로, 세계적인 토카막 핵융합 연구 프로젝트로 핵융합 플라스마의 안정화와 핵융합 반응의 유지를 위한 연구 진행하고 있다.

13장

1. **정답** 4

설명 상자성은 상자성 특성으로 외부 자기장이 가해졌을 때 물질 내부의 자성 원자가 외부 자기장 방향으로 정렬되면서 자화가 발생하는 성질이다. 초전도체에서는 외부 자기장이 가해졌을 때 물질 내부에서 자기장에 반대되는 방향으로 자화가 발생하는 반자성(diamagnetism)이 나타난다.

2. **정답** X

설명 전기의 흐름이 도체 내부에서 자유 전자가 이동하는 현상에 의한 것은 맞지만, 사실은 에너지와 정보의 전달이다. 전자기파는 도체 안에 있는 전자를 진동시키며, 이 과정에서 에너지가 전달된다. 그래서 전기 신호(에너지)의 전달 속도는 빛의 속도의 70 ~ 90% 정도인데 전자는 이동 속도가 약 0.001 m/s로 매우 느리다.

3. **정답** 마이스너 효과

설명 마이스너 효과는 초전도체가 임계 온도 이하로 냉각될 때, 내부 자기장이 완전히 사라지면서 외부 자기장이 완전히 배제되는 현상이다. 이는 초전도체가 단순히 완전한 전기 전도체(저항 0)일 뿐 아니라, 완벽한 반자성을 나타낸다는 것을 의미한다.

14장

1. **정답** 2

설명 쓰레기 매립지에서도 부패가 진행되면서 메테인 가스가 발생하며, 메테인도 온실가스이다. 온실가스는 지구의 평균 기온을 14°C로 유지하는 역할을 하는데, 과도하게 늘어나게 되면 지구에서 우주로 나가는 열을 잡아두게 되어 온실효과가 커진다.

2. **정답** X

설명 액화천연가스(LNG), 암모니아 등의 화석연료 개질 과정에서 발생하는 CO_2를 포집 및 제거한 청정수소를 블루 수소라고 한다. 그린 수소는 수전해 방식으로 제조하는 수소를 의미한다.

3. **정답** CCUS

설명 이산화 탄소를 포집하고, 활용하고, 저장하는 기술을 CCUS 기술이라 한다. 크게 CCS(포집 후 저장) 및 CCU(포집 후 활용)로 구분된다.

중간고사 문제

1. (50점) **다음 설명이 옳으면 O 틀리면 X 하시오.**

(1) 국제유가 하락 시 해양플랜트 발주 감소 및 기존 계약 취소로 조선업 경기가 나빠진다. (　)

(2) 에너지 소비 toe당 이산화 탄소 배출량을 탄소 계수라고 하는데 2020년에는 팬데믹으로 인해 석유 소비량 하락과 전력 생산 탈탄소화로 크게 줄일 수 있었다. (　)

(3) 독일, 스페인, 영국, 포루투칼 등지에서는 풍력과 태양광 발전량이 급증하여 전체 에너지 생산의 30% 정도까지 급성장하였다. (　)

(4) 유연탄으로 코크스 제조 시 부산되는 가스류는 도시가스, 합성가스의 원료로 사용된다. (　)

(5) 러시아와의 국교수립 이후 북해산 원유가 수입되어 우리나라 원유 수입 1위가 되었고 중동 두바이유의 수입이 그 뒤를 따르고 있다. (　)

(6) 자연스러운 반응은 엔트로피가 감소하고, 엑서지는 증가하는 방향으로 진행된다. (　)

(7) 에너지 절약이란 엑서지 손실을 억제하고 최대 이용하려는 노력이다. (　)

(8) 석탄은 탄소함유량이 높을수록 연료비가 높고 발열량이 크고 착화 온도가 낮다. (　)

(9) 태양 에너지에 의해 증발된 물이 비나 눈으로 수력의 동력이 되어 수력발전을 가능하게 하는데, 중동과 몽고 지역에서 매우 발달되어 있다. (　)

(10) 지구 에너지의 근원은 태양에 기인하는데 태양은 표면 온도 6,000 K의 핵융합에너지가 복사의 방식으로 지구에 에너지를 제공하고 있다. (　)

(11) 에너지는 다양한 형태로 존재하며, 우리가 일상생활에서 경험하는 많은 현상들이 에너지의 변환과 보존의 원리를 따른다. (　)

(12) 소리 에너지는 공기나 다른 매질을 통해 전달되는 파동의 에너지로 소리 압력, 매질의 속도, 파동의 진폭과 관련이 있다. (　)

(13) 1차 에너지는 전기 또는 휘발유나 경유와 같은 정제 연료 형태로 변환한 에너지다. (　)

(14) 얼음에서 물로 변할 때는 융해잠열(334.6 kJ/kg)이 제공되어야 고체에서 액체로 변화된다. (　)

(15) 운동 에너지의 단위인 줄(Joule)로 열에너지 단위인 cal와는 전혀 달라 전환이 안 된다. (　)

(16) 전기 1 kWh를 열량(kcal)로 변환하면 860.4 kcal 열이 발생한다.(　)

(17) 1차 에너지에는 석탄, 석유, 천연가스, 수력, 원자력, 전기 등이 있다. (　)

(18) 화학 반응은 발열이나 흡열의 과정을 거치므로 반응 전후의 에너지는 보존되지 않는다. ( )

(19) 파리 협정에서 197개국이 지구 평균 기온 상승을 산업화 이전 수준에서 2°C 이하로 유지하고, 1.5°C 이하로 제한하는 협정에 서명하였다. ( )

(20) 1997년에 채택된 교토의정서는 선진국들이 온실가스를 감축할 의무를 부여한 첫 국제 협정으로 강제 구속력을 지니고 있다. ( )

(21) RE100은 기업이 사용 전력을 100% 재생 가능 에너지로 전환하겠다는 글로벌 이니셔티브다. ( )

(22) 유럽 그린 딜(Deal)은 2050년까지 탄소 중립을 목표로 재생에너지 확대, 에너지 효율성 개선, 친환경 교통수단 도입을 추진하고 있다. ( )

(23) 탄소 포집 및 저장 기술에는 탄소 배출이 많은 산업 분야에서 탄소를 포집하여 지하에 저장하거나, 이를 재활용하는 기술이 포함되어 있다. ( )

(24) 독일의 에너지 벤데(Energiewende) 정책은 원자력을 EU 그린 택소노미에 채택하였다. ( )

(25) 교토의정서(Kyoto Protocol)는 197개국이 서명한 협정으로 지구 평균 기온 상승을 산업화 이전 수준에서 2°C 이하로 유지하고, 1.5°C 이하로 제한하는 것을 목표로 한다. ( )

(26) 가정용 전기는 직류 전류로 공급되며 에어컨, 세탁기, 냉장고와 같은 많은 가전제품은 교류 전기로 변환하여 사용한다. ( )

(27) 교류는 발전소에서 먼 거리까지도 효율적으로 전력을 공급할 수 있다. ( )

(28) 자동차에서는 연료의 화학적 에너지가 열에너지로 변환되고 이어서 기계적 에너지로 변환된다. ( )

(29) 엑서지는 유용한 에너지로, 주어진 환경 조건에서 실제로 일을 할 수 있는 에너지의 부분이다. ( )

(30) 모든 에너지 변환 과정에서는 일부 에너지가 일을 할 수 없는 형태로 변환되기 때문에, 엑서지가 줄어들고 아너지가 증가하게 된다. ( )

(31) 열병합 발전(CHP)은 발전소에서 발생하는 잉여 열에너지를 회수하여 난방이나 공정 열로 사용하는 방식이다. ( )

(32) 송전 시 저항으로 인해 전기 에너지가 열에너지로 손실이 되는데 승압을 하여 송전을 하면 전력 손실이 낮아진다. ( )

(33) 일반적인 석탄의 사용 방식은 화력발전소에서 석탄을 연소시켜 물을 가열하고, 발생한 증기로 터빈을 돌려 전기를 생성한다. ( )

(34) COG(Coke Oven Gas, 코크스 오븐 가스)는 석탄을 고온에서 산소가 없는 상태로 가열하여 코크스를 만드는 과정(코킹 공정)에서 발생하는 부산물이다. ( )

(35) 합성가스 내의 일산화 탄소(CO)와 수소(H_2)를 반응시켜 다양한 액체 탄화수소를 형성하는 반응을 피셔-트롭쉬 공정이라 한다. ( )

(36) 스토커 연소 보일러는 보일러 가동 중에 재가 과량 발생하여 발전소에 적합하지 않다. ( )

(37) 유동층 보일러는 미세한 석탄 입자를 공기와 함께 유동시키면서 연소하는 방식으로 연료를 균일하게 태울 수 있어 효율이 높다. ( )

(38) 신재생에너지 공급의무화 제도를 RPS 제도라 한다. ( )

(39) 원유를 증류하면 200°C 부근에서 휘발유가 생산되어 자동차 연료로 사용된다. ( )

(40) 2020년 이후 원유 생산은 감소 추세를 보이는데 이는 유정의 고갈 때문이다. ( )

(41) 미국의 원유 생산량은 급증은 셰일 혁명(shale revolution)으로 원유와 천연가스의 생산증가 때문이다. ( )

(42) 미국 Mojave 사막의 Ivanpah 태양광 발전소는 세계 최대의 태양열 발전소 중 하나이다. ( )

(43) 증류탑은 여러 층의 트레이(Tray)로 구성되어 있으며, 각 층에서 특정 끓는점의 성분이 응축되는데, 이를 분별 증류라 한다. ( )

(44) CIGS계 박막형 태양전지는 변환효율도 19.5%로 매우 높고 광흡수가 매우 뛰어나 얇은 두께로도 빛을 완전히 흡수할 수 있어 차세대 태양전지로 각광을 받고 있다. ( )

(45) 천연가스는 주로 프로페인(C_3H_{10})으로 구성된 화석연료로 가스통으로 보급된다. ( )

(46) LNG는 천연가스를 액화시켜 부피를 약 600배 줄여 저장 및 운송 효율성을 높인 원료다. ( )

(47) IMO의 선박 연료의 황 산화물(SO_x) 배출 규제로 인해 LNG 선박의 급증이 예상된다. ( )

(48) LNG가 액체에서 기체로 상변화(증발)할 때 발생하는 열에너지를 증발 잠열, ΔH_{vap}이라 한다. ( )

(49) LNG의 냉열을 활용하면 냉동 기기보다 더 낮은 온도에서 빠르게 동결할 수 있어 식품의 신선도와 품질을 높이는 데 효과적이다. ( )

(50) 태양열 발전은 태양빛을 반사 거울이나 렌즈를 사용하여 집중시켜 열에너지를 생산하고, 이 열을 이용해 전기를 생성하는 방식이다. ( )

2. (50점) 다음 BTX 복합공정에서의 단위 공정을 설명과 연결시켜 보아라.

ⓐ CCR Platforming,	ⓑ Sulfolane 공정,	ⓒ Parex 공정,	
ⓓ Isomar 공정,	ⓔ Thermal hydrodealkylation (THDA) 공정,		
ⓕ 수소 핵융합 반응	ⓖ 핵분열 반응,	ⓗ 신재생에너지 공급의무화(RPS) 제도,	
ⓘ Parex 공정,	ⓙ 메록스(Merox) 공정,	ⓚ 탄소 중립 또는 넷-제로(Net Zero),	
ⓛ 동결 담수화 기술,	ⓜ 열병합 발전(CHP) ,	ⓝ CCR 플랫폼밍,	
ⓞ 주울-톰슨 효과(Joule-Thompson effect),		ⓟ Cokes,	ⓠ 증류(Distillation),
ⓡ 유동접촉분해(FCC, Fluid Catalytic Cracking),		ⓢ 태양 추적 시스템(Solar Tracking System),	
ⓣ 광전 효과,	ⓤ 가소올,	ⓥ ESG fund,	ⓦ 고압유동층 발전,
ⓧ Green Taxonomy,	ⓨ LUMOS 공정,	ⓩ 수압 파쇄(hydraulic fracturing) 공법	

(1) Naphtha 개질하여 BTX 생산하는 공정 ( )

(2) 톨루엔 및 중질 아로마틱 화합물에서 벤젠을 얻는 공정 ( )

(3) p-Xylene을 분리하고 남은 혼합 자일렌을 에틸벤젠과 이성화 반응하는 공정 ( )

(4) ZSM-5 촉매를 사용하여 p-Xyrene을 선택적으로 분리하는 공정 ( )

(5) 개질유로부터 벤젠, 톨루엔을 추출분리하는 공정 ( )

(6) 지구 탄생부터 지금까지 보내오는 태양 에너지의 원천은 무엇인가? ( )

(7) 인간 활동으로 발생하는 이산화 탄소(CO_2) 및 기타 온실가스 배출량을 최대한 줄이고, 남은 배출량을 상쇄하여 궁극적으로 순 배출량을 '0'으로 만드는 개념을 무엇이라고 하는가? ( )

(8) 최근 발전소에서 발생하는 잉여 열에너지를 회수하여 난방이나 공정 열로 사용하는 발전 방식을 무엇이라고 하는가? ( )

(9) 넷-제로 달성을 위해서는 화석연료를 사용하는 화력발전의 비중이 줄어야 하여 정부에서 발전사에게 신재생 발전을 권장하기 위해 만든 정부 주도의 친환경 발전제도를 무엇이라고 하는가? ( )

(10) 폴리에스터와 PET 고분자의 원료 물질인 테레프탈산을 만들기 위해 파라자일렌을 선택적으로 생산하려면 어떤 공정을 사용해야 하는가? ( )

(11) 나프타를 고옥테인값의 휘발유 성분과 석유화학 원료로 전환하는 공정은? ( )

(12) 디젤의 NO_x를 저감하는 공정 ( )

(13) 열에너지를 활용하는 해수 담수화 기술이란 LNG의 냉열을 활용하여 해수를 얼려 담수로 전환하는 기술 ( )

(14) 기체가 단열 팽창(즉, 외부로 열 교환 없이 팽창)할 때 온도가 변화하는 현상으로 특정 조건에서 기체는 팽창하면서 온도가 낮아지는 현상을 무엇이라고 하는가? ( )

(15) 석탄을 탄화하여 얻으며 제철공업에서는 코크스를 철광석(산화철)과 반응시켜 순수한 철을 얻는데 활용하는 물질 (　)

(16) 중질유에서 휘발유를 생산하는 공정 (　)

(17) 원유를 가열해 다양한 끓는점에 따라 분리하는 공정 (　)

(18) 태양의 위치를 실시간으로 추적하여 패널이 항상 최적의 각도로 태양 빛을 흡수하는 방법 (　)

(19) 금속 판에 일정한 진동수 이상의 빛을 비추면 표면에서 전자가 튀어나오는 현상으로 태양광 패널이 빛 에너지를 흡수하면 전자를 방출하는 현상을 무엇이라 하는가? (　)

(20) 에탄올 10%(가소올) 및 25%(프로 알코올)를 함유하는 가솔린으로 사탕수수로부터 에탄올 생산이 원활한 브라질에서 채택한 알코올 함유 가솔린 (　)

(21) 2050년까지 탄소배출을 0으로 만들겠다는 EU의 계획 (　)

(22) 생물 다양성 및 생태계 복원의 목표를 세우고 이와 관련된 분야에만 투자하는 자금 (　)

(23) 석탄을 미세하게 분쇄하여 가루 상태로 만든 후 고온 · 고압 상태에서 연료를 연소시켜 전기를 생산하는 발전 방식 (　)

(24) 에탄이나 나프타 같은 원료를 고순도의 에틸렌, 프로필렌과 같은 올레핀 제품으로 전환하기 위한 공정 (　)

(25) 미국의 셰일 가스 및 타이트 오일 생산 기법 (　)

기말고사 문제

1. (50점) **다음 설명이 옳으면 O 틀리면 X 하시오.**

(1) 송전 손실은 전류의 제곱에 비례하여 전류가 높을수록 손실이 증가한다. ( )

(2) 일정한 전력을 송전하려면, 전압을 높이면 전류를 줄일 수 있다. ( )

(3) 초전도체는 특정 온도 이하에서 전기 저항이 0이 되는 물질을 사용하여 송전 손실을 완전히 없앨 수 있는 기술이다. ( )

(4) 미국 다코타 액세스 파이프라인은 환경오염과 수자원 고갈에 대한 우려가 있어 가동이 중단된 바 있다. ( )

(5) 교류는 직류보다 저항 손실이 적어 송전 효율이 높아 직류 송전에 비해 경제적이다. ( )

(6) 부생수소는 생산단가가 높아 경제성이 떨어져 수전해 방식이 수소 생산에 가장 많이 적용되고 있다. ( )

(7) 빙축열 에너지 저장 기술은 물을 얼음으로 얼려 에너지를 저장하고, 필요할 때 해동해 냉방이나 온도 조절 등에 사용하는 방법이다. ( )

(8) 탄소를 배출하지 않거나 재생에너지 전기로 만든 수소를 블루 수소라 한다. ( )

(9) 수전해는 수소(H_2)와 산소(O_2)로 물(H_2O)을 합성하는 막대한 에너지 생산 방식이다. ( )

(10) 빙축열 에너지 저장은 전력 수요가 낮은 야간에 에너지를 축적하여 낮 시간대의 전력 피크를 줄이고, 전력 사용 비용을 절감할 수 있다. ( )

(11) 물은 0°C에서 얼음으로 변할 때 많은 열을 흡수하며, 이를 통해 큰 에너지를 저장할 수 있다. ( )

(12) ESS 시장은 전력 신뢰성, 전력 품질, 효율성 제고, 차액 거래의 4가지 형태의 가치 창출이 가능하다. ( )

(13) 수소는 가벼우면서 에너지 밀도가 낮아 드론과 UMT(도시 모빌리티 및 운송) 및 항공 분야의 원료로 부적절하다. ( )

(14) 우리나라에서 ESS 기반 전력 거래 실증 사업은 대용량 ESS 발전소 인프라 구축, 전기저장장치 발전소 제어, 빅데이터 기반 ESS 발전 종합 운용 상황실 운영에 집중되어 있다. ( )

(15) 우리나라는 수자원이 풍부해 수력발전이 태양광 발전에 비해 높은 발전량을 보인다. ( )

(16) 아폴로 11호에서는 수소 연료전지를 통해 전기를 만들고, 반응 후 생성된 물은 식수 등으로 활용했다. ( )

(17) 풍력발전은 바람이 빠를수록 출력이 크게 증가하므로 태풍이 많이 불면 전력 생산이 급증한다. ( )

(18) 펠톤 터빈은 충동형 터빈으로 300 m 이상의 고낙차에 적합한 터빈으로 비록 유량이 적어도 고낙차에서 매우 높은 효율을 보인다. ( )

(19) 물을 전기분해 하게 되면 수소와 산소로 분해되지만, 연료전지는 반대 원리로 수소와 산소를 전기화학적으로 반응시켜 물이 생성되는 과정에서 나오는 전기를 사용한다. ( )

(20) 바이오 재생에너지(Bio energy)는 석유를 바이오 효소를 이용하여 분해한 연료를 일컫는다. ( )

(21) 바이오매스는 생물 유기물을 활용하여 재생에너지를 만들므로 에너지 밀도가 화석연료보다 높다. ( )

(22) 펠톤 터빈은 물줄기가 버킷에 충돌하여 운동 에너지를 전달하고, 충격 후 반대 방향으로 튕겨 나가면서 회전력을 생성한다. ( )

(23) 미국은 바이오에탄올 생산 세계 1위로 주로 옥수수에서 에탄올을 생산하며, 휘발유에 혼합하여 사용하고 있다. ( )

(24) 바이오 재생에너지는 생물체의 전환으로 이산화 탄소가 발생하여 친환경에너지라 할 수 없다. ( )

(25) K-STAR는 핵분열 플라스마의 안정화와 핵분열 반응의 유지를 위한 연구를 진행 중이다. ( )

(26) 중수소–삼중수소 핵융합 반응(D-T 반응)은 수소의 동위 원소인 중수소와 삼중수소 원자를 연료로 하여 고온에서 두 원자를 반응시켜 헬륨의 생성과 함께 높은 에너지를 발생한다. ( )

(27) 수소 분자 1 mol의 결합 에너지는 약 −4.52 eV로 수소 분자 1 mol의 총 결합 에너지는 −273 kJ이다. ( )

(28) 수소 원자의 전자를 이온화(핵에서 무한히 멀리 떼어내는 것)시키려면 13.61 eV의 에너지가 필요하다. ( )

(29) 수소는 우주의 탄생 시 빅뱅 과정에서 중성자와 양성자의 결합으로 탄생하였고, 질량 기준으로 우주의 75%를 구성하고 있다. ( )

(30) K-STAR 핵융합 반응을 위해서는 토카막 내부의 플라스마 온도를 1억 °C 이상으로 상승시켜 핵융합 반응이 유도되어야 한다. ( )

(31) 핵분열(nuclear fission)은 보통 우라늄, 플루토늄같이 질량수가 큰 원자의 원자핵이 중성자와 충돌해 가벼운 원자핵 2개(핵분열 생성물)로 쪼개지는 핵반응이다. ( )

(32) 우리나라 원전 대부분은 농축우라늄을 연료로 냉각재로 경수를 사용하는 PWR 경수로를 채택하고 있다. ( )

(33) 핵분열은 중성자 조사(irradiation)로 자발적으로 일어날 수 있어 지속적으로 중성자를 조사해야 한다. ( )

(34) Pyroprocessing(파이로프로세싱)은 사용후핵연료로 우라늄(U), 플루토늄(Pu), 기타 재활용할 수 있는 물질을 회수하는 기술이다. ( )

(35) 핵분열 반응은 반응속도가 임계 상태를 유지해야 연쇄반응이 지속해서 유지되는데 이를 정상 운전이라고 한다. ( )

(36) 우리나라에는 아직 우라늄 광산이 발견되지 않았다. ( )

(37) 핵분열 감속재(Moderator)는 고속 중성자의 속도를 줄여 열 중성자로 전환하는 작용을 한다. ( )

(38) 중수소와 삼중수소 원자를 연료로 하여 고온에서 두 원자를 반응시켜 헬륨을 생성하는 반응을 핵융합이라고 하며, 이때 질량결손에 따른 높은 에너지가 발생하게 된다. ( )

(39) K-STAR는 한국에서 개발한 초전도 핵융합 실험 장치로, 세계적인 토카막(Tokamak) 핵융합 연구 프로젝트이다. ( )

(40) 고온 초전도체는 액체 질소(끓는점 77K)로 냉각할 수 있다는 점에서 실용적 가치가 크다. ( )

(41) 원자력 발전장치는 원자로에서 방사성 물질의 연쇄 반응의 속도를 제어함으로써 지속해서 전기를 얻어내기 위한 장치다. ( )

(42) 1986년, Bednorz와 Müller가 LaBaCuO을 이용해 T_c 35 K에서 초전도 현상을 발견하여 노벨 물리학상을 수상했다. ( )

(43) 핵융합은 태양에서 빛과 열에너지를 만들어 내는 원리이며, 고온과 고압의 환경에서 수소 원자핵들이 서로 융합하면서 발생한다. ( )

(44) 초전도 현상(Superconductivity)은 전기 저항이 완전히 사라지고, 외부 자기장의 영향을 받지 않는 물리 현상이다. ( )

(45) 전자의 이동 속도는 빛이나 전기의 속도처럼 가속해서 빠르게 이동한다. ( )

(46) 리튬 이온 전지의 Li^+이온은 충전 시 분리막을 통과하며 음극으로 방전 시 양극으로 흐른다. ( )

(47) 초전도체는 온도가 낮아지면 갑자기 저항이 없이 전자가 흘러가게 되는 현상이 발생한다. ( )

(48) 발전기는 (운동)에너지를 (전기)에너지로 전환하는 장비이다. ( )

(49) 수소 연료전지의 양극에서는 수소가 산화되어 전자를 방출되는 산화 반응이 일어난다. ( )

(50) 가스는 폭발 위험이 커서 금속통으로 이송하고 파이프라인 수송은 금하고 있다. ( )

2. (50점) **다음 BTX 복합공정에서의 단위 공정을 설명과 연결시켜 보아라.**

ⓐ 노르트스트림(Nord Stream),	ⓑ 시베리아의 힘(Power of Siberia),	
ⓒ 자기부상 열차,	ⓓ 전력 변환 시스템(PCS, Power Conversion System),	
ⓔ 에너지 저장 시스템(ESS, Energy Storage System),		
ⓕ 플로우 배터리(Flow Battery)	ⓖ 메가팩(Megapack),	
ⓗ 파워월(Powerwall),	ⓘ 에너지 관리 시스템(EMS),	
ⓙ 배터리 관리 시스템(BMS),	ⓚ Latent Heat Storage Unit,	
ⓛ 스팀 메테인 개질법(SMR),	ⓜ 스마트 그리드(Smart Grid) ,	
ⓝ 토카막(Tokamak),	ⓞ 마이스너 효과,	
ⓟ FCEV,	ⓠ PUREX 공정,	
ⓡ 실시간 누출 감지 시스템(Real-Time Leak Detection System, RT-LDS),		
ⓢ Pyroprocessing(파이로프로세싱),	ⓣ diamagnetism (반자성),	ⓤ 쿠퍼쌍,
ⓥ 약 0.001 m/s,	ⓦ 약 2×10^8m/s,	ⓧ 3×10^8m/s,
ⓨ 란타넘 바륨 구리 산화물(LaBaCuO),	ⓩ 이트륨 바륨 구리 산화물($YBa_2Cu_3O_7$, YBCO)	

(1) 러시아의 유럽행 천연가스 수송라인 ( )

(2) 생성된 전기를 저장하고 이를 필요한 시점에 다시 방출하는 기술 ( )

(3) 직류(DC) 전력을 교류(AC) 전력으로 변환하거나, 반대로 외부에서 들어오는 AC 전력을 DC로 변환하여 배터리에 충전할 수 있도록 하는 장치 ( )

(4) 초전도체가 마이스너 효과를 통해 자석을 밀어내면서 열차가 공중에 부상하여 마찰 없이 고속으로 움직일 수 있도록 만든 기차 ( )

(5) 러시아의 아시아행 에너지 수송방법 ( )

(6) 전해액을 외부 탱크에 저장하고 필요 시 이온을 교환해 전력을 생성하는 구조의 에너지 저장방법 ( )

(7) 빙축열에너지 저장 시스템 ( )

(8) 생산자와 소비자 간에 양방향 정보를 송 · 수신하여 전력의 공급, 소비 유연성을 확보할 수 있게 해 주는 IT 기술이 접목된 전력 통합 관리 시스템 ( )

(9) 테슬라의 가정용 ESS 제품 ( )

(10) 폴리에스터와 PET 고분자의 원료 물질인 테레프탈산을 만들기 위해 para xyrene을 선택적으로 생산하려면 어떤 공정을 사용해야 하는가? ( )

(11) 우리나라에서 개발한 초전도 핵융합 실험 장치에서 채택한 핵융합장치는? ( )

(12) 배터리의 안전한 운영과 효율적인 관리 시스템 ( )

(13) 이탈리아 이스프라 수소 연구소(EURATOM-JRC, Joint Research Center)에서 제시한 열화학적 수소 생산방법으로 마크-1(Mark-1) 및 마크-9(Mark-9) 열화학 사이클은 상대적으로 낮은 온도에서 물을 분해해 수소를 생산하는 방법 ( )

(14) 전도 상태에서는 외부 자기장을 완전히 밀어내어 자기장이 초전도체 내부로 침투하지 못하게 되는 현상 ( )

(15) 전기분해와 반대되는 원리로 수소와 산소를 전기화학적으로 반응시켜 나오는 전기를 사용하여 구동하는 자동차를 무엇이라 하는가? ( )

(16) 대용량 유체의 파이프라인 수송에서 급격한 압력 변화와 유량 차이를 모니터링하여 누출을 탐지할 수 있게 만든 시스템을 무엇이라고 하는가? ( )

(17) 사용후핵연료를 산성 용액에 용해시키고 용매 추출 기술을 이용해 우라늄과 플루토늄을 분리해는 기술 ( )

(18) 사용후핵연료를 고온 상태에서 용융염(molten salt)에 녹이고, 전기화학적 공정을 통해 우라늄(U), 플루토늄(Pu), 기타 재활용할 수 있는 물질을 회수하는 고온 전해 재처리 기술 ( )

(19) 외부 자기장이 가해졌을 때 물질 내부에서 자기장에 반대되는 방향으로 자화가 발생하는 성질 ( )

(20) 초전도 물질 내에 2개의 전자가 물질의 결정 구조 속의 포논을 매개로 형성되는 전자쌍 ( )

(21) 빛의 이동 속도 ( )

(22) 전자의 이동 속도 ( )

(23) 전기의 이동 속도 ( )

(24) Bednorz와 Müller가 발견한 T_c 35 K의 고온 초전도체 물질 ( )

(25) 미국 휴스턴 대학교의 폴 추(Paul Chu) 교수 연구팀이 발견한 약 93 K의 임계 온도를 가진 고온 초전도체 ( )

참고문헌

1장

1. 최신 에너지 공학 개론 (하백현, 남인식, 이영무 공저, 청문각)
2. 디딤돌 에너지 공학 (이원섭, 청문각)
3. 공업화학 (박승규, 자유아카데미)
4. Statistical Review of World Energy, 71st edition, (BP, June 2022).
5. 물리화학 (원서: Peter Atkins/Julio de Paula, 12판, Oxford).
6. E. Bianconi *et al.*, "An estimation of the number of cells in the human body" *Annals of human biology*, 40, 463-471, 2013.
7. 2023 에너지통계연보 (에너지경제연구원).

3장

1. 최신 에너지 공학 개론 (하백현, 남인식, 이영무 공저, 청문각)
2. 디딤돌 에너지 공학 (이원섭, 청문각)
3. 공업화학 (박승규, 자유아카데미)
4. Statistical Review of World Energy, 71st edition, (BP, June 2022).
5. 물리화학 (원서: Peter Atkins/Julio de Paula, 12판, Oxford).
6. 2023 에너지통계연보 (에너지경제연구원).

4장

1. 최신 에너지 공학 개론 (하백현, 남인식, 이영무 공저, 청문각)
2. 디딤돌 에너지 공학 (이원섭, 청문각)
3. 공업화학 (박승규, 자유아카데미)
4. Statistical Review of World Energy, 71st edition, (BP, June 2022).
5. 물리화학 (원서: Peter Atkins/Julio de Paula, 12판, Oxford).
6. 2023 에너지통계연보 (에너지경제연구원).

5장

1. 최신 에너지 공학 개론 (하백현, 남인식, 이영무 공저, 청문각)
2. 디딤돌 에너지 공학 (이원섭, 청문각)
3. 공업화학 (박승규, 자유아카데미)
4. Statistical Review of World Energy, 71st edition, (BP, June 2022).
5. 물리화학 (원서: Peter Atkins/Julio de Paula, 12판, Oxford).
6. 2023 에너지통계연보 (에너지경제연구원).

6장

1. 최신 에너지 공학 개론 (하백현, 남인식, 이영무 공저, 청문각)
2. 디딤돌 에너지 공학 (이원섭, 청문각)
3. 공업화학 (박승규, 자유아카데미)
4. Statistical Review of World Energy, 71st edition, (BP, June 2022).
5. 물리화학 (원서: Peter Atkins/Julio de Paula, 12판, Oxford).
6. 2023 에너지통계연보 (에너지경제연구원).
7. Jessica Casey, Harnessing cold energy, LNG Industry, May 23, 2024.

7장

1. 최신 에너지 공학 개론 (하백현, 남인식, 이영무 공저, 청문각)
2. 디딤돌 에너지 공학 (이원섭, 청문각)
3. 공업화학 (박승규, 자유아카데미)
4. Statistical Review of World Energy, 71st edition, (BP, June 2022).
5. 물리화학 (원서: Peter Atkins/Julio de Paula, 12판, Oxford).
6. 2023 에너지통계연보 (에너지경제연구원).
7. Jessica Casey, Harnessing cold energy, LNG Industry, May 23, 2024.

8장

1. 최신 에너지 공학 개론 (하백현, 남인식, 이영무 공저, 청문각)
2. 디딤돌 에너지 공학 (이원섭, 청문각)
3. 공업화학 (박승규, 자유아카데미)
4. Statistical Review of World Energy, 71st edition, (BP, June 2022).
5. 물리화학 (원서: Peter Atkins/Julio de Paula, 12판, Oxford).
6. 2023 에너지 통계 연보 (에너지경제연구원).
7. Jessica Casey, Harnessing cold energy, LNG Industry, May 23, 2024.
8. 2021년 신재생 에너지 보급 통계 (산업통상자원부, 한국에너지공단), 2022.

9장

1. 최신 에너지 공학 개론 (하백현, 남인식, 이영무 공저, 청문각)
2. 디딤돌 에너지 공학 (이원섭, 청문각)
3. 공업화학 (박승규, 자유아카데미)
4. Statistical Review of World Energy, 71st edition, (BP, June 2022).
5. 물리화학 (원서: Peter Atkins/Julio de Paula, 12판, Oxford).
6. 2023 에너지 통계 연보 (에너지경제연구원).
7. Jessica Casey, Harnessing cold energy, LNG Industry, May 23, 2024.
8. 수송용 에너지 상대가격 합리적 조정 방안 검토, 한국조세재정연구원의 보고서, 7월 31일, 2017.
9. 국내 수송 부문 에너지 소비 변동성 구조변화 분석, 에너지경제연구원 정책 이슈페이퍼 18-03.
10. 에너지 백과, 수전해, SK이노베이션 Media room.

10장

1. 최신 에너지 공학 개론 (하백현, 남인식, 이영무 공저, 청문각)
2. 디딤돌 에너지 공학 (이원섭, 청문각)
3. 공업화학 (박승규, 자유아카데미)
4. Statistical Review of World Energy, 71st edition, (BP, June 2022).
5. 물리화학 (원서: Peter Atkins/Julio de Paula, 12판, Oxford).

6. 2023년 에너지 통계 연보 (에너지경제연구원).
7. Jessica Casey, Harnessing cold energy, LNG Industry, May 23, 2024.
8. 수송용 에너지 상대가격 합리적 조정 방안 검토, 한국조세재정연구원의 보고서, 7월 31일, 2017.
9. 국내 수송 부문 에너지 소비 변동성 구조변화 분석, 에너지경제연구원 정책 이슈페이퍼 18-03.
10. Energy roadmap 2050. http://europa.eu, 2012 doi:10.2833/10759.
11. Renewables 2024 Analysis and forecast to 2030, International Energy Agency.

11장

1. 최신 에너지 공학 개론 (하백현, 남인식, 이영무 공저, 청문각)
2. 디딤돌 에너지 공학 (이원섭, 청문각)
3. 공업화학 (박승규, 자유아카데미)
4. Statistical Review of World Energy, 71st edition, (BP, June 2022).
5. 물리화학 (원서: Peter Atkins/Julio de Paula, 12판, Oxford).
6. 2023년 에너지 통계 연보 (에너지경제연구원).
7. Jessica Casey, Harnessing cold energy, LNG Industry, May 23, 2024.
8. 수송용 에너지 상대가격 합리적 조정 방안 검토, 한국조세재정연구원의 보고서, 7월 31일, 2017.
9. 국내 수송 부문 에너지 소비 변동성 구조변화 분석, 에너지경제연구원 정책 이슈페이퍼 18-03.
10. Energy roadmap 2050. http://europa.eu, 2012 doi:10.2833/10759.
11. Renewables 2024 Analysis and forecast to 2030, International Energy Agency.

12장

1. 최신 에너지 공학 개론 (하백현, 남인식, 이영무 공저, 청문각)
2. 디딤돌 에너지 공학 (이원섭, 청문각)
3. 공업화학 (박승규, 자유아카데미)
4. Statistical Review of World Energy, 71st edition, (BP, June 2022).
5. 물리화학 (원서: Peter Atkins/Julio de Paula, 12판, Oxford).
6. 2023년 에너지 통계 연보 (에너지경제연구원).

7. Jessica Casey, Harnessing cold energy, LNG Industry, May 23, 2024.
8. 수송용 에너지 상대가격 합리적 조정 방안 검토, 한국조세재정연구원의 보고서, 7월 31일, 2017.
9. 국내 수송 부문 에너지 소비 변동성 구조변화 분석, 에너지경제연구원 정책 이슈페이퍼 18-03.
10. Energy road map 2050. http://europa.eu, 2012 doi:10.2833/10759.
11. Renewables 2024 Analysis and forecast to 2030, International Energy Agency.

13~14장

1. 최신 에너지 공학 개론 (하백현, 남인식, 이영무 공저, 청문각)
2. 디딤돌 에너지 공학 (이원섭, 청문각)
3. 공업화학 (박승규, 자유아카데미)
4. Statistical Review of World Energy, 71st edition, (BP, June 2022).
5. 물리화학 (원서: Peter Atkins/Julio de Paula, 12판, Oxford).
6. 2023년 에너지 통계 연보 (에너지경제연구원).
7. Jessica Casey, Harnessing cold energy, LNG Industry, May 23, 2024.
8. 수송용 에너지 상대가격 합리적 조정 방안 검토, 한국조세재정연구원의 보고서, 7월 31일, 2017.
9. 국내 수송 부문 에너지 소비 변동성 구조변화 분석, 에너지경제연구원 정책 이슈페이퍼 18-03.
10. Energy roadmap 2050. http://europa.eu, 2012 doi:10.2833/10759.
11. Renewables 2024 Analysis and forecast to 2030, International Energy Agency.
12. 탄소 포집 · 활용 · 저장(CCUS) 기술 및 관련 정책 동향, 김수연, 경제안보 Review, 외교부, 23, 8, 1 (2023).
13. K. M. G. Langie, K. Tak, C. Kim, H. W. Lee, K. Park, D. Kim, W. Jung, C. W. Lee, H. S. Oh, D. K. Le, J. H. Koh, B. K. Min, D. H. Won, and U. Lee, Toward economical application of carbon capture and utilization technology with near-zero carbon emission, Nature Communications, 1, Dec 05 (2022).

저자 소개

박승규
한양대학교 공업화학과 졸업
한양대학교 대학원 공업화학과 석사
University of Houston 화학과 박사
현) 호서대학교 화학공학과 교수

에너지 변환공학

저　자　박승규
발 행 인　김지영
발 행 처　자유아카데미
주　소　경기도 파주시 회동길 37-42
파주출판도시
전　화　031-955-1321
팩　스　031-955-1322
홈페이지　www.freeaca.com
전자우편　main@freeaca.com (대표)
editor@freeaca.com (편집)
crm@freeaca.com (영업)
등　록　제406-2003-017호, 1980. 7. 12
제1판1쇄　2025년 8월 10일 발행

저자와의
협의하에
인지생략

ISBN 979-11-5808-733-3　93570